LEÇONS

SUR

LE CALCUL

DES FONCTIONS,

NOUVELLE ÉDITION,

revue, corrigée et augmentée par l'Auteur,

J. L. Lagrange, de l'Institut des sciences, Lettres et Arts, et du Bureau des Longitudes, &ca, le même que l'Auteur de la Théorie des Fonctions Analytiques, édition de 1813

OC

A PARIS,

Chez COURCIER, Impr.-Libraire pour les Mathématiques, quai des Augustins, n° 57.

AN 1806.

Cet Ouvrage se trouve

A Angers, chez FOURIER-MAME.
Angoulême, chez BARGEAS et chez BROQUISSE.
Autun, chez DAUPHIN.
Bourg, chez VERNAREL et chez BOTTIER.
Bruxelles, chez LE CHARLIER.
Colmar, chez FONTAINE.
Clermont-Ferrand, chez ROUSSET.
Dijon, chez COQUET.
Genêve, chez PASCHOUD.
Lille, chez VANACKERE.
Lyon, chez les frères PERISSE, et chez TOURNACHON
Metz, chez DEVILLY.
Nancy, chez Mme BONTOUX.
Nismes, chez GAUDE et MELQUION.
Périgueux, chez Mme DUBREUIL.
Rennes, chez BLOUET.
Rouen, chez VALLÉE frères, et chez RENAULT.
Strasbourg, chez LEVRAULT frères.
Toulouse, chez DEVERS.
Tours, chez PESCHERARD et MAME.
Aux Sables, chez FERET.
Bayonne, chez GOSSE et BONZOM.
Nantes, chez FORET.
Bordeaux, chez SIGAL, et BERGERET.
Saint-Omer, chez HUGUET.
Dunkerque, chez FRÉMAUX.
La Rochelle, chez SANLECQUE.
Meaux, chez GUEDON.
Besançon, chez DEIS, et GIRARD.
Fontainebleau, chez LEQUATRE.
Saint-Brieux, chez PRUD'HOMME.

AVERTISSEMENT.

Les Leçons suivantes destinées à servir de commentaire et de supplément à la première partie de la *Théorie des Fonctions analytiques*, offrent un cours d'analyse sur cette partie du calcul, qu'on nomme communément *infinitésimale* ou *transcendante*, et qui n'est proprement que le Calcul des Fonctions.

Ceux qui ont étudié le Calcul Différentiel, pourront se former dans ces Leçons, des notions simples et exactes de ce calcul; ils y trouveront aussi des formules et des méthodes nouvelles, ou qui n'ont pas encore été présentées avec toute la clarté et la généralité qu'on pourrait desirer.

Dans cette nouvelle édition on a retouché plusieurs endroits pour y mettre plus de clarté et de simplicité, et on a inséré différentes additions dont les principales se trouvent dans les Leçons dix-huitième, vingt-unième et vingt-deuxième. Cette dernière contient un traité complet du Calcul des Variations.

TABLE DES MATIÈRES.

LEÇON DIX-SEPTIÈME.

LEÇON DIX-HUITIÈME.

LEÇON DIX-NEUVIÈME.

LEÇON VINGTIÈME.

LEÇON VINGT-UNIÈME.

LEÇON VINGT-DEUXIÈME.

FIN DE LA TABLE.

CALCUL
DES FONCTIONS.

LEÇON PREMIERE.

Sur l'objet du Calcul des Fonctions, et sur les fonctions en général.

Le calcul des fonctions a le même objet que le calcul différentiel pris dans le sens le plus étendu, mais il n'est point sujet aux difficultés qui se rencontrent dans les principes et dans la marche ordinaire de ce calcul : il sert de plus à lier le calcul différentiel immédiatement à l'algèbre, dont on peut dire qu'il a fait jusqu'à présent une science séparée.

On connaît les difficultés qu'offre la supposition des infiniment petits, sur laquelle *Leibnitz* a fondé le calcul différentiel. Pour les éviter, *Euler* regarde les différentielles comme nulles, ce qui réduit leur rapport à l'expression *zéro* divisé par *zéro*, laquelle ne présente aucune idée.

Maclaurin et d'*Alembert* emploient la considération des limites et regardent le rapport des différentielles comme la limite du rapport des différences finies, lorsque ces différences deviennent nulles.

Cette manière de représenter les quantités différentielles ne fait que reculer la difficulté ; car, en dernière analyse, le rapport des différences évanouissantes se réduit encore à celui de zéro à zéro.

D'ailleurs on peut observer que c'est improprement qu'on applique le mot connu de limite à ce que devient une expression analytique lorsqu'on y fait évanouir certaines quantités, parceque ces limites, après avoir décru jusqu'à zéro, pourraient encore devenir négatives. De même qu'en géométrie, on ne peut pas dire à la rigueur que la soutangente soit la limite des sousécantes, parceque rien n'empêche la sousécante de croître encore lorsqu'elle est devenue soustangente.

Les véritables limites, suivant les notions des anciens, sont des quantités qu'on ne peut passer, quoiqu'on puisse s'en approcher aussi près que l'on veut ; telle est, par exemple, la circonférence du cercle à l'égard des polygones inscrit et circonscrit, parceque, quelque grand que devienne le nombre des côtés, jamais le polygone intérieur ne sortira du cercle, ni l'extérieur n'y entrera. Ainsi les asymptotes sont de véritables limites des courbes auxquelles elles appartiennent, etc.

Au reste je ne disconviens pas qu'on ne puisse, par la considération des limites envisagées d'une manière particulière, démontrer rigoureusement les principes du calcul différentiel, comme *Maclaurin*, d'*Alembert* et plusieurs autres auteurs après eux l'ont fait. Mais l'espèce de métaphysique que l'on est obligé d'y employer, est sinon contraire, du moins étrangère à l'esprit de l'analyse qui ne doit avoir d'autre métaphysique que celle qui consiste dans les premiers principes et dans les premières opérations fondamentales du calcul.

A l'égard de la méthode des fluxions, il est vrai qu'on peut ne considérer les fluxions que comme les vîtesses avec lesquelles les grandeurs varient, et y faire abstraction de toute idée mécanique ; mais la détermination analytique de ces vîtesses dépend aussi, dans cette méthode, de la considération des quantités infiniment petites ou évanouissantes ; elle est parconséquent sujette aux mêmes difficultés que le calcul différentiel.

Quand on approfondit ces différentes méthodes ou plutôt ces différentes manières d'envisager la même méthode, on trouve qu'elles n'ont d'autre but que de donner le moyen d'obtenir séparément les premiers termes du développement d'une fonction, en les détachant et les isolant, pour ainsi dire, du reste de la série, parceque tous les problèmes dont la solution exige le calcul différentiel, dépendent uniquement de ces premiers termes. Et on peut dire qu'on remplissait cet objet sans presque se douter que ce fût là le seul but des opérations du calcul qu'on employait.

La considération des courbes avait fait naître la méthode des infiniment petits, qu'on a ensuite transformée en méthode des évanouissans ou des limites, et la considération du mouvement avait fait naître celle des fluxions. On a transporté dans l'analyse les principes qui résultaient de ces considérations; et on n'a pas vu d'abord, ou du moins il ne paraît pas qu'on ait vu que les problèmes qui dépendent de ces méthodes, envisagés analytiquement, se réduisent simplement à la recherche des fonctions dérivées qui forment les premiers termes du développement des fonctions données, ou à la recherche inverse des fonctions primitives par les fonctions dérivées.

Newton avait bien remarqué dans sa première solution du problême sur la courbe décrite par un corps grave, dans un milieu résistant, que ce problême devait se résoudre par les premiers termes de la série de l'ordonnée; mais il se trompa dans l'application de ce principe, et dans sa seconde solution il employa purement la méthode différentielle, en considérant les différences de quatre ordonnées successives; et quoiqu'il ait laissé subsister le passage où il dit que le problême se résoudra par les premiers termes de la série, on voit que ce passage n'a plus de rapport immédiat à ce qui précède ni à ce qui suit.

Il est donc plus naturel et plus simple de considérer immédiatement le développement des fonctions, sans employer le circuit métaphysique des infiniment petits ou des limites; et c'est ramener le calcul différentiel à une origine purement algébrique, que de le faire dépendre uniquement de ce développement.

Mais à la naissance du calcul différentiel, on n'avait pas encore une idée assez étendue de ce qu'on entend par fonction.

Les premiers analystes n'avaient employé ce mot, que pour désigner les différentes puissances d'une même quantité; on en a ensuite étendu la signification à toute quantité formée d'une manière quelconque d'une autre quantité; et il est aujourd'hui généralement adopté pour exprimer que la valeur d'une quantité dépend, suivant une loi donnée, d'une ou de plusieurs autres quantités données.

Sous ce point de vue on doit regarder l'algèbre comme la science des fonctions, et il est aisé de voir que la résolution des équations ne consiste, en général, qu'à trouver les valeurs des quantités inconnues en fonctions déterminées des quantités connues. Ces fonctions représentent alors les différentes opérations qu'il faut faire sur les quantités connues pour obtenir les valeurs de celles que l'on cherche, et elles ne sont proprement que le dernier résultat du calcul.

Mais, en algèbre, on ne considère les fonctions qu'autant qu'elles résultent des opérations de l'arithmétique, généralisées et transportées aux lettres, au lieu que dans le calcul des fonctions, proprement dit, on considère les fonctions qui résultent de l'opération algébrique du développement en série lorsqu'on attribue à une ou à plusieurs quantités de la fonction, des accroissemens indéterminés.

Le développement des fonctions, envisagé d'une manière générale, donne naissance aux fonctions dérivées de différens ordres; et l'algorithme de ces fonctions une fois trouvé, on peut les considérer en elles-mêmes et indépendamment des séries d'où elles résultent. Ainsi une fonction donnée étant regardée comme primitive, on en peut déduire par des règles simples et uniformes d'autres fonctions que j'appelle dérivées; et lorsqu'on a une équation quelconque entre plusieurs variables, on peut passer successivement aux équations dérivées, et remonter de celles-ci aux équations primitives. Ces transformations répondent aux différentiations et aux intégrations; mais dans la théorie des fonctions elles ne dépendent que d'opérations purement algébriques, fondées sur les simples principes du calcul.

Les fonctions dérivées se présentent naturellement dans la géométrie, lorsqu'on considère les aires, les tangentes, les rayons osculateurs, etc; et dans la mécanique, lorsqu'on considère les vîtesses et les forces. Si on regarde par exemple l'aire d'une courbe comme fonction de l'abscisse, l'ordonnée en est la première fonction dérivée ou fonction prime; le rapport de l'ordonnée à la soutangente, est exprimé par la fonction prime de l'ordonnée, et parconséquent par la seconde fonction dérivée ou fonction seconde de l'aire; le rayon osculateur dépend des deux premières fonctions dérivées de l'ordonnée, et ainsi de suite. De même, en regardant l'espace parcouru comme fonction du temps, la vîtesse en est la fonction prime et la force accélératrice en est la fonction seconde. Ce n'est peut-être pas un des moindres avantages du calcul des fonctions de fournir pour ces élémens de la géométrie des courbes et de la mécanique, des expressions aussi simples et intelligibles que le sont les expressions algébriques des puissances et des racines.

Lorsqu'on envisage une fonction relativement à une des quantités qui la composent, on fait abstraction de la valeur de cette quantité, et on ne considère que la manière dont elle entre dans la fonction, c'est-à-dire, dont elle est combinée avec elle-même et avec les autres quantités. Ainsi la fonction est censée demeurer la même, tandis que cette quantité varie d'une manière quelconque, pourvu que les autres quantités avec lesquelles elle est mêlée, demeurent constantes. Ce qui introduit naturellement, par rapport aux fonctions, la distinction des quantités en variables et constantes.

Dans l'algèbre ordinaire on distingue simplement les quantités en connues et inconnues, et on a coutume de désigner les unes par les premières lettres de l'alphabet, et les autres par les dernières. L'application de l'algèbre à la théorie des courbes a fait d'abord distinguer les quantités qui entrent dans l'équation d'une courbe en données, telles que les axes, les paramètres, etc. et en indéterminées, telles que les coordonnées. Depuis on a envisagé ces mêmes quantités sous l'aspect plus naturel de constantes et de variables; et la considération des fonctions porte naturellement à regarder sous ce même point de vue les différentes quantités qui les composent.

Nous appellerons donc simplement fonction d'une ou de plusieurs quantités, toute expression de calcul dans laquelle ces quantités entreront d'une manière quelconque, mêlées ou non avec d'autres quantités regardées comme ayant des valeurs données et invariables, tandis que les quantités de la fonction sont censées pouvoir recevoir toutes les valeurs possibles.

Nous désignerons ordinairement les variables des fonctions par les dernières lettres de l'alphabet x, y, etc., et les constantes par les premières a, b, c, etc. Et pour marquer une fonction d'une seule variable comme x, nous ferons simplement précéder cette variable de la lettre caractéristique f ou F; mais lorsqu'on voudra désigner la fonction d'une quantité déjà composée de cette variable, comme x^2 ou $a + bx$ etc., on renfermera cette quantité entre deux parenthèses. Ainsi fx désignera une fonction de x, $f(x^2)$, $f(a + bx)$, etc., désigneront des fonctions de x^2, de $a + bx$, etc.

Pour marquer une fonction de deux variables indépendantes comme x, y, nous écrirons $f(x, y)$, et ainsi des autres. Lorsque nous voudrons employer d'autres caractéristiques, nous aurons soin d'en avertir.

Si deux fonctions de deux variables différentes, x, y, c'est-à-dire, l'une d'x et l'autre d'y, sont composées de la même manière et avec les mêmes constantes, ces fonctions seront pareilles et pourront être désignées dans un même calcul par la même caractéristique ; ainsi fx et fy seront deux fonctions pareilles qui deviendront identiques en faisant $y = x$. Mais si les deux fonctions étant composées de la même manière, les constantes qu'elles contiennent sont différentes, alors on ne pourra plus, généralement parlant, les représenter par la même caractéristique dans le cours d'un même calcul. Cependant, si les deux fonctions ne diffèrent, par exemple, que par la valeur d'une constante, qui serait a dans l'une et b dans l'autre, on pourra encore les désigner par la même caractéristique, en les représentant par $f(x, a)$, et $f(y, b)$, comme des fonctions pareilles de x, a, et de y, b. Ainsi dans ce cas, les quantités a et b entreront aussi dans l'expression de la fonction, parceque, quoique constantes dans chaque fonction, elles peuvent être regardées comme variables d'une fonction à l'autre.

Nous n'entrerons ici dans aucun détail sur les différentes formes des fonctions ; mais nous allons considérer la dérivation des fonctions les unes des autres, dans laquelle consiste proprement le calcul des fonctions.

LEÇON SECONDE.

Sur le développement d'une Fonction d'une variable, lorsqu'on attribue un accroissement à cette variable. Loi générale de ce développement. Origine des Fonctions dérivées. Différens ordres de ces Fonctions. Leur notation.

CONSIDÉRONS une fonction fx d'une variable quelconque x. Si à la place de x on substitue $x+i$, i étant une quantité quelconque indéterminée, elle deviendra $f(x+i)$, et par la théorie des séries on pourra la développer en une suite de cette forme $fx+ip+i^2q+i^3r+$, etc ; dans laquelle les quantités p, q, r, etc., coefficiens des puissances de i, seront de nouvelles fonctions de x, dérivées de la fonction primitive fx, et indépendantes de la quantité i.

Il est clair que la forme des fonctions p, q, r, etc., dépendra uniquement de celle de la fonction donnée fx ; et on déterminera aisément ces fonctions, dans les cas particuliers, par les règles de l'algèbre ordinaire, en développant la fonction dans une série ordonnée suivant les puissances de i.

Cette dérivation des fonctions est une opération d'algèbre plus générale que l'élévation aux puissances et l'extraction des racines ; et les principaux problêmes d'analyse, de géométrie et de mécanique en dépendent, comme on l'a montré dans la *Théorie des Fonctions analytiques*.

Mais, pour ne rien avancer gratuitement, nous commencerons par examiner la forme même de la série, qui doit résulter du développement de toute fonction fx, lorsqu'on y substitue $x+i$ au lieu de x, et que nous supposons ne devoir contenir que des puissances entières et positives de i. Cette supposition se vérifie en effet par le développement des différentes fonctions connues; mais personne que je sache, n'avait cherché à la démontrer *à priori;* ce qui me paraît néanmoins d'autant plus nécessaire qu'il y a des cas particuliers où elle peut ne pas avoir lieu.

Je vais d'abord démontrer que, dans la série qui résulte du développement d'une fonction $f(x+i)$, il ne peut se trouver aucune puissance fractionnaire de i, à moins qu'on ne donne à x des valeurs particulières.

En effet il est clair que les radicaux de i ne pourraient venir que des radicaux renfermés dans la fonction même fx, et il est clair en même temps, que la substitution de $x+i$ au lieu de x, ne pourrait ni augmenter ni diminuer le nombre des radicaux, ni en changer la nature, tant que x et i seront des quantités indéterminées. D'un autre côté, on sait par la théorie des équations, que tout radical a autant de valeurs différentes ni plus ni moins qu'il y a d'unités dans son exposant, et que toute fonction irrationnelle a parconséquent autant de valeurs différentes qu'on peut faire de combinaisons des différentes valeurs des radicaux qu'elle renferme. Donc, si le développement de la fonction $f(x+i)$ pouvait contenir un terme de la forme $ui^{\frac{m}{n}}$, la fonction fx serait nécessairement irrationnelle, et aurait parconséquent un certain nombre de valeurs différentes, qui serait le même pour la fonction $f(x+i)$, ainsi que pour son développement. Mais ce développement étant représenté par la série

$$fx+pi+qi^2+\text{etc.}+ui^{\frac{m}{n}}+\text{etc.},$$

chaque valeur de fx se combinerait avec chacune des valeurs du radical $\sqrt[n]{i^m}$; de sorte que la fonction $f(x+i)$ développée aurait plus de valeurs différentes que la même fonction non développée; ce qui est absurde.

Cette démonstration est générale et rigoureuse, tant que x et i demeurent indéterminés. Elle cesserait de l'être, si l'on donnait à x des valeurs déterminées; car il serait possible que ces valeurs détruisissent quelques radicaux dans fx, qui pourraient néanmoins subsister dans $f(x+i)$. Nous examinerons à part ces sortes de cas et les conséquences qui en résultent.

Nous venons de voir que le développement de la fonction $f(x+i)$, ne saurait contenir en général des puissances fractionnaires de i, il est facile de voir aussi qu'il ne pourra contenir non plus des puissances négatives de i.

Car, si parmi les termes de ce développement, il y en avait un de la forme $\frac{r}{i^m}$, m étant un nombre entier positif, en faisant $i=o$, ce terme deviendrait infini; donc la fonction $f(x+i)$ devrait devenir infinie, lorsque $i=o$; parconséquent il faudrait que fx devînt infinie, ce qui ne peut avoir lieu que pour des valeurs particulières de x.

Nous sommes donc assurés que fx exprimant une fonction quelconque de x, la fonction $f(x+i)$ peut, généralement parlant, se développer en une série de cette forme,

$$fx+ip+i^2q+i^3r+i^4s+\text{etc},$$

dans laquelle p, q, r, etc., seront de nouvelles fonctions de x dérivées de la fonction primitive fx.

Quoique la forme de ces fonctions dérivées dépende essentiellement de celle de la fonction primitive, il règne néanmoins entre elles une loi générale que nous allons exposer.

Supposons que l'indéterminée x soit changée en $x+o$,

o étant une quantité quelconque indéterminée, et indépendante de i, il est visible que la fonction $f(x+i)$ deviendra $f(x+i+o)$; et l'on voit en même temps que l'on aurait le même résultat, si on mettait, dans $f(x+i)$, $i+o$ à la place de i. Donc aussi le résultat sera le même, soit qu'on substitue $i+o$ à la place de i, ou $x+o$ à la place de x dans la série $fx+ip+i^2q+i^3r+$ etc., qu'on suppose égale à la fonction $f(x+i)$.

La substitution de $i+o$ au lieu de i, dans cette série, donnera,

$$fx+(i+o)p+(i+o)^2q+(i+o)^3r+\text{etc.}:$$

savoir, en développant les puissances de $i+o$, et n'écrivant pour abréger, que les deux premiers termes de chaque puissance, parceque la comparaison de ces termes suffit pour notre objet,

$$\begin{array}{l} fx+ip+i^2q+i^3r+i^4s+\text{etc.} \\ +op+2ioq+3i^2or+4i^3os+\text{etc.} \end{array}$$

Pour faire maintenant la substitution de $x+o$ au lieu de x dans la même série, nous observons que puisque la fonction fx devient $fx+ip+$ etc.; lorsqu'on y change x en $x+i$, elle deviendra $fx+op+$ etc., en y changeant x en $x+o$. De même, si $p+ip'+$ etc. $q+iq'+$ etc., $r+ir'+$ etc. sont ce que deviennent les fonctions p, q, r, etc., lorsqu'on y substitue $x+i$ au lieu de x, et qu'on les développe suivant les puissances de i, on aura, en changeant i en o,

$$p+op'+\text{etc.}\quad q+oq'+\text{etc.}\quad r+or'+\text{etc., etc.,}$$

pour les développemens des mêmes fonctions après la substitution de $x+o$ au lieu de x.

Donc, par cette substitution, la série $fx+ip+i^2q+$ etc., deviendra, en omettant les termes qui contiendraient le quarré et les puissances plus hautes de o,

$$fx + ip + i^2q + i^3r + i^4s + \text{etc.},$$
$$+ op + iop' + i^2oq' + i^3or' + \text{etc.},$$
$$\text{etc.}$$

Ce résultat doit être identique avec le précédent, indépendamment des valeurs de i et de o qui peuvent être quelconques ; il faudra donc que les termes affectés des mêmes puissances et produits de i et o soient identiques en particulier. Ainsi on aura les équations identiques

$$2q = p', \quad 3r = q', \quad 4s = r', \quad \text{etc.};$$

d'où l'on tire

$$q = \tfrac{1}{2}p', \quad r = \tfrac{1}{3}q', \quad s = \tfrac{1}{4}r', \quad \text{etc.}$$

Dénotons en général par $f'x$ la fonction p dérivée de la fonction fx, en mettant un accent à la caractéristique f, pour indiquer la dérivation de la fonction. Dénotons de même par $f''x$ la fonction dérivée de la fonction $f'x$, en ajoutant un accent à la caractéristique f' de la fonction $f'x$ d'où elle est dérivée. Dénotons pareillement par $f'''x$ la fonction dérivée de $f''x$, et ainsi de suite.

Ces fonctions $f'x$, $f''x$, $f'''x$, etc., ne seront autre chose que les coefficiens de i dans les premiers termes des développemens des fonctions $f(x+i)$, $f'(x+i)$, $f''(x+i)$ etc.

On aura ainsi $p = f'x$, et comme p' est la fonction dérivée de p, on aura $p' = f''x$, et parconséquent $q = \frac{1}{2}f''x$. Ensuite q' étant la fonction dérivée de q, on aura $q' = \frac{1}{2}f'''x$, et parconséquent $r = \frac{1}{2.3}f'''x$; et ainsi de suite.

Donc substituant ces expressions dans la série

$$fx + ip + i^2q + i^3r + \text{etc.},$$

qui est le développement de $f(x+i)$, on aura cette formule

fondamentale,

$$f(x+i) = fx + if'x + \frac{i^2}{2}f''x + \frac{i^3}{2.3}f'''x + \frac{i^4}{2.3.4}f^{\text{IV}}x + \text{etc.}$$

Cette expression du développement de $f(x+i)$ a l'avantage de faire voir comment les termes de la série dépendent les uns des autres, et surtout comment, lorsqu'on sait former la première fonction dérivée d'une fonction primitive quelconque, on peut former toutes les fonctions dérivées que la série renferme.

Nous appellerons la fonction fx *fonction primitive*, par rapport aux fonctions $f'x$, $f''x$, etc., qui en dérivent; et nous appellerons celles-ci *fonctions dérivées*, par rapport à celle-là. Nous nommerons de plus la fonction dérivée $f'x$, *première fonction dérivée*, ou *fonction dérivée du premier ordre*, ou simplement *fonction prime;* la fonction $f''x$, dérivée de celle-ci, *seconde fonction dérivée*, ou *fonction dérivée du second ordre*, ou simplement *fonction seconde;* la fonction $f'''x$, dérivée de la précédente, *troisième fonction dérivée*, ou *fonction dérivée du troisième ordre*, ou simplement *fonction tierce*, et ainsi de suite.

Mais nous entendrons toujours par *fonction dérivée* simplement, la première fonction dérivée, et par *fonction primitive*, celle d'où elle est censée dérivée. Nous leur donnerons aussi quelquefois, pour plus de simplicité, le simple nom de *dérivées*, ou de *primitives*.

Si la fonction primitive n'est pas représentée par la caractéristique f, mais par une autre variable, comme lorsqu'on suppose y fonction de x, donnée par une équation quelconque entre x et y; alors on pourra dénoter de même ses fonctions dérivées par des accens ou traits appliqués à la lettre y, et les appeler simplement y *prime*, *seconde*, *tierce*, etc.

Ainsi y étant regardée comme une fonction quelconque de x, ses fonctions dérivées seront représentées par y', y'', y''', etc.; de sorte que y étant la fonction primitive, y' sera sa fonction dérivée du premier ordre, ou fonction prime, y'' sera la fonction dérivée du second ordre ou fonction seconde, etc., et on les nommera y *prime*, y *seconde*, etc.

De cette manière x devenant $x+i$ la valeur de y deviendra

$$y + iy' + \frac{i^2}{2} y'' + \frac{i^3}{2.3} y''' + \text{etc.}$$

En général, si on a une expression quelconque en x, y, etc., on pourra désigner ses fonctions dérivées par des traits appliqués à la même expression renfermée entre deux parenthèses. Ainsi

$$\left(\frac{a+bx+cy}{d+ex+gy}\right)'$$

représentera la première fonction dérivée de l'expression

$$\frac{a+bx+cy}{d+ex+gy},$$

et

$$\left(\frac{a+bx+cy}{d+ex+gy}\right)''$$

représentera la seconde fonction dérivée de la même expression, et ainsi de suite.

Et si l'on a une fonction de plusieurs variables x, y, etc., exprimée en général par $f(x, y \ldots)$, on dénotera ses fonctions dérivées relatives à toutes ces variables, en appliquant un, deux, etc., traits à la caractéristique f; ainsi $f'(x, y \ldots)$ dénotera sa fonction prime, $f''(x, y \ldots)$ sa fonction seconde, etc.

Quoique les fonctions dérivées doivent leur origine au développement de la fonction primitive lorsqu'on augmente la variable d'une quantité quelconque i; on voit qu'elles sont indépendantes de cette même quantité qui ne sert, pour ainsi dire, que comme un outil pour former ces fonctions. Ainsi, dès qu'on aura trouvé, par la considération du premier terme du développement, des règles générales pour passer d'une fonction primitive à la fonction dérivée, on pourra faire abstraction de tout développement, et regarder la dérivation des fonctions comme une nouvelle opération d'algèbre plus générale et d'une beaucoup plus grande étendue que l'élévation aux puissances.

Ceux qui savent le calcul différentiel n'auront pas de peine à se convaincre que les fonctions dérivées $f'x$, $f''x$, etc. y', y'', etc., reviennent aux quantités qu'on désigne dans ce calcul par

$$\frac{d.fx}{dx},\ \frac{d^2.fx}{dx^2},\ \text{etc. ou}\ \frac{dy}{dx},\ \frac{d^2y}{dx^2},\ \text{etc.}$$

et ainsi des autres expressions semblables.

LEÇON TROISIÈME.

Fonctions dérivées des puissances. Développement d'une puissance quelconque d'un binome.

PUISQUE toute fonction dérivée du premier ordre $f'x$, n'est autre chose que le coefficient de i dans le développement de la fonction primitive fx, après la substitution de $x+i$ à la place de x, il s'ensuit que la recherche de la fonction dérivée d'une puissance quelconque x^m, se réduit à trouver le terme affecté de i dans le développement de la puissance $(x+i)^m$ suivant les puissances de i.

Lorsque l'exposant m est un nombre quelconque entier ou fractionnaire, positif ou négatif, on démontre facilement par les premières opérations de l'algèbre, que les deux premiers termes de la puissance m du binome $x+i$, sont $x^m+mx^{m-1}i$; ainsi lorsque $fx=x^m$, ou $=Ax^m$, A étant un coefficient constant quelconque, on aura

$$f'x=mAx^{m-1},$$

m étant un nombre quelconque rationnel.

Comme tout nombre irrationnel peut être renfermé entre des limites rationnelles aussi resserrées que l'on veut, on en pourrait conclure tout de suite la vérité du résultat précédent pour une valeur quelconque irrationnelle de m, puisqu'on peut, en resserrant les limites, diminuer l'erreur à volonté. Mais comme il est plutôt question ici de la forme même de la fonction dérivée, que

que de sa valeur absolue dans chaque cas particulier, nous croyons, pour ne rien laisser à desirer sur cette proposition fondamentale, devoir en donner une démonstration aussi générale que rigoureuse.

Puisque

$$(x+i)^m = x^m \left(1+\frac{i}{x}\right)^m$$

par les règles de l'algèbre, si on fait pour abréger $\frac{i}{x} = \omega$, il s'agira de trouver le coefficient de ω dans le développement de $(1+\omega)^m$; quel que soit l'exposant m. Or, quel que puisse être ce coefficient, comme il doit être indépendant de ω, il est clair qu'il ne peut être qu'une fonction de m, puisque l'expression $(1+\omega)^m$ ne contient que les deux indéterminées ω et m. On pourra donc le représenter en général par Fm, la caractéristique F désignant une fonction déterminée, mais inconnue. Ainsi, comme en faisant ω nul, la quantité $(1+\omega)^m$ devient $1^m = 1$, on aura

$$(1+\omega)^m = 1 + \omega Fm + \text{etc.}$$

On aura donc aussi, pour un autre exposant quelconque n,

$$(1+\omega)^n = 1 + \omega Fn + \text{etc.}$$

Multipliant ensemble ces deux équations, on aura

$$(1+\omega)^{m+n} = 1 + \omega(Fm + Fn) + \text{etc.}$$

Car la théorie des puissances repose uniquement sur ce principe que $a^m \times a^n = a^{m+n}$, quelles que soient les quantités a, m, n, et on peut même dire que c'est dans ce principe que consiste l'essence des puissances, lorsque les exposans ne peuvent être exprimés par des nombres.

Ainsi $Fm + Fn$ sera le coefficient de ω dans le développement de la puissance $(1+\omega)^{m+n}$. Mais ce coefficient doit être représenté par $F(m+n)$, puisque la fonction $(1+\omega)^m$ devient $(1+\omega)^{m+n}$, en y substituant $m+n$ pour m. Donc il faudra que la fonction désignée par la caractéristique F soit telle que l'on ait

$$F(m+n)=Fm+Fn,$$

m et n étant des quantités quelconques.

Pour trouver d'une manière générale la forme de la fonction d'après cette condition, je supposerai que la quantité m soit changée en $m+i$, et que la quantité n le soit en $n-i$, i étant quelconque; alors la fonction $F(m+n)$ demeurera la même, et les fonctions Fm, Fn, deviendront

$$F(m+i),\ F(n-i);$$

donc l'équation précédente donnera

$$Fm+Fn=F(m+i)+F(n-i).$$

Or, par le développement, la fonction

$$F(m+i)$$

devient

$$Fm+iF'm+\frac{i^2}{2}F''m+\text{etc.},$$

comme on l'a vu plus haut; et la fonction $F(n-i)$ deviendra de même, en prenant i négativement,

$$Fn-iF'n+\frac{i^2}{2}F''n-\text{etc.};$$

donc l'équation précédente se réduira à celle-ci:

$$i(F'm-F'n)+\frac{i^2}{2}(F''m+F''n)+\text{etc.}=0,$$

laquelle devant avoir lieu quelle que soit la valeur de i, on aura nécessairement

$$F'm - F'n = 0, \quad F''m + F''n = 0, \text{ etc.}$$

La première de ces conditions donne

$$F'm = F'n,$$

d'où l'on conclut d'abord que la valeur de la fonction $F'm$ doit être indépendante de la variable m, puisqu'elle demeure la même en changeant la valeur de cette variable, et qu'ainsi cette valeur doit être constante relativement à la même variable.

On aura donc

$$F'm = a,$$

a étant une constante; et cette valeur de $F'm$ satisfera aussi aux autres conditions, puisqu'on aura

$$F''m = 0, \quad F'''m = 0, \text{ etc.}$$

et de même

$$F''n = 0, \quad F'''n = 0, \text{ etc.}$$

Tout se réduit donc à trouver la valeur de la fonction primitive Fm, d'après la fonction dérivée

$$F'm = a.$$

Or il est facile de voir que Fm ne peut être que de la forme $am + b$, b étant une constante arbitraire; car on peut se convaincre qu'il n'y a que cette expression qui puisse donner a pour sa fonction dérivée.

On peut d'ailleurs le démontrer directement comme il suit : puisqu'on a en général

$$F(m+i) = Fm + iF'm + \frac{i^2}{2} F''m + \text{etc.}$$

on aura dans le cas présent,

$$F'm = a,\ F''m = 0,\ F'''m = 0, \text{etc.};$$

$$F(m+i) = Fm + ai,$$

et comme i peut être une quantité quelconque, si on fait $i = -m$, alors la quantité $m+i$ deviendra zéro; donc la valeur de $F(m+i)$ sera indépendante de m; elle sera parconséquent égale à une constante b. On aura ainsi

$$b = Fm - am,$$

d'où

$$Fm = am + b.$$

Substituant cette valeur de Fm, on aura en général

$$(1+\omega)^m = 1 + (am+b)\omega + \text{etc.}$$

quelle que soit la valeur de m, a et b étant des constantes indépendantes de m, dont la valeur doit se déterminer par la considération de quelques cas particuliers.

Pour cela, on fera d'abord $m=0$, et l'on aura

$$1 = 1 + b\omega + \text{etc.};$$

donc $b=0$. On fera ensuite $m=1$, et l'on aura

$$1+\omega = 1 + a\omega + \text{etc.}; \text{ donc } a=1.$$

D'où l'on conclura enfin

$$(1+\omega)^m = 1 + m\omega + \text{etc.}$$

Donc, puisque

$$(x+i)^m = x^m(1+\omega)^m,$$

ω étant $= \frac{i}{x}$, on aura

$$A(x+i)^m = Ax^m + Amx^{m-1}i + \text{etc.},$$

quel que soit le nombre m, de sorte que la fonction dérivée de Ax^m sera en général Amx^{m-1}, comme nous l'avons trouvée d'abord pour le cas de m rationnel.

La démonstration précédente ne laisse rien à desirer pour la rigueur et la généralité. Elle ne dépend que des fonctions dérivées de la forme la plus simple, et fournit, dès le commencement, un exemple remarquable de leur usage dans l'analyse.

On peut donc établir pour règle générale, que *la fonction dérivée d'une puissance quelconque d'une variable, est egale à la puissance d'un degré moindre d'une unité de la même variable, multipliée par l'exposant de la puissance donnée.*

De là et de la loi du développement des fonctions résulte une démonstration aussi simple que générale, et peut-être la seule rigoureuse qu'on ait encore donnée de la formule du binome pour un exposant quelconque.

En effet, puisqu'on vient de trouver que

$$Fx = Ax^m$$

donne

$$F'x = mAx^{m-1},$$

on aura de même en prenant la fonction dérivée de cette dernière quantité,

$$F''x = m(m-1)Ax^{m-2},$$

et, par la même raison, on aura, en prenant de nouveau la fonction dérivée,

$$F'''x = m(m-1)(m-2)Ax^{m-3},$$

et ainsi de suite.

Donc, puisqu'on a trouvé en général,

$$f(x+i) = fx + if'x + \frac{i^2}{2}f''x + \frac{i^3}{2.3}f'''x + \text{etc.}$$

on aura, pour le cas de $fx = x^m$, la série

$$(x+i)^m = x^m + mx^{m-1}i + \frac{m(m-1)}{2}x^{m-2}i^2 + \frac{m(m-1)(m-2)}{2.3}x^{m-3}i^3 + \text{etc.}$$

Si on divise toute l'équation par x^m, et qu'on y mette ensuite i à la place $\frac{i}{x}$, on aura

$$(1+i)^m = 1 + mi + \frac{m(m-1)}{2}i^2 + \frac{m(m-1)(m-2)}{2.3}i^3 + \text{etc.}$$

Cette formule résulte de la précédente en y faisant $x = 1$; mais il n'aurait pas été rigoureux de l'en déduire de cette manière, puisqu'on a déjà remarqué que le développement de la fonction $f(x+i)$ en puissances entières de i, peut cesser d'être exact dans des cas particuliers de la valeur de x.

Si maintenant on multiplie l'équation précédente par a^m, et qu'on y substitue ensuite b à la place de ai, on aura

$$(a+b)^m = a^m + ma^{m-1}b + \frac{m(m-1)}{2}a^{m-2}b^2 + \text{etc},$$

quelques valeurs qu'on attribue aux quantités a, b, m.

La méthode que nous avons employée plus haut pour trouver directement la fonction primitive d'une quantité constante, peut être appliquée à d'autres cas. En effet, si dans la formule générale

$$f(x+i) = fx + if'x + \frac{i^2}{2}f''x + \text{etc.},$$

on fait

$$i = -x,$$

la fonction $f(x+i)$ deviendra indépendante de x, et sera par conséquent égale à une constante b, laquelle sera proprement la valeur de fx lorsque $x=0$. On aura donc ainsi

$$b=fx-xf'x+\frac{x^2}{2}f''x-\text{etc.},$$

d'où l'on tire

$$fx=b+xf'x-\frac{x^2}{2}f''x+\text{etc.}$$

Si maintenant $f'x=a$, on aura

$$f''x=0,\ f'''x=0,\ \text{etc.};$$

donc

$$fx=b+ax.$$

Si $f'x=ax$, on aura

$$f''x=a,\ f'''x=0,\ f^{\text{IV}}x=0,\ \text{etc.};$$

donc

$$fx=b+ax^2-\frac{ax^2}{2}=b+\frac{ax^2}{2}.$$

Si $f'x=ax^2$, on aura

$$f''x=2ax,\ f'''x=2a,\ f^{\text{IV}}x=0,\ f^{\text{V}}x=0,\ \text{etc.};$$

donc

$$fx=b+ax^3-ax^3+\frac{ax^3}{3}=b+\frac{ax^3}{3},$$

et ainsi de suite.

En général, si $f'x=ax^n$, on aura, en prenant les fonctions dérivées,

$$f''x=nax^{n-1},\ f'''x=n(n-1)ax^{n-2},\ \text{etc.};$$

donc substituant ces valeurs,

$$fx=b+ax^{n+1}\left(1-\frac{n}{2}+\frac{n(n-1)}{2.3}-\frac{n(n-1)(n-2)}{2.3.4}+\text{etc.}\right)$$

Or on a, par le développement,

$$(1-1)^{n+1}=1-(n+1)+\frac{(n+1)n}{2}-\frac{(n+1)n(n-1)}{2.3}+\text{etc}=0;$$

donc

$$(n+1)\left(1-\frac{n}{2}+\frac{n(n-1)}{2.3}-\text{etc.},\right)=1,$$

et parconséquent

$$1-\frac{n}{2}+\frac{n(n-1)}{2.3}-\frac{n(n-1)(n-2)}{2.3.4}+\text{etc.},=\frac{1}{n+1};$$

quel que soit le nombre n; donc on aura

$$fx=\frac{ax^{n+1}}{n+1}+b.$$

En effet, la fonction dérivée de cette quantité sera, par la règle générale,

$$\frac{a(n+1)x^n}{n+1}=ax^n,$$

la constante b ayant zéro pour fonction dérivée.

LEÇON QUATRIÈME.

Fonctions dérivées des quantités exponentielles et logarithmiques. Développement de ces quantités en séries.

La fonction x^m, dans laquelle x est la variable et m est une constante, conduit naturellement à la considération de la fonction a^x, dans laquelle la variable est x, et où a est une constante. Ces sortes de quantités s'appellent *exponentielles*, parce-qu'elles ne varient qu'à raison de l'exposant.

Pour trouver la fonction dérivée de a^x, il n'y aura, suivant le principe général, qu'à substituer $x+i$ à la place de x, et développer suivant les puissances de i; le coefficient du terme affecté de i sera la fonction cherchée.

Cette substitution donne la fonction

$$a^{x+i}=a^x \times a^i.$$

Supposons $a=1+b$, on aura

$$a^i=(1+b)^i,$$

et par la formule générale, démontrée précédemment, on aura

$$a^i=(1+b)^i=1+ib+\frac{i(i-1)}{2}b^2+\frac{i(i-1)(i-2)}{2.3}b^3+\text{etc.}$$

En ordonnant les termes de cette série suivant les puissances de i, il est facile de voir que les deux premiers termes du développement de a^i, seront

$$1+\left(b-\frac{b^2}{2}+\frac{b^3}{3}-\frac{b^4}{4}+\text{etc.}\right)i.$$

Soit, pour abréger,

$$c=b-\frac{b^2}{2}+\frac{b^3}{3}-\frac{b^4}{4}+\text{etc.},$$

$$=a-1-\frac{(a-1)^2}{2}+\frac{(a-1)^3}{3}-\text{etc.};$$

on aura donc $1+ci$ pour les deux premiers termes du développement de a^i; parconséquent, en multipliant par a^x, on aura $a^x+ca^x i$ pour les deux premiers termes du développement de a^{x+i}. Donc ca^x, coefficient de i, sera la fonction dérivée de a^x.

Le coefficient c dépend, comme l'on voit, de la quantité a, qui est comme la base de l'exponentielle, et on nomme communément ce coefficient le *module*.

On peut ainsi établir cette règle, *que la fonction dérivée d'une quantité exponentielle, est égale à cette exponentielle multipliée par un coefficient constant qui dépend de la base de l'exponentielle, et qu'on nomme* le module.

Puisque la dérivée de a^x est ca^x, la dérivée de celle-ci sera $c^2 a^x$, et la dérivée de cette dernière sera de même $c^3 a^x$, et ainsi de suite.

Ainsi en faisant $fx=a^x$, on aura

$$f'x=ca^x,\ f''x=c^2a^x,\ \text{etc.}$$

Donc, substituant ces valeurs dans le développement de $f(x+i)$, on aura

$$a^{x+i}=a^x+ca^x i+\frac{c^2}{2}a^x i^2+\frac{c^3}{2.3}a^x i^3+\text{etc.},$$

et divisant par a^x,

$$a^i = 1 + ci + \frac{c^2 i^2}{2} + \frac{c^3 i^3}{2.3} + \text{etc.}$$

C'est la série dont nous n'avions trouvé ci-dessus que les deux premiers termes. Elle peut servir, comme l'on voit, à réduire toute puissance en une série ordonnée suivant les puissances de son exposant.

On peut par cette série déterminer directement la valeur de a en c.

En faisant $i = 1$, on aura

$$a = 1 + c + \frac{c^2}{2} + \frac{c^3}{2.3} + \text{etc.}$$

Et lorsque $c = 1$, la valeur de a se trouvera exprimée par la série très-simple

$$2 + \frac{1}{2} + \frac{1}{2.3} + \frac{1}{2.3.4} + \text{etc.},$$

dont la valeur est

$$2{,}718281828459\ldots$$

C'est le nombre qu'on désigne ordinairement par e, et qui est parconséquent la base des exponentielles dont le module est l'unité.

Ainsi, en faisant $fx = e^x$, on aura simplement $f'x = e^x$, $f''x = e^x$, etc.; et conséquemment

$$e^i = 1 + i + \frac{i^2}{2} + \frac{i^3}{2.3} + \frac{i^4}{2.3.4} + \text{etc.}$$

Si, dans l'équation trouvée ci-dessus

$$a^i = 1 + c\,i + \frac{c^2 i^2}{2} + \text{etc.},$$

on fait $i=\frac{1}{c}$, on aura

$$a^{\frac{1}{c}}=1+1+\frac{1}{2}+\frac{1}{2.3}+\text{etc.}:=e.$$

Ainsi on a entre les trois constantes a, c et e la relation

$$a^{\frac{1}{c}}=e,\ \text{d'où l'on tire}\ a=e^{c}.$$

Cette équation donne aussi

$$\frac{1}{a}=e^{-c},$$

d'où l'on voit qu'en prenant c négatif, a se change en $\frac{1}{a}$; ainsi en faisant ces changemens dans l'équation

$$c=a-1-\frac{(a-1)^2}{2}+\frac{(a-1)^3}{3}-\text{etc.},$$

donnée ci-dessus, on aura

$$c=\frac{a-1}{a}+\frac{(a-1)^2}{2a^2}+\frac{(a-1)^3}{3a^3}+\text{etc.}$$

Cette série est plus propre que la précédente à donner la valeur de c, lorsque a est un nombre plus grand que l'unité.

En faisant $a=10$, on a

$$c=0,9+\frac{(0,9)^2}{2}+\frac{(0,9)^3}{3}+\text{etc};$$

et on trouvera par le calcul,

$$c=2,302585092994\ldots\ldots$$

On peut exprimer toute quantité variable par une constante élevée à une puissance variable; alors l'exposant de cette puissance devient une fonction de la même quantité, et cette fonction est dans le sens le plus général le *logarithme* de la quantité proposée. D'où l'on voit que les fonctions logarithmiques ne sont proprement que les réciproques des fonctions exponentielles.

Nous dénotons, en général, les logarithmes d'une quantité par les mots *log*, mis avant de cette quantité en forme de caractéristique. Ainsi log x exprimera le logarithme ou la fonction logarithmique de x, et cette fonction sera donnée par l'équation $x = a^{\log x}$, où a, base de l'exponentielle, sera en même temps la base du système logarithmique.

Pour trouver maintenant la fonction dérivée de log x, on fera, en général,

$$fx = \log x,$$

ce qui donnera $x = a^{fx}$, et mettant $x + i$ à la place de x, on aura

$$x + i = a^{f(x+i)},$$

équation qui doit être identique, et avoir lieu, parconséquent, quelle que soit la valeur de i. Or, par le développement, on a

$$f(x + i) = fx + if'x + \frac{i^2}{2} f''x + \text{etc.} = fx + \omega,$$

en posant

$$\omega = if'x + \frac{i^2}{2} f''x + \text{etc.};$$

donc faisant cette substitution, on aura

$$x + i = a^{fx + \omega} = a^{fx} \times a^{\omega} = xa^{\omega},$$

et divisant par x,

$$1 + \frac{i}{x} = a^{\omega}.$$

Or, par la formule trouvée ci-dessus, on a, en général,

$$a^{\omega} = 1 + c\omega + \frac{c^2\omega^2}{2} + \text{etc}:$$

donc on aura

$$1 + \frac{i}{x} = 1 + c\omega + \frac{c^2\omega^2}{2} + \text{etc.}$$

Donc remettant pour ω sa valeur, et ordonnant les termes suivant les puissances de i, on aura cette équation identique,

$$\frac{i}{x} = icf'x + \frac{i^2}{2}[c^2(f'x)^2 + cf''x] + \text{etc.};$$

et la comparaison des termes donnera d'abord

$$\frac{1}{x} = cf'x,$$

d'où l'on tire

$$f'x = \frac{1}{cx}.$$

La comparaison des autres termes donnera les valeurs de $f''x$, $f'''x$, etc.; mais il est plus simple de les déduire successivement de celle de $f'x$.

La constante c dépend de la base a du système logarithmique, par les mêmes formules que nous avons trouvées plus haut; relativement aux logarithmes, elle s'appelle *le module* du système logarithmique.

De là résulte cette règle générale : que *la fonction dérivée du logarithme d'une variable, est égale à l'unité divisée par cette variable multipliée par le module du système logarithmique.*

Puisque

$$fx = \log x \text{ donne } f'x = \frac{1}{cx},$$

en prenant successivement les fonctions dérivées, d'après la règle générale des puissances, on aura

$$f''x = -\frac{1}{cx^2},\ f'''x = \frac{2}{cx^3}, \text{etc.};$$

donc, si on fait ces substitutions dans le développement de $f(x+i)$, on aura la série

$$\log x + \frac{i}{cx} - \frac{i^2}{2cx^2} + \frac{i^3}{3cx^3} - \text{etc.},$$

pour la valeur de $\log(x+i)$.

Ayant ainsi le logarithme d'un nombre quelconque x, on peut par cette série trouver celui d'un autre nombre plus grand $x+i$, et la série sera d'autant plus convergente que la différence i des deux nombres aura un moindre rapport au nombre x.

Par la théorie des logarithmes, on a

$$\log(x+i) - \log x = \log\left(\frac{x+i}{x}\right) = \log\left(1+\frac{i}{x}\right);$$

donc, si on fait dans la formule précédente $\frac{i}{x} = y$, on aura

$$\log(1+y) = \frac{1}{c}\left(y - \frac{y^2}{2} + \frac{y^3}{3} - \text{etc.}\right),$$

formule connue.

Soit

$$1+y = z, \text{ on aura } y = z-1;$$

donc

$$\log z = \frac{1}{c}\left\{(z-1) - \frac{(z-1)^2}{2} + \frac{(z-1)^3}{3} - \text{etc.}\right\}$$

Cette série n'est convergente et par conséquent ne peut servir à trouver le logarithme d'un nombre donné z, que lorsque ce nombre diffère peu de l'unité; mais on peut la rendre convergente, dans tous les cas, par la substitution de $\sqrt[r]{z}$ au lieu de z:

car puisque $\log \sqrt[r]{z}$ est égal à $\frac{\log z}{r}$, on aura en multipliant par r,

$$\log z = \frac{r}{c}\left\{\sqrt[r]{z}-1-\frac{1}{2}(\sqrt[r]{z}-1)^2+\frac{1}{3}(\sqrt[r]{z}-1)^3-\text{etc.}\right\},$$

où l'on peut prendre pour r un nombre quelconque positif ou négatif.

Or quel que soit le nombre z, on peut toujours en extraire la racine d'un degré r, tel que $\sqrt[r]{z}$ soit un nombre aussi peu différent de l'unité qu'on voudra; ainsi la formule précédente donnera toujours la valeur de $\log z$, avec toute l'exactitude qu'on pourra desirer.

Si on prend r négativement, alors $\sqrt[r]{z}$ devient $\frac{1}{\sqrt[r]{z}}$, et la série qui exprime $\log z$, devient, en changeant les signes,

$$\log z = \frac{r}{c}\left[1-\frac{1}{\sqrt[r]{z}}+\frac{1}{2}\left(1-\frac{1}{\sqrt[r]{z}}\right)^2+\frac{1}{3}\left(1-\frac{1}{\sqrt[r]{z}}\right)^3+\text{etc.}\right]$$

où tous les termes sont positifs. Ainsi on peut avoir à volonté pour la valeur de $\log z$, une série dont tous les termes soient positifs ou alternativement positifs ou négatifs. Car il est évident que z étant un nombre plus grand que l'unité, $\sqrt[r]{z}$ sera plus grand que l'unité, et z étant moindre que l'unité, $\sqrt[r]{z}$ sera aussi moindre que l'unité; mais les différences seront d'autant plus petites, que l'exposant r de la racine sera un plus grand nombre; donc $\sqrt[r]{z}-1$ et $1-\frac{1}{\sqrt[r]{z}}$ seront positifs dans le premier cas, et négatifs dans le second.

Si

Si a est la base des logarithmes, ensorte que $\log a = 1$, on pourra par les mêmes formules déterminer aussi exactement qu'on voudra, la valeur du module c; car en faisant $\log a = 1$, on aura

$$c = r\left\{\sqrt[r]{a} - 1 - \tfrac{1}{2}(\sqrt[r]{a} - 1)^2 + \tfrac{1}{3}(\sqrt[r]{a} - 1)^3 - \text{etc.}\right\}$$

ou bien

$$c = r\left[1 - \frac{1}{\sqrt[r]{a}} + \tfrac{1}{2}\left(1 - \frac{1}{\sqrt[r]{a}}\right)^2 + \tfrac{1}{3}\left(1 - \frac{1}{\sqrt[r]{a}}\right)^3 + \text{etc.}\right]$$

Il est clair que les deux séries que nous venons de donner pour l'expression de $\log z$, seront nécessairement convergentes aussitôt qu'on aura extrait de z une racine r, telle que $\sqrt[r]{z} - 1$ soit une fraction moindre que l'unité; car alors $1 - \frac{1}{\sqrt[r]{z}}$ sera une fraction plus petite encore, puisque

$$1 - \frac{1}{\sqrt[r]{z}} = \frac{\sqrt[r]{z} - 1}{\sqrt[r]{z}}$$

Ainsi, puisque dans la première série les termes sont alternatifs, le second et le troisième, le quatrième et le cinquième, etc. formeront des sommes négatives; de sorte que la première série donnera

$$\log z < \frac{r}{c}(\sqrt[r]{z} - 1).$$

Au contraire la seconde série ayant tous ses termes positifs donnera

$$\log z > \frac{r}{c}\left(1 - \frac{1}{\sqrt[r]{z}}\right).$$

Ainsi on a tout de suite deux limites pour la valeur de log z, qu'on peut resserrer autant que l'on veut, en prenant r toujours plus grand.

On aura, par la même raison, si $\sqrt[r]{a} < 2$,

$$c < r(\sqrt[r]{a} - 1) > r\left(1 - \frac{1}{\sqrt[r]{a}}\right).$$

Puisqu'on a

$$1 - \frac{1}{\sqrt[r]{z}} = \frac{\sqrt[r]{z} - 1}{\sqrt[r]{z}},$$

il est visible que la différence entre les deux limites de log z sera

$$\frac{r}{c}(\sqrt[r]{z} - 1) \times \left(1 - \frac{1}{\sqrt[r]{z}}\right);$$

ainsi en prenant l'une ou l'autre des deux expressions précédentes de log z, on est assuré que l'erreur en excès ou en défaut est nécessairement moindre que cette même quantité.

Ainsi on sera sûr d'avoir, par ces expressions, les logarithmes exacts jusqu'à s chiffres, en prenant la racine $\sqrt[r]{z}$, de telle manière qu'il y ait après la virgule s zéro avant les chiffres significatifs.

En général, puisque l'erreur va en diminuant à mesure que l'on prend l'exposant r de la racine plus grand, on peut dire qu'elle deviendra nulle ou comme nulle, si on prend r infiniment grand; de sorte qu'on pourra regarder alors l'une et l'autre des deux formules $\frac{r}{c}(\sqrt[r]{z} - 1)$ et $\frac{r}{c}\left(1 - \frac{1}{\sqrt[r]{z}}\right)$, comme l'expression exacte de log z.

On peut conclure de là que les logarithmes rentrent dans

la classe des puissances, et forment le premier terme de la série des puissances dont les exposans croissent ou décroissent depuis zéro, ou le dernier terme des racines dont les degrés vont en augmentant à l'infini.

C'est aussi sous ce rapport qu'on peut dire qu'à un nombre donné répond toujours une infinité de logarithmes, puisque sa racine infinitième a nécessairement une infinité de valeurs différentes.

La meilleure manière d'employer la formule précédente, est de prendre pour r une puissance de 2, puisqu'on n'aura alors que des extractions de racines quarrées à faire. C'est ainsi que *Briggs* a calculé les premiers logarithmes : il avait remarqué qu'en faisant des extractions successives de racines quarrées d'un nombre quelconque, si on s'arrête dans une de ces extractions, à deux fois autant de décimales qu'il y aura de zéro à la suite de l'unité, lorsqu'il n'y a plus que l'unité avant la virgule, la partie décimale de cette racine se trouve exactement la moitié de celle de la racine précédente, en sorte que ces parties décimales ont entre elles le même rapport que les logarithmes des racines mêmes ; c'est ce qui résulte évidemment de la formule précédente.

Ainsi, en prenant $r = 2^{60}$, on trouve pour $a = 10$

$$\sqrt[r]{a} = 1,\ 00000\ 00000\ 00000\ 00199\ 71742\ 08125\ 50527\ 03251.$$

$$\frac{1}{r} = 0,\ 00000\ 00000\ 00000\ 00086\ 73617\ 37988\ 40354.$$

De sorte que l'on aura

$$\frac{1}{c} = \frac{1}{r} \times \frac{1}{\sqrt[r]{a} - 1} = \frac{8673617379884035 4}{1997174208125503 27} = 0,\ 43429\ 44819\ldots.$$

C'est de ce nombre qu'on a tiré celui qu'on a donné ci-dessus pour la valeur de c.

Si maintenant on veut avoir, par exemple, le logarithme de 3, on fera $z=3$, et employant de même 60 extractions de racines quarrées, on trouvera les nombres suivans :

$$\sqrt[r]{z} = 1,\ 00000\ 00000\ 00000\ 00095\ 28942\ 64074\ 58932\ldots$$

et de là

$$\log z = \frac{\sqrt[r]{z}-1}{\sqrt[r]{a}-1} = \frac{95289426407458932\ldots}{199717420812550527\ldots}$$

$$= 0,\ 47712\ 12547\ 19662\ldots$$

Cette méthode est, comme l'on voit, très-laborieuse par le grand nombre d'extractions de racines qu'elle demande pour avoir un résultat en plusieurs décimales; mais les séries que nous avons données ci-dessus, servent à la simplifier et à la compléter; car quel que soit le nombre z, il suffira d'en extraire quelques racines quarrées, jusqu'à ce qu'on parvienne à un nombre $\sqrt[r]{z}$ qui n'ait que l'unité avant la virgule; alors les puissances de $\sqrt[r]{z}-1$ seront des fractions d'autant plus petites qu'elles seront plus hautes; parconséquent il suffira toujours de prendre un certain nombre de termes de la série, pour avoir les logarithmes exacts jusqu'à tel ordre de décimales qu'on voudra.

Les logarithmes qui ont l'unité pour module, sont ceux qui se nomment *logarithmes naturels*, ou *hyperboliques*, parce-qu'ils représentent l'aire de l'hyperbole équilatère, rapportée aux abscisses prises sur l'une des asymptotes, et que *Neper* a le premier calculés. Leur base est le nombre e, et pour les distinguer des autres, nous les dénoterons simplement par la caractéristique l.

Ainsi lx aura pour fonction dérivée $\frac{1}{x}$, et la formule générale $x = a^{\log x}$ deviendra pour ces logarithmes, $x = e^{lx}$; de sorte qu'on aura en général $a^{\log x} = e^{lx}$; et comme on a trouvé plus haut $a = e^{c}$, on aura $e^{c \log x} = c^{lx}$; et parconséquent $lx = c \log x$. D'où l'on voit que les logarithmes d'un même nombre, dans différens systèmes, sont en raison inverse de leurs modules.

Au reste l'équation $a = e^{c}$ donne $c = l.a$; d'où il suit que le module c du système logarithmique dont la base est a, n'est autre chose que le logarithme naturel de la même base. Ainsi on pourra par la suite substituer l'expression $l.a$ à la place de c, dans les fonctions dérivées de a^{x} et de $\log x$.

De cette manière, on aura $a^{x} l.a$ pour la dérivée de a^{x}, et $\frac{1}{xl.a}$ pour la dérivée de $\log x$.

Dans le système des logarithmes des tables usuelles, la base a est supposée égale à 10; ainsi le module de ce système sera $l.10$, dont la valeur est 2,302585092994...

Avant de terminer cette Leçon, je ne puis m'empêcher d'indiquer un usage très-simple de la formule,

$$e^{i} = 1 + i + \frac{i^{2}}{2} + \frac{i^{3}}{2.3} + \frac{i^{4}}{2.3.4} + \text{etc.};$$

pour trouver le développement d'une puissance quelconque d'une quantité composée d'autant de termes que l'on voudra.

En effet, si à la place de i on met $i(p + q + r +, \text{etc.})$, on aura

$$e^{i(p+q+r+\text{etc.})} = 1 + i(p + q + r + \text{etc.})$$
$$+ \frac{i^{2}}{2}(p + q + r + \text{etc.})^{2} + \frac{i^{3}}{2.3}(p + q + r + \text{etc.})^{3} + \text{etc.}$$

Ainsi le terme multiplié par i^{m} sera

$$\frac{(p + q + r + \text{etc.})^{m}}{1.2.3\ldots\ldots m};$$

d'un autre côté, on a

$$e^{i(p+q+r\ etc)} = e^{ip} \times e^{iq} \times e^{ir} \ldots$$

$$= (1 + ip + \frac{i^2p^2}{2} + \frac{i^3p^3}{2.3} + \text{etc};)$$

$$\times (1 + iq + \frac{i^2q^2}{2} + \frac{i^3q^3}{2.3} + \text{etc};)$$

$$\times (1 + ir + \frac{i^2r^2}{2} + \frac{i^3r^3}{2.3} + \text{etc};)$$

$$\times \ldots\ldots\ldots$$

Donc le coefficient de i^m, dans le développement de ces différens produits, multiplié par $1.2.3\ldots m$, sera la valeur de $(p+q+r+\text{etc.},)^m$.

Or il est visible que ce coefficient se trouvera composé d'autant de termes de la forme

$$\frac{p^\lambda q^\mu r^\nu \ldots}{1.2.3\ldots\lambda \times 1.2.3\ldots\mu \times 1.2.3\ldots\nu \times \ldots}$$

qu'on peut donner de valeurs différentes à λ, μ, ν, etc., de sorte que l'on ait

$$\lambda + \mu + \nu + \text{etc.} = m,$$

en prenant pour λ, μ, ν, un des nombres entiers positifs.

Ainsi la puissance $(p+q+r+\text{etc.})^m$ sera composée d'autant de termes de la forme

$$\frac{1.2.3.4\ldots m\, p^\lambda q^\mu r^\nu \ldots}{1.2.3\ldots\lambda \times 1.2.3\ldots\mu \times 1.2.3\ldots\nu \times \ldots}$$

ce qui s'accorde avec ce que donne la théorie des combinaisons.

LEÇON CINQUIÈME.

Fonctions dérivées des sinus et cosinus d'angles, et des angles par les sinus et cosinus. Développement de ces quantités en séries.

Les angles n'entrent dans l'analyse que par le moyen de leurs sinus et cosinus, qu'on dénote par les mots *sin* et *cos* placés comme caractéristiques avant les angles. On a ainsi les fonctions angulaires $\sin x$ et $\cos x$, dont la propriété générale, tirée de la nature du cercle, est qu'en prenant deux angles quelconques x et y, on a

$$\sin(x+y) = \sin x \cos y + \cos x \sin y$$
$$\cos(x+y) = \cos x \cos y - \sin x \sin y.$$

Cela posé, pour avoir les fonctions dérivées de $\sin x$ et $\cos x$, il n'y aura qu'à mettre $x+i$ à la place de x, et développer ensuite les fonctions

$$\sin(x+i) \text{ et } \cos(x+i)$$

suivant les puissances de i : les coefficiens de i dans ces développemens, seront les dérivées cherchées. Or par les formules précédentes, on a

$$\sin(x+i) = \sin x \cos i + \cos x \sin i,$$
$$\cos(x+i) = \cos x \cos i - \sin x \sin i.$$

Ainsi tout se réduit à développer en séries les quantités $\sin i$ et $\cos i$.

J'observe que quelle que puisse être la série du développement de sin i, elle ne saurait être que de la forme

$$Ai + Bi^2 + \text{etc};$$

car, premièrement, le sinus devant être nul lorsque l'angle est nul, et ne pouvant avoir, par sa nature, qu'une valeur unique pour chaque angle, il s'ensuit que son expression développée ne peut contenir que des termes multipliés par des puissances positives et entières de i. En second lieu, il est visible que les coefficiens A, B, etc. ne peuvent être que numériques, puisque dans l'expression sin i, il n'entre que la seule quantité indéterminée i.

Faisant donc

$$\sin i = Ai + Bi^2 + \text{etc.},$$

on aura

$$\cos i = \sqrt{(1 - \sin^2 i)} = 1 - \frac{1}{2}\sin^2 i + \text{etc.} = 1 - \frac{A^2}{2} i^2 + \text{etc.}$$

Donc substituant ces valeurs et ordonnant suivant les puissances de i, on aura

$$\sin(x+i) = \sin x + iA\cos x + i^2\left(B\cos x - \frac{A^2}{2}\sin x\right) + \text{etc.}$$

$$\cos(x+i) = \cos x - iA\sin x - i^2\left(B\sin x + \frac{A^2}{2}\cos x\right) + \text{etc.}$$

Donc, en n'ayant égard qu'aux termes multipliés par i, on en conclura que la fonction dérivée de sin x est $A\cos x$, et que la fonction dérivée de cos x est $-A\sin x$.

Le coefficient A est une constante encore inconnue, mais que nous déterminerons ci-après par la nature du cercle.

Connaissant ces premières fonctions dérivées, on pourra de la même manière trouver toutes les suivantes. Ainsi la première dérivée de sin x étant $A\cos x$, la dérivée de celle-ci sera $-A^2 \sin x$, et la troisième dérivée sera $-A^3 \cos x$, et ainsi de suite.

Donc en général, si $fx = \sin x$, on aura

$$f'x = A\cos x,\ f''x = -A^2 \sin x,\ f'''x = -A^3 \cos x, \text{ etc.}$$

Et faisant ces substitutions dans la série du développement de $f(x+i)$, on aura

$$\sin(x+i) = \sin x + Ai\cos x - \frac{A^2 i^2}{2}\sin x - \frac{A^3 i^3}{2.3}\cos x + \frac{A^4 i^4}{2.3.4}\sin x + \text{etc.}$$

On aura de même

$$fx = \cos x,\ f'x = -A\sin x,\ f''x = -A^2\cos x,$$
$$f'''x = A^3 \sin x,\ f^{\text{IV}}x = A^4 \cos x, \text{ etc.}$$

Et ces substitutions donneront

$$\cos(x+i) = \cos x - Ai\sin x - \frac{A^2 i^2}{2}\cos x + \frac{A^3 i^3}{2.3}\sin x + \frac{A^4 i^4}{2.3.4}\cos x - \text{etc.}$$

Faisons pour abréger

$$P = Ai - \frac{A^3 i^3}{2.3} + \frac{A^5 i^5}{2.3.4.5} - \text{etc.},$$

$$Q = 1 - \frac{A^2 i^2}{2} + \frac{A^4 i^4}{2.3.4} - \frac{A^6 i^6}{2.3.4.5.6} + \text{etc.};$$

on aura

$$\sin(x+i) = Q\sin x + P\cos x$$
$$\cos(x+i) = Q\cos x - P\sin x,$$

d'où l'on tire, par les théorêmes connus,

$$\sin i = P \text{ et } \cos i = Q.$$

Ainsi on aura, quel que soit l'angle i, les séries

$$\sin i = iA - \frac{i^3 A^3}{2.3} + \frac{i^5 A^5}{2.3.4.5} - \text{etc.}$$

$$\cos i = 1 - \frac{i^2 A^2}{2} + \frac{i^4 A^4}{2.3.4} - \frac{i^6 A^6}{2.3.4.5.6} + \text{etc.}$$

Il semble qu'on aurait pu déduire immédiatement ces séries de celles qu'on a trouvées ci-dessus pour sin $(x+i)$ et cos $(x+i)$ en y faisant $x=0$; mais nous avons voulu éviter ici, comme nous l'avons déjà fait plus haut, les difficultés qui pourraient naître de ce que le développement de $f(x+i)$ n'est généralement vrai que tant qu'on ne donne pas à x des valeurs particulières.

Maintenant il est visible que ces séries seront nécessairement convergentes, en prenant l'angle i tel que Ai soit égal ou moindre que l'unité, et il est visible en même temps qu'on aura alors

$$\sin i < Ai \text{ et } > Ai - \frac{A^3 i^3}{2.3};$$

car les termes ayant les signes alternatifs, et allant en diminuant, les sommes du second et du troisième, du quatrième et du cinquième, etc. seront toutes négatives, et au contraire les sommes du troisième et du quatrième, du cinquième et du sixième, etc. seront toutes positives.

D'un autre côté, il est démontré rigoureusement par les théorêmes d'*Archimède*, que le sinus est toujours moindre que l'arc, et que la tangente est plus grande que l'arc, du moins dans le premier quart de cercle; ainsi on aura

$$\sin i < i, \text{ et } \frac{\sin i}{\cos i} > i;$$

mais $$\cos i = \sqrt{(1 - \sin^2 i)},$$

donc $$\frac{\sin i}{\sqrt{(1 - \sin^2 i)}} > i;\ \sin^2 i > i^2 (1 - \sin^2 i);$$

d'où l'on tire

$$\sin i > \frac{i}{\sqrt{(1 + i^2)}};$$

ainsi on aura par la nature du cercle,

$$\sin i < i \text{ et } > \frac{i}{\sqrt{(1 + i^2)}}.$$

Si donc on prend l'angle i moindre qu'un droit, et assez petit pour que Ai soit moindre que l'unité, on aura nécessairement

1°............ $\text{Sin } i < Ai$ et $> \frac{i}{\sqrt{(1 + i^2)}}$,

parconséquent,

$$Ai > \frac{i}{\sqrt{(1 + i^2)}} \text{ et } A > \frac{1}{\sqrt{(1 + i^2)}};$$

2°............ $\text{Sin } i > Ai - \frac{A^3 i^3}{2.3}$ et $< i$,

parconséquent,

$$Ai - \frac{A^3 i^3}{2.3} < i, \text{ et } A - \frac{A^3 i^2}{2.3} < 1, \text{ ou } A < 1 + \frac{A^3 i^2}{2.3}.$$

Comme ces conditions doivent avoir lieu, quelque petit que soit i, il résulte de la première, que A ne peut pas être moindre que 1 ; car si $A < 1$, on aura $\frac{1}{A} > 1$; or la condition

$$A > \frac{1}{\sqrt{(1 + i^2)}} \text{ donne } \frac{1}{A} < \sqrt{(1 + i^2)};$$

donc quelque peu que $\frac{1}{A}$ surpassât l'unité, il serait toujours possible de prendre i tel que

$$\sqrt{(1+i^2)} \text{ fût} < \frac{1}{A},$$

tandis que cette quantité doit toujours être $> \frac{1}{A}$.

Il résulte ensuite de la seconde condition, que A ne peut pas être plus grand que l'unité; car quelque peu que A surpassât l'unité, il serait toujours possible de prendre i assez petit pour que l'on eût

$$1 + \frac{A^3 i^2}{2.3} < A,$$

tandis qu'on doit avoir toujours

$$1 + \frac{A^3 i^2}{2.3} > A.$$

Donc, puisque la valeur de A ne peut être ni moindre, ni plus grande que l'unité, il s'ensuit qu'on aura nécessairement $A = 1$.

Donc *la fonction dérivée de* sin x *est simplement* cos x, *et la fonction dérivée de* cos x *est* — sin x, x désignant un angle quelconque, c'est-à-dire, un arc dans le cercle dont le rayon est l'unité.

Ainsi on aura, en général, pour un angle quelconque i,

$$\sin i = i - \frac{i^3}{2.3} + \frac{i^5}{2.3.4.5} - \text{etc.}$$

$$\cos i = 1 - \frac{i^2}{2} + \frac{i^4}{2.3.4} - \frac{i^6}{2.3.4.5.6} + \text{etc.},$$

formules connues, et dont la découverte est due à *Newton*.

Nous venons de considérer les sinus et les cosinus comme fonctions des angles. On peut réciproquement considérer les angles comme fonctions de leurs sinus ou cosinus, et en chercher les fonctions dérivées. On désigne communément cette fonction par les mots *ang sin* ou *ang cos*, placés avant le sinus ou cosinus, comme caractéristiques.

Soit

$$fx = \text{ang}\sin x\text{, on aura }\sin(fx) = x;$$

mettant $x+i$ pour x, et supposant

$$if'x + \frac{i^2}{2}f''x + \text{etc.} = \omega,$$

on aura

$$\sin(fx+\omega) = x+i = \sin(fx)\cos\omega + \cos(fx)\sin\omega;$$

or

$$\sin(fx) = x;\ \cos(fx) = \sqrt{\{1-\sin^2(fx)\}} = \sqrt{1-x^2};$$

de plus

$$\sin\omega = \omega - \frac{\omega^3}{2.3} + \text{etc.};\ \text{et}\ \cos\omega = 1 - \frac{\omega^2}{2} + \text{etc.},$$

par les formules trouvées plus haut; donc faisant ces substitutions, et restituant la valeur de ω, on aura, en ordonnant les termes par rapport à i, l'équation identique

$$x+i = x + i\sqrt{(1-x^2)}\,f'x$$
$$+\frac{i^2}{2}\{\sqrt{(1-x^2)}\,f''x - x(f'x)^2\} + \text{etc.};$$

laquelle donne, par la comparaison des premiers termes affectés de i,

$$1 = \sqrt{(1-x^2)}\,f'x\text{, d'où résulte }f'x = \frac{1}{\sqrt{1-x^2}}.$$

La comparaison des autres termes donnera les valeurs de

$f''x$, $f'''x$, etc.; mais il est plus simple de les déduire immédiatement de celle de $f'x$.

Soit maintenant

$$fx = \text{ang}\cos x,\ \text{on aura}\ x = \cos(fx);$$

mettant $x+i$ pour x, et $fx+\omega$ pour fx, on aura

$$x+i = \cos(fx+\omega) = \cos(fx)\cos\omega - \sin(fx)\sin\omega;$$

or

$$\cos(fx) = x \text{ et } \sin(fx) = \sqrt{(1-\cos^2(fx))} = \sqrt{(1-x^2)};$$

faisant ces substitutions, et mettant pour $\sin\omega$ et $\cos\omega$ leurs valeurs en séries, $\omega - \frac{\omega^3}{2.3}$, etc., et $1 - \frac{\omega^2}{2}$ + etc., on aura, après avoir restitué la valeur de ω, et ordonné les termes suivant les puissances de i, cette équation identique

$$x+i = x - i\sqrt{(1-x^2)}\,f'x$$
$$-\frac{i^2}{2}\{\sqrt{(1-x^2)}\,f''x + x(f'x)^2\} + \text{etc.};$$

et la comparaison des deux premiers termes affectés de i donnera

$$1 = -\sqrt{(1-x^2)}\,f'x,$$

d'où résulte

$$f'x = -\frac{1}{\sqrt{(1-x^2)}}.$$

Donc, puisque x étant le sinus d'un angle, $\sqrt{(1-x^2)}$ en est le cosinus, et x étant le cosinus, $\sqrt{(1-x^2)}$ en est le sinus; il résulte de ce que nous venons de trouver, *que la fonction dérivée d'un angle, exprimé par son sinus, est égale à l'unité divisée par le cosinus, et que la fonction dérivée d'un angle exprimé par son cosinus, est égale à l'unité divisée par le sinus, et prise avec le signe moins.*

LEÇON SIXIÈME.

Fonctions dérivées des quantités composées de différentes fonctions d'une même variable, ou dépendantes de ces fonctions par des équations données.

Les fonctions que nous venons de considérer dans les trois dernières leçons, sont comme les élémens dont se composent toutes les fonctions qu'on peut former par des opérations algébriques; c'est pourquoi nous avons cru devoir commencer par chercher les fonctions dérivées de ces fonctions simples; et nous allons voir maintenant comment on peut trouver les fonctions dérivées des fonctions composées de celles-ci d'une manière quelconque.

Nous supposerons en général que p, q, r, etc. soient des fonctions quelconques d'une même variable, dont les fonctions dérivées p', q', r', etc. soient connues, et que y soit une fonction composée de p, q, r, etc., dont on demande la fonction dérivée y'.

On considérera que x devenant $x+i$, y deviendra en général

$$y+iy'+\frac{i^2}{2}y''+\text{etc.}:$$

or p, q, r, etc. deviennent en même temps

$$p+ip'+\text{etc.};\quad q+iq'+\text{etc.},\quad r+ir'+\text{etc.};$$

il n'y aura donc qu'à substituer ces valeurs dans l'expression de y, développer les termes suivant les puissances de i, et le coefficient de i sera la valeur cherchée de y'.

Ainsi, si

$$y = Ap + Bq + Cr + \text{etc.};$$

A, B, C, etc. étant des coefficiens quelconques, on aura sur-le-champ

$$y' = Ap' + Bq' + Cr' + \text{etc.}$$

Si $y = Apq$, la quantité pq deviendra

$$(p + ip' + \text{etc.}) \times (q + iq' + \text{etc.}) = pq + i(qp' + pq') + \text{etc.};$$

donc

$$y' = A(qp' + pq').$$

Si $y = Apqr$, on trouvera de la même manière

$$y' = A(qrp' + prq' + pqr').$$

Si $y = A\frac{p}{q}$, la quantité $\frac{p}{q}$ deviendra

$$\frac{p + ip' + \text{etc.}}{q + i\,q' + \text{etc.}}.$$

Développant le dénominateur en série, suivant les règles connues, on aura

$$(p + ip' + \text{etc.}) \times \left(\frac{1}{q} - \frac{iq'}{q^2} + \text{etc.}\right),$$

$$= \frac{p}{q} + i\left(\frac{p'}{q} - \frac{pq'}{q^2}\right) + \text{etc.};$$

donc

$$y' = A\left(\frac{p'}{q} - \frac{p\,q'}{q2}\right) = A\left(\frac{p'q - pq'}{q^2}\right).$$

Soit $y = Ap^m q^n$, la quantité $p^m q^n$ deviendra

$$(p + ip' + \text{etc.})^m (q + iq' + \text{etc.})^n$$

$$= (p^m + mip^{m-1} p' + \text{etc.}) (q^n + niq^{n-1} q' + \text{etc.})$$

$$= p^m q^n$$

$$= p^m q^n + i\,(mp^{m-1} q^n p' + nq^{n-1} p^m q') + \text{etc.};$$

donc

$$y' = A\,(mq^n p^{m-1} p' + np^m q^{n-1} q').$$

On trouvera de la même manière, que si $y = Ap^m q^n r^l$, on aura

$$y' = A\,(mq^n r^l p^{m-1} p' + np^m r^l q^{n-1} q' + lp^m q^n r^{l-1} r'),$$

et ainsi de suite.

Soit en général $y = fp$; en regardant fp comme une fonction de p, ses fonctions dérivées seront $f'p$, $f''p$, etc.; ensorte que p devenant $p + \omega$, fp deviendra

$$fp + \omega f'p + \frac{\omega^2}{2} f''p + \text{etc.}$$

Or p étant une fonction de x, lorsque x devient $x + i$, p devient $p + ip' + \frac{i^2}{2} p'' + \text{etc.}$

Donc faisant

$$\omega = ip' + \frac{i^2}{2} p'' + \text{etc.},$$

la fonction fp deviendra, par la substitution de $x + i$ à la place de x,

$$fp + ip'f'p + \frac{i^2}{2}(p'^2 f''p + p''f'p) + \text{etc.}$$

Ainsi on aura d'abord $y' = p'f'p$, d'où résulte ce principe : *que la fonction dérivée d'une fonction qui est elle-même une fonction de* x, *est égale au produit des fonctions dérivées de ces deux fonctions.*

Ce principe sert à généraliser les résultats précédens, relativement aux fonctions dérivées des puissances des exponentielles des logarithmes et des sinus et cosinus.

Ainsi, si $y = p^m$, on aura $y' = mp^{m-1}p'$;

si $y = a^p$, on aura $y' = a^p p' \, l a$;

si $y = \log p$, on aura $y' = \frac{p'}{p}$;

si $y = \sin p$, on aura $y' = p' \cos p$;

si $y = \cos p$, on aura $y' = -p' \sin p$;

si $y = \text{ang} \sin p$, on aura $y' = \frac{p'}{\sqrt{(1-p^2)}}$;

si $y = \text{ang} \cos p$, on aura $y' = -\frac{p'}{\sqrt{(1-p^2)}}$.

Supposons ensuite que y soit une fonction de p et q, que nous désignerons par $f(p, q)$; il s'agira de substituer $x + i$ à la place de x dans les deux fonctions p et q, et de trouver ensuite le coefficient de i dans le développement de la fonction composée $f(p, q)$. Or il est visible qu'on aura le même résultat, soit qu'on fasse ces deux substitutions à-la-fois, soit qu'on les fasse l'une après l'autre, puisque les quantités p et q sont regardées dans ces substitutions comme indépendantes.

En substituant d'abord $x + i$ à la place de x dans la fonction p, la fonction $f(p, q)$, regardée seulement comme fonction de p, deviendra, par ce que nous venons de trouver,

$$f(p, q) + ip'f'(p) + \text{etc.}$$

J'écris simplement $f'(p)$ pour désigner la fonction dérivée de $f(p, q)$ prise relativement à p seul, q étant regardée comme constante.

Substituons ensuite $x + i$ au lieu de x dans la fonction q, la fonction $f(p, q)$ deviendra pareillement

$$f(p, q) + iq'f'(q) + \text{etc.},$$

où $f'(q)$ représente la fonction prime de $f(p, q)$ prise relativement à q seul, p étant regardée comme constante.

Quant au terme $ip'f'(p)$, il est visible qu'étant déjà multiplié par i, il se trouverait par cette nouvelle substitution augmenté de termes multipliés par i^2, i^3, etc.

Ainsi les deux premiers termes de la série provenant du développement de $f(p, q)$, après la substitution de $x+i$ pour x dans p et q, seront simplement

$$f(p, q) + ip'f'(p) + iq'f'(q);$$

de sorte qu'on aura

$$y' = p'f'(p) + q'f'(q) = f'(p, q).$$

Si y était une fonction de p, q, r, représentée par $f(p,q,r)$, on trouverait de la même manière

$$y' = p'f'(p) + q'f'(q) + r'f'(r) = f'(p, q, r),$$

et ainsi de suite.

D'où l'on peut tirer cette conclusion générale, *que la fonction dérivée d'une fonction composée de différentes fonctions particulières, sera la somme des fonctions dérivées relatives à chacune de ces mêmes fonctions considérées séparément et indépendamment l'une de l'autre.*

Ce principe, combiné avec le précédent, suffit pour trouver les premières fonctions dérivées de toutes sortes de fonctions, ainsi que les fonctions dérivées des ordres supérieurs.

Ainsi la fonction dérivée de pq étant qp' relativement à p, et pq' relativement à q, la fonction dérivée totale sera $qp' + pq'$, comme nous l'avons trouvé ci-dessus.

De même en regardant maintenant p' et q' comme de nouvelles fonctions, dont p'' et q'' sont les fonctions dérivées, la fonction dérivée de qp' sera $q'p' + qp''$, et la fonction dérivée de pq' sera $p'q' + pq''$; de sorte que la seconde fonction dérivée de pq sera $qp'' + 2p'q' + pq''$; et ainsi de suite.

Par les mêmes principes on a

$$mq^n p^{m-1} p' + np^m q^{n-1} q'$$

pour la fonction dérivée de $p^m q^n$, le premier terme étant la fonction dérivée relative à p, et le second étant la fonction dérivée relative à q; et ainsi du reste.

Si $p = \sin x$ et $q = \cos x$, on a $p' = \cos x$ et $q' = -\sin x$; donc lorsque

$$y = \sin^m x \cos^n x,$$

on aura

$$y' = m \sin^{m-1} x \cos^{n+1} x - n \cos^{n-1} x \sin^{m+1} x.$$

Ainsi, comme la tangente d'un angle est égale au sinus divisé par le cosinus, en la dénotant par les mots *tang* placés avant l'angle comme caractéristique, et faisant

$$y = \text{tang}\, x = \frac{\sin x}{\cos x},$$

on aura

$$y' = 1 + \frac{\sin^2 x}{\cos^2 x} = \frac{1}{\cos^2 x}.$$

Et en général, si $y = \text{tang}\, p$, on trouvera

$$y' = \frac{p'}{\cos^2 p}.$$

Mais la fonction y pourrait n'être donnée que par une équation entre x et y. Représentons en général cette équation par

$$F(y, x) = 0:$$

il est clair que si on regarde y comme une fonction de x déterminée par cette équation, et qu'on imagine cette fonction substituée au lieu de y dans $F(y, x)$, il en résultera une fonction de x qui sera identiquement nulle, quelle que soit la valeur de x, et parconséquent aussi en mettant $x+i$ à la place de x, quelle que soit la valeur de i.

Dénotons cette fonction par z, et comme x devenant $x+i$, z devient $z+iz'+\frac{i^2}{2}z''+$ etc., on aura, quelle que soit la valeur de i, l'équation

$$z+iz'+\frac{i^2}{2}z''+\text{etc.}=o;$$

d'où l'on tire les équations

$$z=o,\ z'=o,\ z''=o,\ \text{etc.}$$

Maintenant z étant $=F(y,x)$ on aura par les formules ci-dessus

$$z'=y'F'(y)+F'(x),$$

en dénotant par $F'(y)$ la fonction prime de $F(y,x)$ prise relativement à y seul, et par $F'(x)$ la fonction prime de $F(y,x)$ prise relativement à x, et faisant $x'=1$, puisque x devient simplement $x+i$.

Ainsi l'équation dérivée $z'=o$, sera

$$y'F'(y)+F'(x)=o,$$

d'où l'on tire

$$y'=-\frac{F'(x)}{F'(y)}.$$

On aura de cette manière la valeur de y' en fonction de x et y; de là, en regardant toujours y comme fonction de x, on pourra déduire la valeur de y'' en fonction de x et y. Car en supposant pour abréger $y'=f(y,x)$, la fonction dérivée de $f(y,x)$ sera de la forme $y'f'(y)+f'(x)$; donc substituant pour y' sa valeur, on aura

$$y'' = f(y, x) \times f'(y) + f'(x),$$

et ainsi de suite.

On trouverait les mêmes valeurs de y'', y''', etc. par les équations $z'' = o$, $z''' = o$, etc.

Si l'on avait plus généralement l'équation

$$F(y, p, q \ldots) = o,$$

on trouverait de la même manière l'équation dérivée,

$$y'F'(y) + p'F'(p) + q'F'(q) + \text{etc.} = o;$$

d'où l'on tire

$$y' = -\frac{p'F'(p) + q'F'(q) + \text{etc.}}{F'(y)}.$$

Et regardant de nouveau la valeur de y' comme une fonction de y, p, q, etc., p', q', etc., sa fonction dérivée sera la valeur de y''; et ainsi de suite.

Enfin si l'on avait deux fonctions y et u données par les équations

$$F(y, u, p, q \ldots) = o, \quad f(y, u, p, q \ldots) = o,$$

on pourrait par les mêmes opérations trouver immédiatement les valeurs de y' et u' en fonctions de y, u, p, q, etc.;

Car on aurait d'abord les équations dérivées

$$y'F'(y) + u'F'(u) + p'F'(p) + q'F'(q) + \text{etc.} = o$$
$$y'f'(y) + u'f'(u) + p'f'(p) + q'f'(q) + \text{etc.} = o,$$

d'où l'on tirerait y' et u'; et ainsi du reste.

Les règles que nous venons d'établir suffisent pour trouver les fonctions dérivées d'un ordre quelconque de toute fonction d'une variable, de quelque manière qu'elle soit donnée, soit explicitement par des expressions déterminées, soit implicitement par des équations quelconques.

A l'égard de la notation que nous avons employée pour représenter séparément chaque partie d'une fonction dérivée, relative à chacune des fonctions particulières qui entrent dans la fonction primitive, on voit qu'elle est très-simple et très-commode, et nous nous en servirons aussi dans la suite.

On peut même, par cette notation, ne séparer du reste de la fonction dérivée que la partie relative à une variable donnée. Ainsi les fonctions primes de fonctions de p et q, ou de p, q et r, ou etc., peuvent développer de cette manière

$$f'(p,q) = p'f'(p) + q'f'(q)$$
$$f'(p,q,r) = p'f'(p) + f'(q,r)$$
$$= p'f'(p) + q'f'(q) + r'f'(r)$$

et ainsi des autres.

Il faut toujours observer de ne renfermer entre les parenthèses qui suivent la caractéristique f' des fonctions dérivées, que les variables par rapport auxquelles on veut prendre la fonction dérivée.

Lorsqu'il n'y a qu'une seule variable entre les parenthèses comme $f'(p)$, cette expression indique que la fonction dérivée doit être prise relativement à cette variable, comme si elle était seule et unique; c'est-à-dire que $f'(p)$ sera le coefficient de i dans le développement de la fonction donnée, en y substituant simplement $p+i$ au lieu de p, quelque fonction d'ailleurs que p puisse être de x.

Quoiqu'il soit plus simple de déduire les fonctions dérivées des différens ordres les unes des autres, parceque de cette manière les mêmes règles et les mêmes opérations font trouver toutes les dérivées, et que ce soit même dans cette dérivation successive des fonctions que consistent l'essence et l'algorithme fondamental du calcul des fonctions dérivées, il y a néanmoins des cas où la considération immédiate des termes successifs de la série peut donner les fonctions dérivées successives d'une même fonction d'une manière plus directe et plus générale ; c'est ce qui a lieu lorsque le développement de la fonction en série peut s'exécuter facilement par les formules connues.

En effet, si l'on a en général

$$y = f(p, q..)$$

p, q etc., étant des fonctions de x, et qu'on substitue $x + i$ à la place de x, cette équation deviendra

$$y + iy' + \frac{i^2}{2}y'' + \text{etc.}$$

$$= f(p + ip' + \frac{i^2}{2}p'' + \text{etc.},\ q + iq' + \frac{i^2}{2}q'' + \text{etc.} \ldots).$$

Et elle devra avoir lieu indépendamment de la quantité indéterminée i ; de sorte que si l'on peut développer directement la fonction qui forme le second membre en une série de la forme

$$f(p, q \ldots) + iP + i^2Q + i^3R + \text{etc.} ;$$

on aura sur-le-champ

$$y' = P,\ \frac{y''}{2} = Q,\ \frac{y'''}{2.3} = R, \text{etc.}$$

Soit, par exemple, $y = pq$: on aura à réduire en série l'expression

$$(p + ip' + \frac{i^2}{2}p'' + \text{etc.})\ (q + iq' + \frac{i^2}{2}q'' + \text{etc.}),$$

et il est facile de voir qu'on aura

$$y' = pq' + p'q$$

$$\frac{y''}{2} = \frac{pq''}{2} + p'q' + \frac{p''q}{2}$$

$$\frac{y'''}{2.3} = \frac{pq'''}{2.3} + \frac{p'q''}{2} + \frac{p''q'}{2} + \frac{p'''q}{2.3}.$$

Et en général

$$\frac{y^{(m)}}{2.3 \ldots m} = \frac{pq^{(m)}}{2.3 \ldots m} + \frac{p'q^{(m-1)}}{2.3 \ldots (m-1)} + \frac{p''q^{(m-2)}}{2.2.3 \ldots (m-2)}$$

$$+ \frac{p'''q^{(m-3)}}{2.3.2.3 \ldots m-3} + \text{etc.}$$

l'exposant placé entre deux crochets désignant l'ordre de la fonction dérivée, de sorte qu'en multipliant par $2.3 \ldots m$, on aura la formule générale

$$y^{(m)} = pq^{(m)} + mp'q^{(m-1)} + \frac{m(m-1)}{2} p''q^{(m-2)} + \text{etc.}$$

En général si on fait $y = pqr \ldots$, on trouvera de la même manière que la valeur de $\frac{y^{(m)}}{1.2.3 \ldots m}$ sera composée d'autant de termes de la forme

$$\frac{p^{(\lambda)} \; q^{(\mu)} \; r^{(\nu)} \ldots}{1.2.3 \ldots \lambda \times 1.2.3 \ldots \mu \times 1.2.3 \ldots \nu \times \ldots}$$

qu'on pourra donner de valeurs différentes aux nombres λ, μ, ν etc., de manière que l'on ait

$$\lambda + \mu + \nu \text{ etc.} = m.$$

Supposons

$$p = e^{ax}, \; q = e^{bx}, \; r = e^{cx} \text{ etc.},$$

la quantité e étant toujours telle que $l.e = 1$, on aura

$$y = e^{(a+b+c+\text{etc.})x},$$

et la fonction dérivée de l'ordre m sera

$$y^{(m)} = (a + b + c + \text{etc.})^m y;$$

on aura de même

$$p^{(\lambda)} = a^\lambda p, \quad q^{(\mu)} = b^\mu q, \quad r^{(\nu)} = c^\nu r, \text{ etc.}$$

Donc, puisque $y = pqr\ldots$ il s'ensuit que la quantité

$$\frac{(a + b + c + \text{etc.})^m}{1.2.3\ldots m}$$

pourra se développer en autant de termes de la forme

$$\frac{a^\lambda \; b^\mu \; c^\nu \ldots}{1.2.3\ldots\lambda \times 1.2.3\ldots\mu \times 1.2.3\ldots\nu \times \ldots}$$

qu'il y aura de manières différentes de satisfaire à l'équation

$$\lambda + \mu + \nu + \text{etc.} = m,$$

ce qui s'accorde avec ce qu'on a trouvé d'une autre manière à la fin de la Leçon IVe.

Faisons maintenant

$$p = x^a, \; q = x^b, \; r = x^c, \text{ etc.}$$

on aura

$$y = x^{a+b+c+\text{ etc.}} = x^A$$

en faisant

$$A = a + b + c + \text{etc.}$$

Donc prenant les fonctions dérivées des ordres m, λ, μ, ν, etc., on aura

$$y^{(m)} = A(A-1)(A-2)\ldots(A-m+1)x^{A-m}$$
$$p^{(\lambda)} = a(a-1)(a-2)\ldots(a-\lambda+1)x^{a-\lambda}$$
$$q^{(\mu)} = b(b-1)(b-2)\ldots(b-\mu+1)x^{b-\mu}$$
$$r^{(\nu)} = c(c-1)(c-2)\ldots(c-\nu+1)x^{b-\nu} \text{ etc.}$$

Donc puisque

$$A - m = a - \lambda + b - \mu + c - \nu + \text{etc.},$$

la quantité

$$\frac{A(A-1)(A-2)\ldots(A-m+1)}{1\,.\,2\,.\,3\ldots\ldots\, m}$$

se trouvera composée d'autant de quantités de la forme

$$\frac{a(a-1)(a-2)\ldots(a-\lambda+1)}{1\,.\,2\,.\,3\ldots\,\lambda}$$
$$\times \frac{b(b-1)(b-2)\ldots(b-\mu+1)}{1\,.\,2\,.\,3\ldots\,\mu}$$
$$\times \frac{c(c-1)(c-2)\ldots(c-\nu+1)}{1\,.\,2\,.\,3\ldots\,\nu} \times \text{etc.}$$

qu'il y a de manières différentes de satisfaire à l'équation

$$m = \lambda + \mu + \nu + \text{etc.},$$

ce qui indique une analogie singulière entre le développement de la puissance d'un multinome, et celui du produit continuel du même degré.

En effet, ayant développé une puissance comme

$$(a + b + c + \text{etc.})^m$$

en ses différens termes, on aura tout de suite le développement du produit continuel

$$A(A-1)(A-2)\ldots(A-m+1),$$

ou

$$A = a + b + c + \text{etc.}$$

en substituant dans chaque terme à la place des puissances a^λ, b^μ, c^ν etc., les produits continuels

$$a(a-1)(a-2)\ldots(a-\lambda+1);\ b(b-1)(b-2)\ldots(b-\mu+1);\ (c-1)(c-2)\ldots(c-\nu+1),\ \text{etc.}$$

On trouve une démonstration directe de ce théorême, pour le binome, dans l'ouvrage de *Kramp* qui vient de paraître sous le titre *d'Analyse des Réfractions*.

Nous terminerons cette leçon par une observation importante sur la nature des fonctions dérivées.

Il est facile de se convaincre, par la manière dont les fonctions dérivées dépendent de la fonction primitive, que ces fonctions sont absolument déterminées, de sorte qu'une fonction donnée ne peut avoir que des fonctions dérivées données aussi et uniques pour chaque ordre.

Il n'en est pas de même des fonctions primitives à l'égard de leurs dérivées; car puisque la fonction dérivée de toute quantité constante est nulle, il s'ensuit que si une fonction donnée est primitive à l'égard d'une autre fonction donnée, elle le sera encore, étant augmentée ou diminuée d'une constante quelconque. Ainsi une fonction donnée peut avoir une infinité de fonctions primitives à raison de la constante qu'on y peut ajouter. Mais il ne s'ensuit pas que toutes les fonctions primitives dont elle est susceptible, ne puissent différer que par une constante; c'est ce que nous allons démontrer.

Soit une fonction donnée fx, dont Fx et φx soient également fonctions primitives: on aura donc, par l'hypothèse,

$$F'x = fx,\ \text{et}\ \varphi'x = fx;$$

donc prenant les fonctions dérivées successives, on aura aussi

$$F''x = f'x.\ F'''x = f''x\ \text{etc.},$$

et de même

$$\varphi''x = f'x.\ \varphi'''x = f''x\ \text{etc.}$$

Considérons maintenant les fonctions

$$F(x+i) \text{ et } \varphi(x+i),$$

on a par le développement

$$F(x+i)=Fx+iF'x+\frac{i^2}{2}F''x+\text{etc.};$$

donc substituant les valeurs de $F'x$, $F''x$ etc., on aura

$$F(x+i)=Fx+ifx+\frac{i^2}{2}f'x+\frac{i^3}{2.3}f''x+\text{etc.}$$

Et de même

$$\varphi(x+i)=\varphi x+ifx+\frac{i^2}{2}f'x+\frac{i^3}{2.3}f''x+\text{etc.};$$

donc retranchant l'une de l'autre ces deux équations, on aura

$$F(x+i)-\varphi(x+i)=Fx-\varphi x.$$

Comme cette équation doit avoir lieu quels que soient x et i, et que le premier membre est une fonction de $x+i$, et le second une pareille fonction de x, il est visible que cette fonction ne peut être qu'une constante indépendante de x et i. On aura donc nécessairement

$$Fx-\varphi x=K$$

K étant une constante, et parconséquent

$$Fx=\varphi x+K:$$

d'où l'on voit que si φx est une fonction primitive de fx, toute autre fonction primitive Fx de la même fonction fx ne pourra différer de φx que par une constante.

Il suit de là que lorsqu'on aura trouvé d'une manière quelconque une fonction primitive d'une fonction donnée, en y ajoutant une constante arbitraire, on aura l'expression générale de la fonction primitive de la fonction donnée.

LEÇON SEPTIÈME.

Sur la manière de rapporter les fonctions dérivées à différentes variables.

Nous avons vu comment les fonctions dérivées naissent des fonctions primitives par le simple développement, lorsqu'on attribue à une variable de la fonction un accroissement indéterminé.

Ainsi toute fonction dérivée est nécessairement relative à une variable, et une fonction qui contient plusieurs quantités, peut avoir différentes fonctions dérivées, suivant les quantités qu'on y considère comme variables. Lorsque ces quantités dépendent les unes des autres, il y a aussi une relation entre les fonctions dérivées qui y sont relatives, par laquelle on peut déduire les fonctions les unes des autres; cette relation étant un point important de la théorie des fonctions, nous allons nous en occuper dans cette leçon.

En regardant y comme une simple fonction de x, on sait que y devient $y + iy' + \frac{i^2}{2} y'' +$ etc., x devenant $x + i$. Si on suppose que x soit elle-même une fonction d'une autre variable quelconque t, et qu'on veuille regarder y comme fonction de t, alors t devenant $t + i$, ou bien (pour ne pas confondre les accroissemens de x et de t), t devenant $t + o$, y deviendra aussi de la forme

$$y + oy' + \frac{i^2}{2} y'' + \text{etc.}$$

Mais pour distinguer les fonctions dérivées y' y'' etc., qui dans la première formule se rapportent à x, de celles de la seconde qui se rapportent à t, nous désignerons pour un moment les premières par (y'), (y'') etc., de manière que x devenant $x+i$, y deviendra

$$y+i(y')+\frac{i^2}{2}(y'')+\text{etc.}$$

Or x étant regardé comme fonction de t, lorsque t devient $t+o$, x devient

$$x+ox'+\frac{o^2}{2}x''+\text{etc.};$$

donc si, dans la formule précédente, on met à la place de i l'accroissement de x, qui est $ox'+\frac{o^2}{2}x''+$ etc., on aura également ce que y devient lorsque t devient $t+o$. Ainsi on aura l'équation identique,

$$y+(ox'+\frac{o^2}{2}x''+\text{etc.})(y')+\tfrac{1}{2}(ox'+\frac{o^2}{2}x''+\text{etc.})^2(y'')$$
$$+\text{etc.},=y+oy'+\frac{o^2}{1.2}y''+\text{etc.}$$

D'où l'on tire par la comparaison des termes affectés des différentes puissances de o

$$x'(y')=y',\ x''(y')+x'^2(y'')=y'',\ \text{etc.}$$

La première équation donne

$$(y')=\frac{y'}{x'},$$

la seconde donnera

$$(y'')=\frac{y''-x''(y')}{x'^2};$$

et substituant la valeur précédente de (y'), on aura

$$(y'') = \frac{y''}{x'^2} - \frac{x''y'}{x'^3}.$$

La troisième équation donnerait la valeur de (y'''), et ainsi de suite. Mais j'observe qu'on peut déduire immédiatement la valeur de (y'') de celle de (y'), et successivement celle de (y''') de celle de (y'') etc., par la loi uniforme qui doit régner entre ces fonctions dérivées successives.

En effet, puisque (y') fonction dérivée de y par rapport à x est égale à $\frac{y'}{x'}$, c'est-à-dire, à la fonction dérivée de y par rapport à t, divisée par celle de x; de même (y'') fonction dérivée de (y') par rapport à x, sera égale à la fonction dérivée de $\frac{y'}{x'}$ par rapport à t, divisée par x, et ainsi de suite. Or la fonction dérivée de $\frac{y'}{x'}$ est $\frac{y''}{x'} - \frac{y'x''}{x'^2}$; donc on aura

$$(y'') = \frac{y''}{x'^2} - \frac{y'x''}{x'^3},$$

comme on l'a trouvé par la seconde équation. Et ainsi de suite.

Par ces substitutions on dépouille, pour ainsi dire, les fonctions dérivées de ce qui dépend de la variable à laquelle elles se rapportaient originairement, et on les généralise de manière qu'elles peuvent se rapporter également à toute autre variable.

Or ce qui déterminait les fonctions dérivées de y à se rapporter à la variable x, c'était qu'elles résultaient de l'accroissement i attribué à cette variable; au lieu qu'en rapportant ces fonctions à une autre variable dont x est censée fonction, l'accroissement de x devient alors $ox' + \frac{o^2}{2}x'' +$ etc., o étant l'ac-

croissement

croissement de la nouvelle variable. Ainsi comme le cas particulier où l'accroissement de x est simplement i, résulte de l'expression générale de l'accroissement de x, en y faisant $x' = 1$, il s'ensuit que $x' = 1$ est la condition qui détermine les fonctions dérivées à se rapporter à la variable x, et qu'en général pour les rapporter à toute autre variable, il n'y aura qu'à supposer égale à l'unité la fonction prime de cette variable.

Il résulte de là cette conclusion générale que si une formule contient les fonctions dérivées y', y'', etc. relatives à une variable x, et qu'on veuille les rapporter à une autre variable quelconque, il faudra changer y' en $\frac{y'}{x'}$,

$$y'' \text{ en } \frac{\left(\frac{y'}{x'}\right)'}{x'} = \frac{y''}{x'^2} - \frac{y' x''}{x'^3},$$

$$y''' \text{ en } \frac{\left(\frac{\left(\frac{y'}{x'}\right)'}{x'}\right)'}{x'} = \frac{\left(\frac{y''}{x'^2} - \frac{y' x''}{x'^3}\right)'}{x'}$$

$$= \frac{y'''}{x'^3} - \frac{3y'' x''}{x'^4} - y' \left(\frac{x'''}{x'^4} - \frac{3x''^2}{x'^5}\right),$$

et ainsi de suite. Si t est la nouvelle variable à laquelle on veut rapporter les fonctions dérivées, cette variable étant une fonction quelconque de x et y, il n'y aura qu'à faire $t' = 1$, et parconséquent $t'' = 0$, $t''' = 0$, etc.; équations par lesquelles on déterminera les valeurs de x', x'', etc., ou de y', y'', etc.

Ce principe est général et doit s'appliquer à toutes les fonctions dérivées qui se rapportent à une même variable. Il est d'un grand usage dans le calcul des fonctions et constitue un des principes fondamentaux de l'algorithme de ce calcul.

Le cas le plus simple est celui où y étant supposée fonction de x, et ses fonctions dérivées y', y'', etc., étant rapportées à

x, on veut au contraire regarder x comme fonction de y, et rapporter à y les fonctions dérivées x', x'', etc. On fera dans ce cas les substitutions indiquées ci-dessus et on supposera

$$y' = 1, y'' = 0, \text{ etc.}$$

On substituera donc $\frac{1}{x'}$ à la place de y', $-\frac{x''}{x'^3}$ à la place de y'', et ainsi des autres.

Ainsi, ayant trouvé dans la Leçon IV, que $y = a^x$ donne, relativement à x

$$y' = a^x \, la = y \, la,$$

on pourra avoir immédiatement la valeur de x' relativement à y, en substituant simplement $\frac{1}{x'}$ à la place de y', ce qui donnera

$$x' = \frac{1}{y \, la}.$$

Comme x est le logarithme de y pour la base a, on a par-là la fonction dérivée du logarithme.

De même en supposant $y = \sin x$, on a vu dans la leçon V que l'on a, relativement à x,

$$y' = \cos x;$$

donc, pour avoir réciproquement la fonction dérivée x' de l'angle par le sinus y, il n'y aura qu'à substituer $\frac{1}{x'}$ à la place de y', ce qui donnera

$$x' = \frac{1}{\cos x} = \frac{1}{\sqrt{(1 - y^2)}}.$$

Si on fait

$$y = \cos x, \text{ on a } y' = -\sin x;$$

donc on obtiendra de la même manière

$$x' = -\frac{1}{\sin x} = -\frac{1}{\sqrt{(1-y^2)}}.$$

Ces résultats s'accordent avec ceux qu'on a trouvés dans les endroits cités d'une manière directe mais plus longue.

Enfin ayant vu, dans la leçon VI, que

$$y = \text{tang}\, x \text{ donne } y' = \frac{1}{\cos^2 x},$$

si on veut avoir la fonction dérivée de l'arc par la tangente, on aura sur-le-champ

$$x' = \cos^2 x = \frac{1}{1 + \text{tang}^2 x} = \frac{1}{1+y^2}$$

En général, puisque

$$y = \text{tang}\, p \text{ donne } y' = \frac{p'}{\cos^2 p},$$

on aura réciproquement

$$p' = y' \cos^2 p,$$

p étant une fonction quelconque de x.

Si maintenant on veut regarder p comme fonction de y et rapporter la fonction dérivée p' à la variable y, on fera $y' = 1$, et l'on aura

$$p' = \cos^2 p = \frac{1}{1+y^2}$$

comme ci-dessus.

La formule $x' = \cos^2 x$ est très-propre pour trouver facilement les fonctions dérivées de x des ordres supérieurs. En effet, on aura d'abord

$$x'' = -2\, x' \sin x \cos x = -x' \sin 2\, x$$
$$= -\sin 2\, x \cos^2 x,$$

en substituant la valeur précédente de x'. Prenant de nouveau les fonctions dérivées, on aura

$$x'' = -2x'(\cos 2x \cos^2 x - \sin 2x \sin x \cos x)$$
$$= -2x' \cos 3x \cos x = -2 \cos 3x \cos^3 x,$$

et continuant de la même manière, on aura

$$x^{\text{IV}} = 2 \,.\, 3x'(\sin 3x \cos^3 x + \cos 3x \sin x \cos^2 x)$$
$$= 2 \,.\, 3x' \sin 4x \cos^2 x = 2 \,.\, 3 \sin 4x \cos^4 x,$$
$$x^{\text{V}} = 2 \,.\, 3 \,.\, 4x'(\cos 4x \cos^4 x - \sin 4x \sin x \cos^3 x)$$
$$= 2 \,.\, 3 \,.\, 4x' \cos 5x \cos^3 x = 2 \,.\, 3 \,.\, 4 \cos 5x \cos^5 x,$$

et ainsi de suite.

Ayant ainsi toutes les fonctions dérivées de x relativement à y, c'est-à-dire, en supposant $x = fy$, si on les substitue dans la formule

$$x + ix' + \frac{i^2}{2} x'' + \text{etc.},$$

on aura la valeur de x répondant à $y + i$.

Ainsi on aura la valeur de l'arc dont la tangente sera $\tang x + i$, exprimé par la série

$$x + i \cos x \,.\, \cos x - \frac{i^2 \cos^2 x}{2} \sin 2x - \frac{i^3 \cos^3 x}{3} \cos 3x$$
$$+ \frac{i^4 \cos^4 x}{4} \sin 4x + \frac{i^5 \cos^5 x}{5} \cos^5 x - \text{etc.},$$

formule remarquable par sa simplicité et sa généralité.

Si on fait $x = o$, on trouvera

$$\text{arc.tang}\, i = i - \frac{i^3}{3} + \frac{i^5}{5} + \text{etc.},$$

formule connue et due à *Leibnitz;* mais il n'est permis de faire $x = o$ qu'autant qu'on est assuré d'avance de la forme de la série.

LEÇON HUITIÈME.

Du développement des Fonctions lorsqu'on donne à la variable une valeur déterminée. Cas dans lesquels la règle générale est en défaut. Analyse de ces cas. Des valeurs des fractions dont le numérateur et le dénominateur s'évanouissent à-la-fois.

La théorie des fonctions dérivées est fondée sur le développement des fonctions lorsqu'on attribue à une variable un accroissement indéterminé. Nous avons démontré dans la leçon II que ce développement ne peut contenir que des puissances entières et positives de la quantité dont la variable est augmentée, tant que cette variable demeure indéterminée, et nous avons ensuite déduit de cette forme les lois de la dérivation des fonctions. Il est donc nécessaire, avant d'aller plus loin, d'examiner les cas où elle pourrait se trouver en défaut, et les conséquences qui en résulteraient relativement aux fonctions dérivées.

Nous avons vu dans la même leçon, que la série du développement de $f(x+i)$ ne peut contenir de puissances négatives de i, à moins que l'on ait $fx =$ à l'infini, parcequ'en supposant $i=o$, les termes qui contiendraient de pareilles puissances deviendraient infinis. On peut prouver de la même manière que la série ne pourra contenir aucun terme multiplié par log i ou par une puissance positive quelconque de log i, si la même condition n'a lieu, ces sortes de termes devenant également infinis lorsque

$i=o$. Or cette condition exige que la variable x ait une valeur déterminée, qu'on trouvera par la résolution de l'équation

$$fx=\frac{1}{o} \text{ ou } \frac{1}{fx}=o.$$

Soit donc a une racine de l'équation $\frac{1}{fx}=o$, de manière que l'on ait

$$\frac{1}{fx}=\frac{(x-a)^m}{Fx},$$

Fx étant une fonction de x qui ne devienne ni nulle ni infinie, lorsque $x=a$, et m étant un nombre positif quelconque.

En mettant $x+i$ à la place de x, et faisant $x=a$, on aura

$$f(x+i)=\frac{F(a+i)}{i^m}$$

où l'on voit que la série du développement de $f(x+i)$ aura dans ce cas des termes de la forme $\frac{1}{i^m}$, $\frac{1}{i^{m-1}}$ etc.

Considérons maintenant les cas où ce développement pourrait contenir des puissances positives, mais fractionnaires de i. La démonstration que nous avons donnée pour prouver l'absence de ces sortes de termes, est fondée sur ce que ces termes augmenteraient le nombre des radicaux dans le développement de $f(x+i)$, tandis qu'il est évident que cette fonction ne peut contenir que les mêmes radicaux que la fonction fx, tant que x est supposé une quantité quelconque indéterminée. Mais cette démonstration cesse d'avoir lieu lorsqu'on donne à x une valeur déterminée telle qu'elle fasse disparaître un radical dans fx; car alors ce radical pourra être remplacé par un radical de i dans le développement de $f(x+i)$. En effet, supposons que la fonction fx contienne un radical qui s'évanouisse lorsque $x=a$, tel que $(x-a)^{\frac{m}{n}}$, m et n étant des nombres entiers ; la fonction $f(x+i)$ contiendra le radical correspondant $(x-a+i)^{\frac{m}{n}}$ lequel en faisant $x=a$ devient $i^{\frac{m}{n}}$; de sorte que le développement de cette fonction suivant les puissances de i, pourra contenir le radical $i^{\frac{m}{n}}$ et toutes ses puissances entières et positives.

Cette conclusion n'aurait pas lieu si la valeur particulière de x n'anéantissait pas le radical, mais le faisait seulement disparaître en rendant nulle une quantité par laquelle il serait multiplié. Car quoique le radical puisse disparaître de cette manière de la fonction fx, il pourrait ne pas disparaître dans les fonctions dérivées $f'x$, $f''x$, etc. qui entrent dans le développement de $f(x+i)$, et alors la démonstration conserverait toute sa force. Ainsi, si un radical de la fonction fx se trouvait multiplié par $(x-a)^m$, m étant un nombre entier positif ; ce radical y disparaîtrait lorsque $x=a$; mais dans la fonction $f(x+i)$, il serait multiplié par $(x-a+i)^m$, et dans le cas de $x=a$, il le serait par i^m. Donc, dans le développement de cette fonction, il ne pourrait paraître alors avant le terme qui contiendrait la puissance i^m ; parconséquent il disparaîtrait des fonctions dérivées $f'x$, $f''x$, etc. ; jusqu'à $f^{(m-1)}x$, mais reparaîtrait dans les fonctions dérivées des ordres suivans ; de sorte que le développement de $f(x+i)$ contiendrait toujours dans ce cas le même radical. Il n'y a donc que le cas où le radical est détruit dans la fonction fx par une valeur particulière de x, dans lequel le développement de $f(x+i)$ doive contenir des radicaux de i, et il reste maintenant à voir comment on pourra juger que cela doive avoir lieu.

Pour cela j'observe que les fonctions $f'(x+i)$, $f''(x+i)$, etc. sont également les fonctions dérivées de $f(x+i)$ soit qu'on les prenne relativement à x, soit qu'on les prenne relativement à i, ce qui est évident, puisqu'en augmentant soit x, soit i d'une même quantité quelconque, on a le même accroissement de la quantité $x+i$. D'où il suit que l'on aura également les valeurs de $f'x, f''x$, etc. quel que soit x, en prenant les fonctions dérivées successives de $f(x+i)$ relativement à i, et faisant ensuite $i=o$.

Or si on suppose que le développement de $f(x+i)$ doive contenir, lorsque $x=a$, un terme affecté de i^m, tel que Ai^m, A étant une fonction de a, et m n'étant pas un nombre entier positif; en prenant les fonctions dérivées relativement à i, il faudra que les développemens des fonctions

$$f'(x+i), f''(x+i), \text{ etc.}$$

contiennent les termes

$$mAi^{m-1}, m(m-1)Ai^{m-1}, \text{ etc.}$$

Donc faisant $i=o$, on en conclura que les fonctions $fx, f'x, f''x$, etc. lorsque $x=a$, contiendront respectivement les termes

$$Ao^m, mAo^{m-1}, m(m-1)Ao^{m-2}; \text{ etc.}$$

Si m est un nombre quelconque négatif, il est clair que tous ces termes seront infinis.

Si m est un nombre positif non entier, soit n le nombre entier immediatement plus grand que m, il est visible que le terme $m(m-1)\ldots(m-n+1)Ao^{m-n}$ sera infini ainsi que tous les suivans, et que tous les précédens seront nuls. D'où il suit que les fonctions dérivées de l'ordre n^{eme} et des ordres suivans deviendront infinies lorsque $x=a$.

Dans ce cas donc, si n est l'indice de l'ordre de la première fonction qui devient infinie, le développement de $f(x+i)$ devra contenir un terme de forme i^m, m étant un nombre compris entre $n-1$ et n.

Si $n=0$, c'est-à-dire, si la fonction fx devient elle-même infinie, ce développement contiendra alors des puissances négatives de i.

On doit appliquer aux logarithmes ce qu'on vient de démontrer sur les puissances fractionnaires de i. Car on a vu à la fin de la leçon IV, que les logarithmes répondent aux puissances fractionnaires dont l'exposant est infiniment petit, c'est-à-dire aux racines infinitièmes, et que c'est par cette raison qu'il y a toujours une infinité de logarithmes répondant à un meme nombre.

Aussi, par la même raison, lorsqu'on résout une fonction en série suivant les puissances d'une même quantité, il peut se trouver quelquefois le logarithme de cette quantité entre les puissances positives et les puissances négatives de la même quantité, lorsque la fonction elle-même contient des logarithmes.

Ainsi, si la fonction fx contient des logarithmes, le développement de $f(x+i)$ pourra contenir, dans le cas particulier de $x=a$, des termes de la forme $i^m(\log i)^n$, et les fonctions dérivées $f'(x+i)$, $f''(x+i)$, etc., contiendront alors des termes de la forme

$$i^{m-1}(\log i)^n \text{ et } i^{m-1}(\log i)^{n-1},$$

de la forme

$$i^{m-2}(\log i)^n,\ i^{m-2}(\log i)^{n-1} \text{ et } i^{m-2}(\log i)^{n-2};$$

et ainsi de suite. Or lorsque $i=0$, $\log i$ est infini, et toute quantité de la forme $i^m(\log i)^n$ est nulle ou infinie suivant que m est un nombre positif ou négatif, quelque soit n. Donc puisque dans les termes des fonctions dérivées

$$f'(x+i),\ f''(x+i) \text{ etc.},$$

les exposans des puissances de i qui multiplient les puissances de $\log i$ vont nécessairement en diminuant, il s'ensuit que dès qu'une de ces fonctions deviendra infinie par la position de $x=a$, toutes les autres des ordres suivans deviendront infinies aussi.

On peut donc conclure en général que le développement

$$fx + if'x + \frac{i^2}{2}f''x + \text{etc.}$$

de la fonction $f(x+i)$ ne peut devenir fautif pour une valeur déterminée de x, qu'autant qu'une des fonctions fx, $f'x$, $f''x$, etc. deviendra infinie en donnant à x cette valeur; et que ce développement ne sera fautif qu'à commencer du terme qui deviendra infini.

Pour trouver alors la vraie forme du développement suivant les puissances ascendantes de i, il faudra faire d'abord dans la fonction $f(x+i)$, x égal à la valeur donnée, et développer ensuite suivant les puissances croissantes de i par les règles connues, en ayant égard aux puissances fractionnaires ou négatives de i qui se trouveraient dans la fonction même.

Pour confirmer par quelques exemples ce que nous venons de démontrer, supposons d'abord que l'on ait

$$fx = 2ax - x^2 + a\sqrt{(x^2-a^2)},$$

et qu'on demande le développement $f(x+i)$ lorsque $x=a$.

En prenant les fonctions dérivées suivant les règles générales, on aura

$$f'x = 2(a-x) + \frac{ax}{\sqrt{(x^2-a^2)}}$$

$$f''x = -2 + \frac{a}{\sqrt{(x^2-a^2)}} - \frac{ax^2}{(x^2-a^2)^{\frac{3}{2}}}$$

et ainsi de suite.

En faisant $x=a$, on a

$$fx=a^2,\, f'x=+\frac{1}{0};$$

donc toutes les fonctions dérivées des ordres suivans seront aussi infinies, et le développement de $f(a+i)$ contiendra nécessairement un terme de la forme Ai^m, m étant entre 0 et 1.

En effet on aura par la substitution de $a+i$ dans l'expression de fx

$$f(a+i)=a^2-i^2+a\sqrt{i}\times\sqrt{(2a+i)},$$

d'où l'on voit que le développement suivant les puissances de i contiendra des termes de la forme $\sqrt{i}$, $i\sqrt{i}$, $i^2\sqrt{i}$, etc.

Soit en second lieu

$$fx=\sqrt{x}+(x-a)^2 l(x-a),$$

on aura ces fonctions dérivées

$$f'x=\frac{1}{2\sqrt{x}}+2(x-a)\; l(x-a)+x-a$$

$$f''x=-\frac{1}{4x\sqrt{x}}+2l(x-a)+3$$

$$f'''x=\frac{3}{8x^2\sqrt{x}}+\frac{2}{x-a},$$

etc.

Si on fait $x=a$, la fonction seconde $f''x$ devient infinie, ainsi que toutes les suivantes.

Ainsi le développement de $f(x+i)$ par la formule générale deviendra fautif dans le cas de $x=a$, et il contiendra nécessairement le terme $i^2\, l\, i$.

Nous avons observé plus haut que lorsqu'une valeur particulière de x fait disparaître dans fx un radical, en ne détruisant pas ce radical lui-même, mais en rendant seulement nul son coefficient, alors ce même radical reparaîtra nécessairement dans les fonctions dérivées $f'x$, $f''x$, etc., et la formule générale du développement de $f(x+i)$ ne cessera pas d'être exacte dans ce cas.

Mais lorsque la fonction fx au lieu d'être donnée d'une manière explicite n'est déterminée que par une équation où le radical ne se trouve pas, la détermination de ses fonctions dérivées dans le cas dont il s'agit, pourra être sujette à des difficultés qu'il est bon de prévenir.

Soit $y=fx$, et parconséquent, en prenant les fonctions dérivées, $y'=f'x$, $y''=f''x$, etc. Supposons que pour une valeur donnée de x il disparaisse dans fx un radical, lequel ne disparaisse pas dans $f'x$; il est clair que pour cette valeur de x, la fonction $f'x$ aura un plus grand nombre de valeurs différentes que la fonction fx, à raison du radical qui se trouve dans $f'x$, et qui a disparu de fx; d'où il suit que la valeur de y' ne pourra pas être donnée par une simple fonction de x et y qui ne contiendrait pas explicitement ce radical. Cependant, si dans l'équation $y=fx$ on fait disparaître ce même radical par l'élévation aux puissances, et que l'équation résultante soit représentée par

$$F(x, y)=0,$$

l'équation dérivée de celle-ci donnera

$$y'=-\frac{F'(x)}{F'(y)},$$

comme on l'a vu dans la leçon VI; donc cette expression sera en défaut, dans le cas où l'on donnerait à x la valeur en question, ce qui ne peut avoir lieu qu'autant que les quantités $F'(x)$ et $F'(y)$ seront, l'une et l'autre, nulles à-la-fois. Ainsi, dans le cas dont il s'agit, l'expression de y' deviendra égale à zéro divisé par zéro; et réciproquement, lorsque cela arrivera, ce sera une marque que la valeur correspondante de x aura détruit dans fx un radical, sans le détruire dans $f'x$.

Pour avoir dans ce cas la valeur de y', il ne suffira donc pas de s'arrêter à la première équation dérivée de $F(x,y)=0$, laquelle étant

$$y'F'(y)+F'(x)=0,$$

aura lieu d'elle-même, indépendamment de la valeur de y'; mais il faudra passer aux secondes fonctions dérivées, et l'on aura une équation de la forme

$$y''F'(y)+y'^2P+y'Q+R=0,$$

P, Q, R étant des fonctions de x et y qu'on trouvera par les règles générales de la dérivation des fonctions.

Cette équation donnera, généralement parlant, la valeur de y''; mais dans le cas proposé, la quantité $F'(y)$ devenant nulle, le terme qui contient y'' disparaîtra, et l'équation restante sera une équation du second degré en y' par laquelle on déterminera la valeur de y' qui sera parconséquent double.

Soit, par exemple,

$$fx=x+(x-a)\sqrt{(x-b)},$$

on aura

$$f'x=1+\sqrt{(x-b)}+\frac{x-a}{2\sqrt{(x-b)}}.$$

Faisant $x=a$, on a

$$fx=a, \text{ et } f'x=1+\sqrt{(a-b)},$$

où l'on voit que le radical disparaît dans la valeur de fx, mais non pas dans celle de $f'x$, ensorte que la première est simple et la seconde double.

Maintenant si on fait $fx=y$, et qu'on élève l'équation au quarré pour faire disparaître le radical, on aura

$$(y-x)^2 = (x-a)^2 (x-b).$$

En prenant les fonctions primes, on aura celle-ci

$$2(y-x)(y'-1) = 2(x-a)(x-b) + (x-a)^2;$$

d'où l'on tire

$$y' = 1 + \frac{2(x-a)(x-b) + (x-a)^2}{2(y-x)},$$

Faisant $x=a$, on a aussi $y=a$; ce qui donne

$$y' = \frac{0}{0}:$$

On passera donc aux fonctions secondes, et l'on aura cette équation du second ordre,

$$2(y-x)y'' + 2(y'-1)^2 = 4(x-a) + 2(x-b).$$

Ici la supposition de $x=a$, et $y=a$, donne

$$(y'-1)^2 = a-b,$$

d'où l'on tire

$$y' = 1 + \sqrt{(a-b)},$$

comme plus haut.

Il peut arriver que la même valeur de x, qui détruit les termes de la première équation dérivée, détruise aussi ceux de la seconde; il faudra alors passer à l'équation tierce, laquelle par la destruction des termes qui contiendront y'' et y''', deviendra une simple équation en y', mais du troisième degré, et ainsi de suite; cela dépend de la nature du radical qui aura été détruit dans y, et qui doit être remplacé par le degré de l'équation d'où dépend la valeur de y'.

Supposons en second lieu que la même valeur de x qui fait

disparaître un radical dans fx, le fasse disparaître aussi dans $f'x$, sans le faire disparaître néanmoins dans $f''x$: alors les valeurs correspondantes de fx, et $f'x$ seront en même nombre, mais celles de $f''x$ seront en nombre plus grand. Si donc on fait évanouir ce radical dans l'équation $y=fx$, la valeur de y'' qu'on en déduira, se trouvera $=\frac{0}{0}$, et il faudra passer aux équations dérivées d'un ordre supérieur pour avoir la valeur de y''.

Soit, pour en donner un exemple,

$$y=x+(x-a)^2\sqrt{(x-b)},$$

on aura

$$y'=1+2(x-a)\sqrt{(x-b)}+\frac{(x-a)^2}{2\sqrt{(x-b)}},$$

$$y''=2\sqrt{(x-b)}+\frac{2(x-a)}{\sqrt{(x-b)}}-\frac{(x-a)^2}{4(x-b)^{\frac{3}{2}}}.$$

Faisant $x=a$, on a

$$y=a,\ y'=1 \text{ et } y''=2\sqrt{(a-b)}.$$

Mais si on réduit l'équation proposée à cette forme rationnelle

$$(y-x)^2=(x-a)^4(x-b),$$

on en tirera l'équation dérivée

$$2(y-x)(y'-1)=4(x-a)^3(x-b)+(x-a)^4,$$

dans laquelle, en faisant $x=a$ et $y=a$, tout se détruit.

On passera donc à l'équation dérivée du second ordre, laquelle sera

$$(y-x)y''+(y'-1)^2=6(x-a)^2(x-b)+4(x-a)^3.$$

Faisant $x=a$, et $y=a$, on aura

$$(y'-1)^2=0\text{, et parconséquent } y'=1;$$

mais pour avoir la valeur de y'', il faudra avoir recours à l'équation tierce, et même à l'équation quarte.

On aura ainsi

$$(y-x)y'''+3(y'-1)y''=18(x-a)^2+12(x-a)(x-b),$$

où tout se détruit encore en faisant $x=a$, $y=a$, $y'=1$,

L'équation dérivée de l'ordre suivant sera donc

$$(y-x)y^{\text{IV}}+3(y'-1)y'''+3y''^2=48(x-a)+12(x-b).$$

Faisant ici $x=a$, $y=a$, $y'=1$, on aura

$$3y''^2=12(a-b),$$

d'où l'on tire

$$y''=2\sqrt{(a-b)},$$

comme plus haut.

Nous ne pousserons pas plus loin cette analyse, qui d'ailleurs n'a plus de difficultés d'après les principes établis. Mais nous allons donner à cette occasion la théorie de la méthode pour trouver la valeur d'une fraction dans les cas où le numérateur et le dénominateur deviennent nuls à-la-fois.

Soit $\frac{fx}{Fx}$ une pareille fraction, fx et Fx étant des fonctions de x, telles que la supposition de $x=a$ les rendent toutes deux nulles à-la-fois, et que l'on demande la valeur de cette fraction lorsque $x=a$.

On fera

$$y=\frac{fx}{Fx}\text{, et parconséquent } yFx=fx;$$

en supposant $x=a$, cette équation se vérifie d'elle-même, et

ne

ne peut pas servir à déterminer la valeur de y. Mais en prenant l'équation dérivée, on aura

$$y'Fx+yF'x=f'x;$$

la supposition de $x=a$ détruit le terme $y'Fx$, et le reste de l'équation donne

$$y=\frac{f'x}{F'x}.$$

S'il arrivait que les fonctions primes $f'x$ et $F'x$ devinssent aussi nulles par la même supposition, on trouverait alors par le même principe, en substituant dans l'équation ci-dessus, $f'x$, $F'x$ au lieu de fx, Fx, cette nouvelle expression de y,

$$y=\frac{f''x}{F''x}.$$

On pourrait aussi déduire la même expression de l'équation dérivée trouvée ci-dessus, en considérant que comme elle se vérifie d'elle-même lorsque $x=a$, elle ne peut servir à la détermination de y; que parconséquent il sera nécessaire de passer à la seconde équation dérivée, laquelle sera

$$y''Fx+2y'F'x+yF''x=f''x.$$

La supposition de $x=a$ rendant nulles les fonctions Fx et $F'x$, les termes qui contiennent y' et y'' s'en iront d'eux-mêmes, et les termes restans donneront

$$y=\frac{f''x}{F''x},$$

comme plus haut.

Si la même supposition de $x=a$ donnait encore

$$f''x=0 \text{ et } F''x=0,$$

on trouverait de la même manière

$$y = \frac{f'''x}{F'''x},$$

et ainsi de suite.

D'où résulte cette règle générale que lorsque le numérateur et le dénominateur d'une fonction de x deviennent nuls à-la-fois pour une valeur donnée de x, il faut prendre à leur place les fonctions dérivées du numérateur et du dénominateur, jusqu'à ce qu'on arrive à une fraction qui ait une valeur déterminée pour la même supposition de x.

On sait que la formule $\frac{x - x^{n+1}}{1 - x}$ donne la somme de la progression géométrique $x + x^2 + x^3 + \text{etc.} + x^n$.

Lorsque $x = 1$, cette formule devient $\frac{0}{0}$; on prendra donc les fonctions dérivées du numérateur et du dénominateur, et on aura la nouvelle fraction $\frac{1 - (n + 1)x^n}{-1}$ dont la valeur, lorsque $x = 1$, est n.

Si on prend la fonction dérivée de la formule $\frac{x - x^{n+1}}{1 - x}$, on a $\frac{1 - (n + 1)x^n + nx^{n+1}}{(1 - x)^2}$, et celle-ci exprime parconséquent la somme de la série $1 + 2x + 3x^2 + \text{etc.} + nx^{n-1}$ qui est la fonction dérivée de la série $x + x^2 + x^3 + \text{etc.} + x^n$.

Lorsque $x = 1$, la formule précédente devient $= \frac{0}{0}$: on prendra donc les fonctions dérivées du numérateur et du dénominateur, et l'on aura la nouvelle fraction

$$\frac{-n(n + 1)x^{n-1} + n(n + 1)x^n}{-2(1 - x)}$$

qui, en faisant $x = 1$, devient de nouveau $\frac{0}{0}$. On prendra derechef les fonctions dérivées du numérateur et du dénominateur de cette dernière fraction, et l'on aura celle-ci

$$\frac{-n(n+1)(n-1)x^{n-2}+n^2(n+1)x^{n-1}}{2},$$

laquelle, lorsque $x=1$, devient

$$\frac{-n(n+1)(n-1)+n^2(n+1)}{2}=\frac{n(n+1)}{2},$$

somme de la série $1+2+3+$ etc. $+n$.

On pourrait craindre qu'en prenant ainsi les fonctions dérivées du numérateur et du dénominateur, on n'eût toujours des fonctions qui devinssent égales à zéro divisé par zéro pour la même valeur de x; mais il est aisé de se convaincre que cela ne saurait avoir lieu. Car si $x=a$ faisait évanouir les fonctions $fx, f'x, f''x$, etc. à l'infini, puisqu'on a en général

$$f(x+i)=fx+if'x+\frac{i^2}{2}f''x+\text{etc.},$$

on aurait, lorsque $x=a$,

$$f(a+i)=0,$$

quel que soit i, ce qui est impossible. Il en serait de même de $F(x+i)$.

Il peut néanmoins arriver que ces fonctions deviennent-à-la fois infinies par la même supposition de $x=a$, ce qui rendrait également indéterminées les valeurs des fractions $\frac{fx}{Fx}$, $\frac{f'x}{F'x}$, etc; mais ce cas rentre alors dans le cas général que nous avons examiné plus haut, et il en faudra conclure que le développement des fonctions $f(x+i)$ et $F(x+i)$ contiendra alors des puissances de i fractionnaires ou négatives.

On substituera donc $a+i$ à la place de x, tant dans la fonction du numérateur que dans celle du dénominateur, et l'on résoudra l'une et l'autre en série suivant les puissances ascendantes de i; on fera ensuite $i = 0$, après avoir divisé le haut et le bas de la fraction par la plus haute puissance de i; ou, ce qui revient au même, on n'aura d'abord égard qu'au premier terme de chacune des deux séries.

Soit par exemple la fraction

$$\frac{\sqrt{x} - \sqrt{a} + \sqrt{(x-a)}}{\sqrt{(x^2 - a^2)}}$$

dont on demande la valeur, lorsque $x = a$. On voit d'abord que cette supposition rend le numérateur et le dénominateur nuls. Leurs fonctions dérivées sont

$$\frac{1}{2\sqrt{x}} + \frac{1}{2\sqrt{(a-x)}} \text{ et } \frac{x}{\sqrt{(x^2 - a^2)}}$$

qui deviennent l'une et l'autre infinies par la même supposition. On fera donc $x = a + i$, et la fonction du numérateur deviendra

$$\sqrt{(a+i)} - \sqrt{a} + \sqrt{i} = \sqrt{i} + \frac{i}{2\sqrt{a}} + \text{etc.}$$

la fonction du dénominateur deviendra

$$\sqrt{i(2a+i)} = \sqrt{2ai} + \frac{i\sqrt{i}}{2\sqrt{2a}} + \text{etc.},$$

en ordonnant les termes suivant les puissances croissantes de i. En ne prenant que les deux premiers, on aura la fraction

$$\frac{\sqrt{i}}{\sqrt{2ai}} = \frac{1}{\sqrt{2a}},$$

pour la valeur cherchée.

En général, une fonction de x ne peut devenir nulle lorsque $x = a$, à moins qu'elle ne contienne un facteur $(x-a)^m$, m

étant un nombre positif quelconque. Donc si deux fonctions de x deviennent nulles par la même supposition, il faudra qu'elles contiennent chacune un pareil facteur ; et pour trouver alors la valeur de la fraction formée de ces deux fonctions, il ne s'agira que de la réduire à sa plus simple expression, en la dégageant du facteur commun au numérateur et au dénominateur.

Si donc on fait $x = a + i$, ce qui donne $x - a = i$, le facteur commun sera une puissance de i qui s'évanouira par la division, et alors il n'y aura plus qu'à faire $i = 0$ pour avoir $x = a$.

Ainsi ayant la fraction $\frac{fx}{Fx}$, la substitution de $a + i$ au lieu de x, donnera d'abord en général

$$\frac{fa + if'a + \frac{i^2}{2}f''a + \text{etc.}}{Fa + iF'a + \frac{i^2}{2}F''a + \text{etc.}}.$$

Si $fa = 0$, et $Fa = 0$, le haut et le bas de la fraction seront divisibles par i, et elle deviendra

$$\frac{f'a + \frac{i}{2}f''a + \text{etc.}}{F'a + \frac{i}{2}F''a + \text{etc.}}.$$

Faisant ensuite $i = 0$ pour avoir $x = a$, on aura $\frac{f'a}{F'a}$ pour la valeur de la fraction proposée, lorsque $x = a$.

Si $f'a = 0$ et $F'a = 0$, la fraction se réduira encore, et deviendra par une nouvelle division par i

$$\frac{\frac{1}{2}f''a + \frac{i}{2.3}f'''a + \text{etc.}}{\frac{1}{2}F''a + \frac{i}{2.3}F'''a + \text{etc.}}$$

laquelle en faisant $i = 0$ se réduit à $\frac{f''a}{F''a}$; et ainsi de suite.

On voit par-là la raison de la règle générale donnée plus haut, et on voit en même tems que cette règle n'est bonne que pour les fractions dont le numérateur et le dénominateur contiennent à-la-fois un facteur de la forme $(x - a)^m$, m étant un nombre entier positif. Aussi peut-on toujours résoudre ces cas en faisant disparaître ce facteur par les règles connues, pour réduire la fraction à sa plus simple expression.

Dans les autres cas où m serait un nombre fractionnaire ou négatif, la règle sera en défaut, et il faudra alors réduire les deux fonctions $f(a+i)$ et $F(a+i)$ dans les séries ascendantes

$$\alpha i^m + \beta i^{m+n} + \text{etc.}; \text{ et } Ai^m + Bi^{m+p} + \text{etc.},$$

de sorte que l'on aura

$$\frac{f(a+i)}{F(a+i)} = \frac{\alpha + \beta i^n + \text{etc.}}{A + Bi^p + \text{etc.}},$$

et faisant $i = o$, on a

$$\frac{fa}{Fa} = \frac{\alpha}{A}.$$

Si les premiers termes des deux séries contenaient des puissances différentes de i, par exemple, si la série du numérateur étant la même que ci-dessus, celle du dénominateur était

$$Ai^p + Bi^{p+q} + \text{etc.},$$

m et p étant des nombres quelconques, mais n, q, etc.

étant positifs pour que les deux séries soient toujours ascendantes, alors faisant $i = 0$ après avoir dirigé le haut et le bas de la fraction par la plus petite des deux puissances i^m et i^p, on aura $\frac{fa}{Fa} = 0$ ou $= \infty$ suivant que $m >$ ou $< p$, en regardant les nombres négatifs comme moindres que les positifs. Mais par ce que nous avons démontré plus haut, on est assuré que ces cas n'auront lieu que lorsque les valeurs des fonctions dérivées de fx et de Fx deviendront infinies en même tems, par la supposition de $x = a$.

L'analyse que nous venons de donner est nécessaire pour ne rien laisser à desirer sur la nature des fonctions dérivées ; mais comme elle ne regarde que la valeur de ces fonctions dans des cas particuliers, elle n'influe point sur la théorie générale des fonctions, en tant qu'on n'y considère que la forme et la dérivation des fonctions, laquelle est parconséquent indépendante des exceptions que nous avons trouvées.

LEÇON NEUVIÈME.

De la manière d'avoir les limites du développement d'une fonction, lorsqu'on n'a égard qu'à un nombre déterminé de termes. Cas dans lesquels les principes du calcul différentiel sont en défaut. Théorême fondamental. Limites de plusieurs séries. Manière rigoureuse d'introduire les fonctions dérivées dans la théorie des Courbes et dans celle des mouvemens variés.

Toute fonction $f(x+i)$ se développe, ainsi qu'on l'a vu, dans la série $fx + if'x + \frac{i^2}{2}f''x + \frac{i^3}{2.3}f'''x +$ etc., laquelle va naturellement à l'infini, à moins que les fonctions dérivées de fx ne deviennent nulles, ce qui a lieu lorsque fx est une fonction rationnelle et entière de x.

Tant que ce développement ne sert qu'à la génération des fonctions dérivées, il est indifférent que la série aille à l'infini ou non; il l'est aussi lorsqu'on ne considère le développement que comme une simple transformation analytique de la fonction; mais si on veut l'employer pour avoir la valeur de la fonction dans les cas particuliers, comme offrant une expression d'une forme plus simple à raison de la quantité i qui se trouve dégagée de dessous la fonction, alors ne pouvant tenir compte que d'un certain nombre plus ou moins grand de termes, il est important d'avoir un moyen d'évaluer le reste de la série qu'on néglige, ou du moins de trouver des limites de l'erreur qu'on commet en négligeant ce reste.

La détermination de ces limites est surtout d'une grande importance dans l'application de la théorie des fonctions à l'analyse des courbes et à la mécanique, pour pouvoir donner à cette application la rigueur de l'ancienne géométrie, comme on le voit dans la seconde partie de la *Théorie des fonctions analytiques.*

Dans la solution que j'ai donnée de ce problême dans l'ouvrage cité, j'ai commencé par chercher l'expression exacte du reste de la série, ensuite j'ai déterminé les limites de cette expression. Mais on peut trouver immédiatement ces limites d'une manière plus élémentaire, et également rigoureuse.

Nous allons, pour cela, établir ce principe général qui peut être utile dans plusieurs occasions.

Une fonction qui est nulle lorsque la variable est nulle, aura nécessairement, pendant que la variable croîtra positivement, des valeurs finies et de même signe que celles de sa fonction dérivée, ou de signe opposé si la variable croît négativement, tant que les valeurs de la fonction dérivée conserveront le même signe, et ne deviendront pas infinies.

Ce principe est très-important dans la théorie des fonctions, parce qu'il établit une relation générale entre l'état des fonctions primitives et celui des fonctions dérivées, et qu'il sert à déterminer les limites des fonctions dont on ne connaît que les dérivées.

Nous allons le démontrer d'une manière rigoureuse.

Considérons la fonction $f(x+i)$ dont le développement général est $fx + if'x + \frac{i^2}{2}f''x +$ etc.

Nous avons vu dans la leçon précédente, que la forme du développement peut être différente pour des valeurs particulières de x; mais que, tant que $f'x$ ne sera pas infinie, les deux premiers termes de ce développement seront exacts, et que les autres contiendront parconséquent des puissances de i, plus hautes que la première, de manière qu'on aura

$$f(x+i)=fx+i(f'x+V),$$

V étant une fonction de x et i, telle qu'elle devienne nulle lorsque $i=0$.

Donc puisque V devient nul lorsque i devient nul, il est clair qu'en faisant croître i par degrés insensibles depuis zéro, la valeur de V croîtra aussi insensiblement depuis zéro, soit en plus ou en moins, jusqu'à un certain point, après quoi elle pourra diminuer; que parconséquent on pourra toujours donner à i une valeur telle que la valeur correspondante de V, abstraction faite du signe, soit moindre qu'une quantité donnée, et que pour les valeurs moindres de i, la valeur de V soit aussi moindre.

Soit D une quantité donnée qu'on pourra prendre aussi petite qu'on voudra; on pourra donc toujours donner à i une valeur assez petite pour que la valeur de V soit renfermée entre les limites D et $-D$; donc puisqu'on a

$$f(x+i)-fx=i(f'x+V),$$

il s'ensuit que la quantité $f(x+i)-fx$ sera renfermée entre ces deux-ci $i(f'x\pm D)$.

Comme cette conclusion a lieu quelle que soit la valeur de x, pourvu que $f'x$ ne soit pas infinie, elle subsistera aussi en mettant successivement $x+i$, $x+2i$, $x+3i$, etc., jusqu'à $x+(n-1)i$ à la place de x; de sorte qu'on pourra toujours prendre i positif et assez petit pour que les valeurs des quantités

$$f(x+i)-fx,$$
$$f(x+2i)-f(x+i),$$
$$f(x+3i)-f(x+2i),$$
$$\cdots\cdots\cdots\cdots\cdots\cdots$$
$$f(x+ni)-f(x+(n-1)i),$$

soient renfermées respectivement entre les limites

$$i(f'x\pm D),\ i(f'(x+i)\pm D),\ i(f'(x+2i)\pm D),\ \text{etc.},$$
$$i[f'(x+(n-1)i)\pm D],$$

en prenant pour D la même quantité dans chacune de ces limites, ce qui est permis, pourvu qu'aucune des quantités $f'x, f'(x+i), f'(x+2i)$, etc., jusqu'à $f'(x+(n-1)i)$, ne soit infinie.

Donc si toutes ces dernières quantités sont de même signe, c'est-à-dire, toutes positives ou toutes négatives, il est facile d'en conclure que la somme des quantités précédentes, laquelle se réduit à $f(x+ni)-fx$, aura pour limites la somme des limites, c'est-à-dire les quantités

$$if'x+if'(x+i)+if'(x+2i)+\ldots\ldots\ldots\ldots$$
$$\ldots\ldots\ldots\ldots+if'(x+(n-1)i)\pm niD.$$

Si donc on prend la quantité arbitraire D moindre que la somme

$$f'x+f'(x+i)+f'(x+2i)+\text{etc.}+f'(x+(n-1)i)$$

divisée par n, abstraction faite du signe de cette somme, la quantité $f(x+ni)-fx$ sera nécessairement renfermée entre zéro et la somme

$$2i\{f'x+f'(x+i)+f'(x+2i)+\ldots+f'(x+(n-1)i\}.$$

Donc si P est la plus grande valeur positive ou négative des quantités $f'x$, $f'(x+i)$, etc. jusqu'à $f'(x+(n-1)i)$, la quantité $f(x+ni)-fx$ sera, à plus forte raison, renfermée entre zéro et $2niP$.

Or comme en prenant i aussi petit qu'on voudra, on peut en même temps prendre n aussi grand qu'on voudra, on pourra supposer in égale à une quantité quelconque z, positive ou négative, puisque la quantité i peut être prise positivement ou négativement.

La quantité $f(x+ni)-fx$ deviendra ainsi $f(x+z)-fx$, et pourra représenter une fonction quelconque de z, qui s'évanouit lorsque $z=0$, la quantité x pouvant maintenant être regardée comme une constante arbitraire. De même la quantité $f'(x+ni)$ deviendra $f'(x+z)$ et représentera la fonction dérivée de la même fonction de z, puisque $f'(x+z)$ est également la fonction dérivée de $f(x+z)$, soit par rapport à x, soit par rapport à z.

On peut donc conclure en général que si $f'(x+z)$ a constamment des valeurs finies et de même signe, depuis $z=0$, et que P soit la plus grande de ces valeurs, abstraction faite du signe, la fonction primitive dont il s'agit sera renfermée entre 0 et $2zP$, parconséquent elle aura toujours aussi des valeurs finies et de même signe que la fonction dérivée, si z est positive, ou de signe différent, si z est négative.

Dans le calcul différentiel, la conclusion précédente est une suite immédiate et nécessaire de la manière dont ce calcul est envisagé, et elle se présente même sans aucune limitation relativement aux valeurs infinies; mais nous allons voir qu'elle est souvent en défaut à cet égard, ce qui servira à montrer la nécessité d'une analyse plus rigoureuse que celle qui sert de base au calcul différentiel.

En effet, si y est une fonction de z, sa fonction dérivée, suivant la notation de ce calcul, sera représentée par $\frac{dy}{dz}$, et y, intégrale de dy, est regardée, par les principes mêmes du calcul, comme la somme de tous les élémens infiniment petits dy, ou $\frac{dy}{dz}dz$; parconséquent si $y=0$, lorsque $z=0$, y sera la somme de tous les élémens $\frac{dy}{dz}dz$ qui répondent à tous les élémens de z. D'où l'on est en droit de conclure que si $\frac{dy}{dz}$ a toujours des valeurs positives, depuis $z=0$, jusqu'à une valeur quelconque positive de z, tous les élémens $\frac{dy}{dz}\,dz$ étant positifs, la valeur de y répondant à cette valeur de z sera nécessairement positive.

Cependant, si l'on a, par exemple, $y=\frac{1}{a-z}-\frac{1}{a}$, a étant une constante quelconque positive, on aura $y=0$ lorsque $z=0$, et la valeur de $\frac{dy}{dz}$ sera, par les règles connues de la différentiation, $\frac{1}{(a-z)^2}$. Cette valeur est constamment positive, quelle que soit la valeur de z; il faudrait donc que la valeur de y fût toujours positive, ce qui n'est pas; car en prenant z plus grande que a, y devient négative. Ainsi les principes du calcul différentiel sont en défaut dans ce cas.

Suivant le principe que nous venons d'établir, la valeur de y ne sera nécessairement positive qu'autant que la fonction dérivée $\frac{dy}{dz}$ ne sera pas infinie dans l'étendue de la valeur de z. Or $\frac{dy}{dz}$ étant égale à $\frac{1}{(a-z)^2}$, elle devient infinie lorsque $z=a$. Donc les valeurs de y seront nécessairement positives depuis $z=0$ jusqu'à $z=a$; mais elles pourront ne pas l'être lorsque $z>a$, quoique les fonctions dérivées $\frac{1}{(a-z)^2}$ soient toujours positives.

Voici maintenant comment le principe dont il s'agit, s'applique à la détermination des limites du développement de $f(x+i)$.

Soient d'abord p et q les valeurs de $x+i$ qui rendent la fonction dérivée $f'(x+i)$ la plus petite et la plus grande, en regardant x comme donné, et faisant varier i depuis zéro jusqu'à une valeur quelconque donnée de i. Donc $f'p$ sera la plus petite valeur de $f'(x+i)$, et $f'q$ en sera la plus grande ; par conséquent $f'(x+i)-f'p$, et $f'q-f'(x+i)$ seront toujours des quantités positives.

Regardant ces deux quantités comme des fonctions dérivées, relatives à la variable i, leurs fonctions primitives, prises de manière qu'elles soient nulles lorsque $i=o$ seront, à cause de x, p et q supposées constantes,

$$f(x+i)-fx-if'p, \text{ et } if'q-f(x+i)+fx.$$

Ainsi pourvu que $f'(x+i)$ ne soit jamais infinie depuis $i=o$ jusqu'à la valeur donnée de i, ce qui aura lieu si $f'p$ et $f'q$ ne sont point des quantités infinies, on aura par le principe précédent, si i est positif,

$$f(x+i)-fx-if'p>o, \text{ et } fx-f(x+i)+if'q>o;$$

d'où l'on tire

$$f(x+i)>fx+if'p, \text{ et } f(x+i)<fx+if'q.$$

Supposons ensuite que p et q soient les valeurs de $x+i$ qui rendent la fonction dérivée du second ordre $f''(x+i)$ la plus petite et la plus grande, en faisant varier i depuis zéro jusqu'à une valeur donnée ; on aura $f''p$ et $f''q$ pour la plus petite et la plus grande valeur de $f''(x+i)$; parconséquent $f''(x+i)-f''p$, et $f''q-f''(x+i)$ seront toujours des quantités positives.

Regardant ces quantités comme des fonctions dérivées relatives à la variable i, leurs fonctions primitives prises de manière qu'elles soient nulles, lorsque $i=o$, seront

$$f'(x+i)-f'x-if''p,$$

et

$$if''q-f'(x+i)+f'x.$$

Donc, pourvu que $f''(x+i)$ ne soit jamais infinie dans toute l'étendue de i, ce qui revient à ce que $f''p$ et $f''q$ ne soient point infinies, ces deux quantités seront, par le même principe, toujours positives et finies, i étant supposé positif; et en les regardant comme des fonctions dérivées relatives à i, leurs fonctions primitives, prises de manière qu'elles soient nulles lorsque $i=o$, seront, à cause de x, p et q supposées constantes,

$$f(x+i)-fx-if'x-\frac{i^2}{2}f''p;$$

$$\frac{i^2}{2}f''q-f(x+i)+fx+if'x.$$

Ces nouvelles quantités seront donc aussi, par le même principe, toujours positives; on aura ainsi

$$f(x+i)-fx-if'x-\frac{i^2}{2}f''p>o,$$

$$fx-f(x+i)+if'x+\frac{i^2}{2}f''q>o,$$

d'où l'on tire

$$f(x+i)>fx+if'x+\frac{i^2}{2}f''p,$$

et

$$f(x+i)<fx+if'x+\frac{i^2}{2}f''q.$$

Si on suppose, en troisième lieu, que p et q soient les valeurs de $x+i$ qui rendent la fonction tierce $f'''(x+i)$ la plus petite et la plus grande, depuis $i=o$ jusqu'à une valeur donnée de i, on aura les deux quantités $f'''(x+i)-f'''p$ et $f'''q-f'''(x+i)$, qui seront nécessairement positives dans toute l'étendue de i. Donc en les regardant comme des fonctions dérivées relatives à la variable i, leurs fonctions primitives, prises de manière qu'elles soient nulles lorsque $i=o$, seront

$$f''(x+i)-f''x-if'''p,$$

et

$$if'''q-f''(x+i)+f''x.$$

Et ces quantités seront, par le même principe, toujours positives et finies, pourvu que $f'''(x+i)$ ne soit jamais infinie dans toute l'étendue de i, c'est-à-dire, pourvu que $f'''p$ et $f'''q$ ne soient point infinies.

Donc, en regardant de nouveau ces dernières quantités comme des fonctions dérivées relatives à i, leurs fonctions primitives, prises de manière qu'elles soient nulles lorsque $i=o$, seront

$$f'(x+i)-f'x-if''x-\frac{i^2}{2}f'''p,$$

et

$$\frac{i^2}{2}f'''q-f'(x+i)+f'x+if''x,$$

lesquelles seront parconséquent aussi toujours positives et finies, en vertu du même principe.

Enfin, regardant encore ces nouvelles quantités comme des fonctions dérivées relatives à i, leurs fonctions primitives, prises de manière qu'elles soient nulles lorsque $i=o$, seront

$$f(x+i)-fx-if'x-\frac{i^2}{2}f''x-\frac{i^3}{2.3}f'''p,$$

et

$$\frac{i^3}{2.3}f'''q-f(x+i)+fx+if'x+\frac{i^2}{2}f''x.$$

Ces quantités seront donc encore positives par le même principe; ainsi on aura

$$f(x+i)-fx-if'x-\frac{i^2}{2}f''x-\frac{i^3}{2.3}f'''p>o,$$

$$fx-f(x+i)+if'x+\frac{i^2}{2}f''x+\frac{i^3}{2.3}f'''q>o;$$

d'où

d'où l'on tire

$$f(x+i)>fx+if'x+\frac{i^2}{2}f''x+\frac{i^3}{2.3}f'''p,$$

$$f(x+i)<fx+if'x+\frac{i^2}{2}f''x+\frac{i^3}{2.3}f'''q,$$

et ainsi de suite.

Nous avons supposé dans ces développemens i positif; si i était négatif, ou bien si on changeait i en $-i$, alors on trouverait pour premières limites de $f(x-i)$,

$$f(x-i)<fx-if'p$$
$$f(x-i)>fx-if'q.$$

On trouverait ensuite pour secondes limites

$$f(x-i)<fx-if'x+\frac{i^2}{2}f''p,$$

$$f(x-i)>fx-if'x+\frac{i^2}{2}f''q,$$

et ainsi des autres.

Donc, en général, la quantité $f(x+i)$, soit que i soit positif ou négatif, sera toujours renfermée entre ces deux-ci :

$$fx+if'x+\frac{i^2}{2}f''x+\frac{i^3}{2.3}f'''x+\text{etc.}+\frac{i^\mu}{2.3\ldots\mu}f^\mu p,$$

$$fx+if'x+\frac{i^2}{2}f''x+\frac{i^3}{2.3}f'''x+\text{etc.}+\frac{i^\mu}{2.3\ldots\mu}f^\mu q,$$

en prenant pour p et q les valeurs de $x+i$, qui répondent à la plus petite et à la plus grande des valeurs de $f^\mu(x+i)$, dans toute l'étendue de i, depuis $i=o$; pourvu que les deux quantités $f^\mu p$ et $f^\mu q$ ne soient pas infinies.

Au reste, il est facile de voir, par l'analyse précédente, qu'on n'est pas astreint à prendre pour $f^{\mu}p$ et $f^{\mu}q$ la plus petite et la plus grande valeur de $f^{\mu}(x+i)$, mais qu'on peut prendre à leur place des valeurs quelconques plus petites que la plus petite, et plus grandes que la plus grande; ce qui peut servir, dans nombre de cas, à faciliter beaucoup la détermination des limites.

J'observerai ici, quoique cela ne soit presque pas nécessaire, que j'entends toujours par quantités plus grandes ou plus petites absolument, celles qui sont plus avancées vers l'infini positif, ou vers l'infini négatif; ainsi, si $a>b$, on aura $-a<-b$, etc.

L'analyse précédente redonne, comme l'on voit, successivement les termes du développement de $f(x+i)$; mais elle a l'avantage de ne développer cette fonction qu'autant que l'on veut, et d'offrir des limites du reste.

En effet, si dans le développement de $f(x+i)$ on veut s'arrêter au terme μ^{eme}, pour avoir les limites du reste du développement, il n'y a qu'à considérer le terme suivant, qui serait de la forme

$$\frac{i^{\mu}}{2.3.4\ldots\mu}f^{\mu}x,$$

et y mettre à la place de $f^{\mu}x$ la plus grande et la plus petite valeur de $f^{\mu}(x+i)$, en faisant varier i depuis zéro, ou bien des quantités quelconques plus grandes ou plus petites que la plus grande et la plus petite valeur de $f^{\mu}(x+i)$. Si ces deux valeurs, ou l'une d'entr'elles était infinie, il n'y aurait point alors de limites; c'est aussi le cas où le développement deviendrait fautif, parceque la valeur de $f^{\mu}(x+i)$ serait infinie dans quelque point.

En général, on peut avoir de la même manière les limites des valeurs de toute fonction dont on ne connaîtra que la fonction dérivée d'un ordre quelconque. On examinera la marche de la fonction dérivée depuis l'origine de la variable, et si elle ne devient jamais infinie, on y appliquera immédiatement les formules précédentes, où i est la variable, et x peut être une constante quelconque. Si au contraire la fonction dérivée devient infinie pour certaines valeurs de la variable, on partagera cette variable en autant de parties séparées par les termes auxquels répondent les valeurs infinies de la fonction, et on appliquera séparément les mêmes formules à chacune de ces parties.

Supposons, pour donner quelques exemples, $f(x+i)=(x+i)^m$, on aura $fx=x^m$, et de là

$$f'x=mx^{m-1},\ f''x=m(m-1)x^{m-2},$$
$$f'''x=m(m-1)(m-2)x^{m-3},\ \text{etc.};$$

et en général,

$$f^{\mu}x=Mx^{m-\mu},\ \text{où } M=m(m-1)(m-2)\ldots(m-\mu+1),$$

comme on l'a vu dans la leçon II. On aura donc

$$f^{\mu}(x+i)=M(x+i)^{m-\mu},$$

où l'on voit que cette fonction ne peut jamais devenir infinie tant que $x+i$ n'est pas $=o$, et que μ n'est pas $>m$. On voit aussi que la plus petite et la plus grande valeur de $M(x+i)^{m-\mu}$ répondent, l'une à $i=o$, et l'autre à i; de sorte que les valeurs p et q seront x et $x+i$, ou $x+i$ et x.

Donc, en général, le développement de $(x+i)^m$ sera compris entre ces deux limites,

$$x^m+mix^{m-1}+\frac{m(m-1)}{2}i^2x^{m-2}+\text{etc.}+\frac{Mi^{\mu}}{2.3\ldots\mu}x^{m-\mu},$$

$$x^m + mix^{m-1} + \frac{m(m-1)}{2} i^2 x^{m-2} + \text{etc.}$$

$$+ \frac{Mi^\mu}{2.3\ldots\mu}(x+i)^{m-\mu}.$$

Par le moyen de ces limites, on est à couvert des difficultés qui peuvent résulter de la non-convergence de la série; car comme un terme quelconque n^{eme} est au suivant dans le rapport de 1 à $\frac{m-n+1}{n} \times \frac{i}{x}$, pour que la série soit convergente, il faut que la quantité $\frac{m-n+1}{n} \times \frac{i}{x}$, abstraction faite du signe qu'elle doit avoir, soit moindre que l'unité. Si $\frac{i}{x} < 1$, il est clair que la série finira toujours par être convergente, puisque la dernière valeur de $\frac{m-n+1}{n}$ est -1. Mais elle sera toujours divergente à son extrémité, si $\frac{i}{x} > 1$, quoiqu'elle puisse être convergente dans ses premiers termes. Ainsi elle ne pourra alors être employée avec sûreté, quelque loin qu'elle soit portée, qu'en ayant égard aux limites que nous venons de donner.

Supposons, en second lieu,

$$f(x+i) = a^{x+i},$$

on aura

$$fx = a^x, \text{ et de là } f'x = a^x\, la,\ f''x = a^x (la)^2,\ f'''x = a^x (la)^3, \text{ etc.}$$

Donc, en général,

$$f^\mu(x+i) = a^{x+i}(la)^\mu,$$

où l'on voit que la plus petite et la plus grande valeur répondent aussi à $i = 0$ et à i. Ainsi on aura, en faisant

$x = o$,

$$1 + ila + \frac{i^2}{2}(la)^2 + \frac{i^3}{2.3}(la)^3 + \text{etc.} + \frac{i^\mu}{2.3..\mu}(la)^\mu,$$

$$1 + ila + \frac{i^2}{2}(la)^2 + \frac{i^3}{2.3}(la)^3 + \text{etc.} + \frac{i^\mu}{2.3..\mu}(la)^\mu a^i,$$

pour les limites de la valeur de a^i, où l'on pourra prendre dans le dernier terme, au lieu de a^i, une quantité quelconque plus grande.

Soit, en troisième lieu,

$$f(x+i) = l(x+i),$$

on aura

$$fx = lx, f'x = \frac{1}{x}, f''x = -\frac{1}{x^2}, f'''x = \frac{2}{x^3}, \text{ etc.};$$

donc,

$$f^\mu(x+i) = \pm \frac{2.3..\mu - 1}{(x+i)^\mu},$$

le signe supérieur étant pour le cas de μ impair, et l'inférieur pour le cas de μ pair.

Il est clair que pourvu que $x + i$ ne soit pas égal à zéro, la quantité $f^\mu(x+i)$ ne sera jamais infinie, et que sa plus grande valeur et sa plus petite, relativement à i, répondront à $i = o$ et à i.

On aura donc par la formule générale, ces deux limites pour la valeur de $l(x+i)$,

$$lx + \frac{i}{x} - \frac{i^2}{2x^2} + \frac{i^3}{3x^3} - \text{etc.} \pm \frac{i^\mu}{\mu x^\mu},$$

$$lx + \frac{i}{x} - \frac{i^2}{2x^2} + \frac{i^3}{3x^3} - \text{etc.} \pm \frac{i^\mu}{\mu(x+i)^\mu},$$

où l'on pourra mettre à la place de i une valeur quelconque plus grande dans le dénominateur $(x+i)^\mu$.

Soit, en quatrième lieu,

$$f(x+i) = \sin(x+i),$$

on aura

$$fx = \sin x,\ f'x = \cos x,\ f''x = -\sin x,\ \text{etc.};$$

donc, en général,

$$f^\mu(x+i) = \pm \sin(x+i),\ \text{ou}\ = \pm \cos(x+i),$$

suivant que μ sera de l'une de ces formes, $4n$, $4n+2$, $4n+1$, $4n+3$, n étant un nombre entier quelconque; ce qu'on peut renfermer dans cette expression générale,

$$f^\mu(x+i) = \sin(x+i+\mu D),$$

D étant l'angle droit.

Or, quelles que soient les valeurs de x et i, il est visible que la plus grande et la plus petite valeur de $f^\mu(x+i)$ seront 1 et -1; ainsi on aura pour le développement de $\sin(x+i)$, ces limites,

$$\sin x + i\cos x - \frac{i^2}{2}\sin x - \frac{i^3}{2.3}\cos x + \text{etc.} \pm \frac{i^\mu}{2.3\ldots\mu}.$$

Si on fait $x = o$, on aura

$$i - \frac{i^3}{2.3} + \frac{i^5}{2.3.4.5} - \text{etc.} \pm \frac{i^\mu}{2.3\ldots\mu}.$$

Et si on fait $x = D$, on aura

$$1 - \frac{i^2}{2} + \frac{i^4}{2.3.4} - \text{etc.} \pm \frac{i^\mu}{2.3\ldots\mu},$$

pour les limites de $\sin i$ et $\cos i$, où il faudra prendre pour μ

le nombre immédiatement plus grand d'une unité que l'exposant de i, dans le terme auquel on voudra s'arrêter.

Nous avons donné, à la fin de la leçon VII, la série du développement de $f(y+i)$, en supposant $y=\text{tang}\, x$ et $fy=x$, et nous avons trouvé en général

$$f^{\mu}y = \pm 2.3\ldots(\mu-1)\cos^{\mu} x \times \sin \text{ ou } \cos \mu x.$$

Donc, on aura aussi

$$f^{\mu}(y+i) = \pm 2.3\ldots(\mu-1)\cos^{\mu} z \times \sin \text{ ou } \cos \mu z,$$

en faisant $y+i=\text{tang}\, z$, c'est-à-dire,

$$\text{tang}\,.\,z = \text{tang}\,.\,x+i.$$

Or quels que soient y et i, il est visible que la plus petite et la plus grande valeur de $\cos^{\mu} z \times \sin$ ou $\cos \mu z$, sera -1 et 1 ; d'où on peut d'abord conclure que la série est vraie pour des valeurs quelconques de x et i, et que si on veut arrêter la série au terme μ^{eme}, le reste de la série sera nécessairement renfermé entre les limites $\pm \frac{i^{\mu}}{\mu}$.

Ainsi en faisant $x=o$, on aura ces limites

$$\text{arc tang}\, i = i - \frac{i^3}{3} + \frac{i^5}{5} + \text{etc.} \pm \frac{i^{\mu+1}}{\mu+1}$$

où μ est l'exposant du terme auquel on veut s'arrêter.

Nous finirons par remarquer que les mêmes formules peuvent servir à développer une fonction quelconque, suivant les puissances de sa variable ; car en faisant $x=o$, $f(x+i)$ devient simplement fi et peut représenter une fonction quelconque d'une variable i.

Or il est visible que les valeurs de fx, $f'x$, $f''x$, etc. lorsque $x=o$, doivent coïncider avec celles de fi, $f'i$, $f''i$, etc. lorsque $i=o$.

Donc, si on dénote simplement par f, f', f'', etc. les valeurs de fi, $f'i$, $f''i$, etc., lorsque $i = o$, on aura en général

$$fi = f + if' + \frac{i^2}{2} f'' + \frac{i^3}{2.3} f''' + \text{etc.}$$

Et si on veut s'arrêter au terme μ^{eme}, alors comme le terme suivant serait

$$\frac{i^\mu}{2.3.4\ldots\mu} f^\mu,$$

il n'y aura qu'à substituer à la place de f^μ la plus grande et la plus petite valeur de $f^\mu i$, ou des valeurs plus grandes et plus petites que celles-ci, et l'on aura les limites du reste du développement.

Ainsi le développement sera exact tant que ces limites auront des valeurs finies. Si l'une d'elles devenait infinie, le reste de la série pourrait aussi devenir infini, et le développement deviendrait fautif. Il faudra donc alors ou s'arrêter à un terme précédent, ou n'attribuer à i que des valeurs telles, que $f^\mu i$ ne devienne pas infinie depuis $i = o$ jusqu'à cette valeur.

Puisque ces limites répondent à la plus grande et à la plus petite valeur de $f^\mu i$, en prenant i depuis zéro jusqu'à la valeur donnée; il est clair que la valeur exacte du reste du développement de la fonction fi répondra à une valeur intermédiaire de $f^\mu i$, qui pourra être représentée par $f^\mu j$, en prenant pour j une quantité entre zéro et i. Il suit de là qu'on pourra toujours représenter d'une manière finie le développement d'une fonction quelconque fi, en y introduisant une quantité inconnue j moindre que i. Ainsi, on a ce théorême analytique, remarquable par sa simplicité,

$$fi = f + if' + \frac{i^2}{2}f'' + \frac{i^3}{2.3}f''' + \text{etc.}$$

$$+ \frac{i^{\mu-1}}{2.3\ldots\mu-1}f^{\mu-1} + \frac{i^\mu}{2.3\ldots\mu}f^\mu j,$$

où f, f', f'', etc., sont les valeurs de $fi, f'i, f''i$, etc., en y faisant $i = o$, l'exposant μ étant quelconque.

On a par-là une démonstration rigoureuse de cette proposition qu'on s'étoit contenté de supposer jusqu'ici; savoir, que dans le développement d'une fonction, on peut donner à la variable suivant laquelle est ordonné le développement, une valeur assez petite pour qu'un terme quelconque de la série soit plus grand que la somme de tous ceux qui le suivent; car il est clair qu'il suffit pour cela de faire voir qu'on peut toujours prendre i assez petit pour que l'on ait

$$\frac{i^{\mu-1}}{2.3\ldots\mu-1}f^{\mu-1} > \frac{i^\mu}{2.3\ldots\mu}f^\mu j,$$

condition qui se réduit à celle-ci $f^{\mu-1} > \frac{i}{\mu}f^\mu j$, à laquelle il est visible qu'on peut toujours satisfaire en diminuant la valeur de i, pourvu qu'on n'ait pas $f^{\mu-1} = o$.

On peut démontrer de la même manière cette autre proposition, que si l'on a deux fonctions différentes fi et Fi, qui soient telles que les μ premiers termes du développement de fi, soient respectivement égaux aux μ premiers termes du développement de Fi, on peut, en diminuant la quantité i, rapprocher assez près les valeurs de ces deux fonctions, pour que la valeur d'aucune autre fonction comme φi, ne puisse jamais tomber entre ces valeurs, si les μ premiers termes du développement de φi ne coïncident pas aussi avec ceux du développement de fi et de Fi; car la différence $Fi - fi$ se réduira, par l'hypothèse, à

$$\frac{i^\mu}{2.3\ldots\mu}(Fj-fj),$$

où la quantité j pourra être différente dans les deux fonctions, mais toujours $j<i$; au lieu que la différence $\varphi i-fi$ sera de la forme

$$\frac{i^\lambda}{2.3\ldots\lambda}(\varphi^\lambda-f^\lambda)+\text{etc.}+\frac{i^\mu}{2.3\ldots\mu}(\varphi j-fj),$$

λ étant $<\mu$; d'où l'on voit qu'en diminuant la valeur de i, le rapport de cette différence à la première, deviendra toujours plus grand, à moins que l'on n'ait aussi $\varphi^\lambda=f^\lambda$, etc.

C'est sur ces principes qu'est fondée l'application rigoureuse de la théorie des fonctions dérivées aux parties de la géométrie et de la mécanique, pour lesquelles on emploie le calcul différentiel. Soit fx l'ordonnée d'une courbe dont x est l'abscisse ; prenons une nouvelle abscisse i, qui commence où finit l'abscisse x, que nous regarderons maintenant comme constante ; l'ordonnée correspondante sera

$$f(x+i)=fx+if'x+\frac{i''}{2}f''x+\text{etc.}$$

Arrêtons-nous aux premiers termes, et supposons l'équation

$$z=fx+if'x,$$

entre l'abscisse i et l'ordonnée z; cette équation sera à une ligne droite qui passe par le point de la courbe qui répond à l'abscisse x, et qui est inclinée à l'axe d'un angle dont $f'x$ est la tangente.

Comme les deux termes de l'ordonnée de cette droite coïncident avec les deux premiers termes de celle de la courbe, il sera impossible qu'aucune autre droite passant par le même point de la courbe, puisse passer aussi entre elle et la droite dont il s'agit; celle-ci sera donc la tangente de la courbe au même point, de manière qu'en appelant t la sous-tangente, on aura en général $\frac{y}{t} = f'x$, et de là $t = \frac{y}{f'x} = \frac{y}{y'}$.

Prenons maintenant les trois premiers termes du même développement, et considérons la courbe dont l'équation entre l'ordonnée z et l'abscisse i serait

$$z = fx + if'x + \frac{i^2}{2} f''x ;$$

on aura une parabole dont l'axe est parallèle aux ordonnées, et dont le paramètre est $\frac{2}{f''x}$.

Cette parabole passera par le point de la courbe proposée qui répond à l'abscisse x, et aura la même tangente qu'elle, parce-que les deux premiers termes de son équation coïncident avec ceux de l'équation de la courbe; et comme les troisièmes termes coïncident aussi, il s'ensuit qu'aucune autre parabole ne pourra passer entre celle-ci et la même courbe: ce sera, parconséquent, la parabole qu'on nomme *osculatrice*, et qui aura $\frac{2}{f''x}$ ou $\frac{2}{y''}$ pour paramètre.

Comme c'est ordinairement au cercle qu'on rapporte la courbure des courbes, pour avoir le rayon de courbure, on supposera que la courbe proposée est un cercle dont l'équation générale est, comme l'on sait,

$$(x-a)^2 + (y-b)^2 = r^2 ;$$

ainsi on aura

$$y = b + \sqrt{[r^2 - (x-a)^2]} = fx ;$$

d'où l'on déduit, en prenant les fonctions dérivées,

$$y' = -\frac{x-a}{\sqrt{[r^2-(x-a)^2]}} = f'x$$

$$y'' = -\frac{r^2}{[r^2-(x-a)^2]^{\frac{3}{2}}} = f''x$$

Si on détermine, par ces trois équations, les valeurs de a, b, r en x, fx, $f'x$, $f''x$, on aura non-seulement le rayon r du cercle osculateur, mais aussi la position du centre de ce cercle par les deux coordonnées a, b, qui seront en même temps celles de la développée; car alors les trois premiers termes du développement de y dans le cercle, coïncideront avec les trois premiers termes du développement de y dans la courbe proposée.

On aura aussi, pour une courbe quelconque,

$$r = -\frac{(1+y'^2)^{\frac{3}{2}}}{y''},$$

$$a = x - \frac{y'(1+y'^2)}{y''},$$

$$b = y - \frac{1+y'^2}{y''}.$$

On peut pousser plus loin cette théorie des osculations, comme nous l'avons fait dans les articles 117 et suivans de la *Théorie des Fonctions analytiques*.

Si on considère l'espace décrit par un mobile, comme fonction du temps employé à le parcourir, et qu'on nomme x le temps, et y l'espace, l'équation $y = fx$ exprimera la nature du mouvement. Soit z l'espace décrit dans le tems i qui commence au bout du temps x, on aura $z = f(x+i) - fx$ et par le développement

$$z = if'x + \frac{i^2}{2}f''x + \frac{i^3}{2.3}f'''x + \text{etc.}:$$

ne prenons dans cette expression de z que le premier terme, et considerons un autre mobile dont le mouvement serait représenté par l'équation

$$u = if'x$$

entre l'espace u et le même temps i ; ce mouvement sera uniforme avec la vîtesse $f'x$. Comme la valeur de u est exprimée par un terme qui est le même que le premier terme de la valeur de z, il suit de ce que nous avons démontré en général, que, dans les premiers instans du temps i, ce mouvement uniforme approchera plus du mouvement dont il s'agit, qu'aucun autre mouvement uniforme ; car on pourra toujours prendre le temps i assez court pour qu'entre les espaces parcourus en vertu de ces deux mouvemens, il ne puisse être parcouru uniformément, dans le même temps, aucun espace moyen avec une autre vîtesse que $f'x$. Donc on pourra regarder $f'x$ comme l'expression de la vîtesse de tout mouvement représenté par l'équation $y = fx$, au bout du temps x.

Si on prend les deux premiers termes de l'expression de z pour l'espace décrit par un autre mobile dans le même temps i, la formule

$$u = if'x + \frac{i^2}{2} f''x,$$

représentera un mouvement composé d'un mouvement uniforme avec la vîtesse $f'x$, et d'un mouvement uniformément accéléré produit par une pression ou force accélératrice constante $f''x$, comme l'expérience le prouve dans le mouvement des graves.

Les termes de la valeur de u étant les mêmes que les deux premiers termes de l'expression générale de z, on conclura des mêmes principes établis ci-dessus, et par un raisonnement semblable au précédent, que, dans les premiers instans du temps i, ce nouveau mouvement approchera du mouvement représenté par l'équation $z = f(x + i) - fx$, ou $y = fx$, plus qu'aucun autre mouvement semblable, de manière qu'on pourra prendre $f'x$ pour la vîtesse, et $f''x$ pour la force accélératrice au commencement du temps i, c'est-à-dire, au bout du temps x. Donc, en général, y étant l'espace décrit et exprimé en fonction du temps, y' sera la vîtesse, et y'' la force accélératrice nécessaire pour ce mouvement.

Ceci a lieu naturellement dans les mouvemens rectilignes : mais en considérant les mouvemens curvilignes comme composés de rectilignes, on en déduit les lois des vîtesses et des forces dans toutes sortes de mouvemens.

Nous nous contenterons ici d'avoir fait voir, en deux mots, l'usage de notre théorème sur les limites du développement des fonctions, dans l'application des fonctions dérivées à la géométrie et à la mécanique ; et nous renverrons ceux qui desireront un plus grand détail, à la seconde partie de notre *Théorie des Fonctions analytiques*.

LEÇON DIXIÈME.

Des Équations dérivées, et de leur usage pour la transformation des Fonctions. Analyse des Sections angulaires.

JUSQU'A présent nous n'avons considéré les fonctions dérivées que comme servant à la formation des séries d'où elles tirent leur origine; mais ces fonctions, considérées en elles-mêmes, offrent un nouveau système d'opérations algébriques, et sont, pour ainsi dire, la clef de la transformation des fonctions.

Lorsqu'une fonction d'une variable est présentée sous deux formes différentes, en égalant ces expressions, on a ce qu'on appelle une *équation identique*, à cause de l'identité de la valeur, laquelle doit parconséquent avoir lieu indépendamment de la variable, c'est-à-dire, quelle que soit cette variable; ainsi elle aura lieu aussi en attribuant à la variable un accroissement quelconque i.

Soit $fx = o$ une pareille équation identique, on aura donc aussi $f(x+i) = o$, savoir, en développant

$$fx + if'x + \frac{i^2}{2}f''x + \text{etc.} = o,$$

quel que soit i; donc on aura séparément

$$fx = o,\ f'x = o,\ f''x = o,\ \text{etc.};$$

d'où il suit que l'on aura la même équation en prenant les fonctions dérivées d'un ordre quelconque.

Supposons maintenant une équation comme

$$F(x, y) = o$$

entre deux variables x et y, par laquelle l'une y doive être fonction de x. Il est évident qu'en regardant y comme une fonction de x, déterminée par cette équation, l'équation

$$F(x, y) = o$$

sera identique, et aura lieu indépendamment de x; donc l'équation subsistera aussi entre les fonctions dérivées d'un ordre quelconque.

En prenant donc les fonctions dérivées premières, secondes, etc. de chaque terme, on aura autant de nouvelles équations qui auront lieu en même temps que l'équation primitive; par-conséquent toute combinaison de ces équations aura lieu aussi à-la-fois.

Nous nommerons en général *équations dérivées du premier ordre, du second ordre*, etc. ou simplement *équations primes, secondes*, etc., non-seulement les équations dérivées qu'on obtient en prenant les fonctions primes, secondes, etc. de tous les termes d'une équation regardée comme primitive, mais encore les équations qu'on pourra former par une combinaison quelconque de l'équation primitive, et de son équation prime, ou de ces deux-ci et de l'équation seconde.

Ainsi l'équation primitive contenant x et y, l'équation dérivée du premier ordre ou équation prime, contiendra x, y et y'; l'équation dérivée du second ordre ou équation seconde, contiendra, x, y, y' et y''; et ainsi de suite.

Si au lieu de regarder y comme fonction de x, on regardait au contraire x comme fonction de y, l'équation prime serait entre y, x et x', l'équation seconde serait entre y, x, x' et x'', et ainsi de suite; et par le principe exposé dans la leçon VII, on pourra toujours transformer un de ces systèmes d'équations dérivées dans l'autre.

Pour

Pour montrer d'abord par quelques exemples l'usage des équations dérivées dans la transformation des fonctions, je considérerai les fonctions sin x et cos x, dont nous avons donné les fonctions dérivées dans la leçon V, et faisant

$$y = \sin x, \; z = \cos x,$$

j'aurai d'abord

$$y' = \cos x \text{ et } z' = -\sin x,$$

parconséquent

$$y' = z, \; z' = -y;$$

si on multiplie la première de ces équations par $\sqrt{-1}$, et qu'on l'ajoute à la seconde, on aura

$$z' + y'\sqrt{-1} = z\sqrt{-1} - y = (z + y\sqrt{-1})\sqrt{-1};$$

d'où l'on tire l'équation

$$\frac{z' + y'\sqrt{-1}}{z + y\sqrt{-1}} = \sqrt{-1}.$$

Or nous avons vu dans la leçon VI, que si p est une fonction quelconque de x, $\frac{p'}{p}$ est la fonction dérivée de lp; ainsi

$$l.(z + y\sqrt{-1}) = x\sqrt{-1} + k$$

sera l'équation primitive d'où la précédente peut être censée dérivée ; la quantité k est la constante arbitraire que nous avons vu à la fin de la même leçon, pouvoir toujours s'ajouter à la fonction primitive d'une fonction dérivée donnée, et qui sert à lui donner toute la généralité dont elle est susceptible. Il serait inutile d'ajouter de même une constante au premier membre de l'équation, parcequ'elle se fonderait dans l'autre par la simple transposition dans le second membre.

Mais cette constante étant jusqu'ici arbitraire, il faut la déterminer conformément à la nature des fonctions y et z.

Pour cela, j'observe qu'en faisant $x = 0$, on a

$$\sin x = 0, \text{ et } \cos x = 1 \text{ ; donc } y = 0,\ z = 1.$$

Il faudra donc que l'équation que nous venons de trouver, satisfasse à ces suppositions ; or elle devient dans ce cas $l1 = k$; et comme $l1$ est $= 0$, on aura $k = 0$.

L'équation sera donc simplement

$$l(z + y\sqrt{-1}) = x\sqrt{-1};$$

et passant de là aux exponentielles,

$$z + y\sqrt{-1} = e^{x\sqrt{-1}},$$

e étant, comme nous le supposons toujours, le nombre dont le logarithme hyperbolique est l'unité. Remettant pour y et z leurs valeurs $\sin x$ et $\cos x$, on aura cette formule remarquable

$$\cos x + \sin x\sqrt{-1} = e^{x\sqrt{-1}};$$

laquelle, à cause de l'ambiguité du radical $\sqrt{-1}$, donne également celle-ci,

$$\cos x - \sin x\sqrt{-1} = e^{-x\sqrt{-1}};$$

et ces deux combinées ensemble suffisent pour déterminer les valeurs de $\sin x$ et $\cos x$. On aura, en effet, après les avoir ajoutées ou retranchées,

$$\cos x = \frac{e^{x\sqrt{-1}} + e^{-x\sqrt{-1}}}{2},$$

$$\sin x = \frac{e^{x\sqrt{-1}} - e^{-x\sqrt{-1}}}{2\sqrt{-1}}.$$

Ainsi les sinus et cosinus se trouvent exprimés par des exponentielles imaginaires, ce qu'on peut regarder comme l'une des plus belles découvertes analytiques qu'on ait faites dans ce siècle.

Ces formules peuvent aussi se déduire immédiatement de la comparaison des séries qui expriment les fonctions $\sin x$, cos x et e^x, et que nous avons trouvées plus haut (leçons IV et VI.) C'est de cette manière qu'*Euler* les a données dans le tome VII des *Miscellanea Berolinensia* : mais, dans son *Introductio*, il les déduit des expressions algébriques des sinus et cosinus des angles multiples, par une réduction ingénieuse, mais dépendante de la considération des quantités infinies et infiniment petites, et que nous avons tâché de rendre rigoureuse dans la *Théorie des Fonctions*, *n*os 22 et 25.

Comme ces mêmes séries avaient été données par *Newton* dans son *Commerce* avec *Oldemburg*, et étaient ainsi connues avant la fin du siècle dernier, on aurait pu dès-lors parvenir aux formules dont nous parlons, et donner par-là à la théorie des sections angulaires, la perfection qu'elle n'a acquise que cinquante ans après par les ouvrages d'*Euler*.

L'expression des arcs en logarithmes imaginaires remonte, à la vérité, au commencement de ce siècle, et c'est une des plus belles découvertes de *Jean Bernoulli*, qui l'a donnée en peu de mots dans les Mémoires de l'Académie des Sciences de 1702. Il y était parvenu en intégrant par logarithmes l'élément de l'arc exprimé par la tangente, comme *Leibnitz* avait trouvé la série qui exprime l'arc par la tangente, en intégrant le même élément par série.

Cette découverte conduisait aussi naturellement aux mêmes formules exponentielles; mais elle est restée long-temps stérile, et ce n'est que lorsque ces formules ont été connues par d'autres voies, qu'on a vu qu'on pouvait les tirer immédiatement de l'intégration.

L'équation

$$\cos x + \sin x \sqrt{-1} = e^{x\sqrt{-1}},$$

où le radical $\sqrt{-1}$ peut avoir également le signe $+$ et $-$, donne toute la théorie du calcul des angles. Car en multipliant cette équation par l'équation semblable

$$\cos y + \sin y \sqrt{-1} = e^{y\sqrt{-1}},$$

on a

$$(\cos x + \sin x\sqrt{-1})(\cos y + \sin y\sqrt{-1}) = e^{(x+y)\sqrt{-1}}.$$

Mais en mettant dans la même équation $x+y$ à la place de x, on a aussi

$$\cos(x+y) + \sin(x+y)\sqrt{-1} = e^{(x+y)\sqrt{-1}}.$$

Donc, comparant et développant le produit, on a

$$\cos x\cos y - \sin x\sin y + (\cos x\sin y + \cos y\sin x)\times\sqrt{-1}$$
$$= \cos(x+y) + \sin(x+y)\sqrt{-1};$$

et comme cette équation doit avoir lieu pour les deux signes de $\sqrt{-1}$, il s'ensuit qu'on aura séparément

$$\cos x\cos y - \sin x\sin y = \cos(x+y),$$
$$\cos x\sin y + \sin x\cos y = \sin(x+y),$$

formules qu'on démontre par la géométrie, et qui sont le fondement de toute la théorie des angles.

La même équation, en élevant les deux membres à une puissance quelconque m, donne

$$(\cos x + \sin x\sqrt{-1})^m = e^{mx\sqrt{-1}}.$$

Donc aussi, en mettant dans l'équation primitive mx à la place de x et comparant, on a

$$(\cos x + \sin x\sqrt{-1})^m = \cos mx + \sin mx\sqrt{-1},$$

formule remarquable autant par sa simplicité et son élégance que par sa généralité et sa fécondité.

Il paraît que *Moivre* est le premier qui ait trouvé cette belle formule; on voit, par les *Miscellanea analytica*, qu'il y a été conduit par la considération des sections hyperboliques comparées aux sections circulaires. Maintenant elle est devenue une vérité élémentaire, qu'on démontre par le moyen des valeurs de $\sin(x+y)$ et $\cos(x+y)$ que donne la géométrie, en considérant le produit des formules semblables

$$\cos x + \sin x\sqrt{-1} \text{ et } \cos y + \sin y\sqrt{-1},$$

lequel se réduit à cette formule semblable,

$$\cos(x+y) + \sin(x+y)\sqrt{-1};$$

et c'est à *Euler* qu'on doit d'avoir transporté ainsi dans les Elémens une formule d'une si grande utilité.

Il est vrai que de cette manière on ne peut la démontrer que pour des valeurs rationnelles de m; mais il en est ici comme dans la formule du développement du binome, et en général dans toutes les formules qui contiennent une indéterminée qui peut être un nombre quelconque rationnel; ce n'est que par la considération des fonctions dérivées qu'on en peut prouver la généralité pour une valeur quelconque de la même quantité.

En prenant dans la formule que nous venons de trouver, le radical $\sqrt{-1}$ en plus ou en moins, on à ces deux-ci,

$$\cos mx + \sin mx\sqrt{-1} = (\cos x + \sin x\sqrt{-1})^m,$$

$$\cos mx - \sin mx\sqrt{-1} = (\cos x - \sin x\sqrt{-1})^m;$$

d'où l'on tire aisément

$$\cos mx = \frac{(\cos x + \sin x\sqrt{-1})^m + (\cos x - \sin x\sqrt{-1})^m}{2},$$

$$\sin mx = \frac{(\cos x + \sin x\sqrt{-1})^m - (\cos x - \sin x\sqrt{-1})^m}{2\sqrt{-1}}.$$

Si on développe les puissances $m^{\text{èmes}}$ par la formule du binome, les imaginaires disparaissent, et l'on a ces expressions en série,

$$\cos mx = \cos^m x - \frac{m(m-1)}{2}\cos^{m-2}x\sin^2 x$$

$$+ \frac{m(m-1)(m-2)(m-3)}{2.3.4}\cos^{m-4}x\sin^4 x - \text{etc.},$$

$$\sin mx = m\cos^{m-1}x\sin x - \frac{m(m-1)(m-2)}{2.3}\cos^{m-3}x\sin^3 x$$

$$+ \text{etc.}$$

Ces deux formules avaient été données dès 1701, par *Jean Bernoulli*, dans les Actes de Léipsic, mais sans démonstration; et on voit par la lettre 129 du *Commercium epistolicum*, et par le Traité des Sections coniques de l'*Hopital*, qu'il les avait trouvées en cherchant successivement, par les théorêmes connus, les valeurs des sinus et cosinus des angles doubles, triples, etc., et en observant l'analogie des termes de ces valeurs avec ceux du développement du binome. En effet, si on fait successivement $y=x$, $2x$, $3x$, etc., dans les formules données ci-dessus pour $\sin(x+y)$ et $\cos(x+y)$, et qu'on substitue à mesure les valeurs précédentes, on trouve

$$\cos 2x = \cos^2 x - \sin^2 x,$$

$$\sin 2x = 2\cos x \sin x,$$

$$\cos 3x = \cos^3 x - 3\cos x \sin^2 x,$$

$$\sin 3x = 3\cos^2 x \sin x - \sin^3 x,$$

etc.,

dont l'analogie avec les termes des puissances correspondantes du binome, est manifeste.

D'après cela, il est étonnant que *Jean Bernoulli* n'ait pas trouvé les expressions finies de $\sin mx$ et $\cos mx$, et qu'il ait fallu encore vingt ans pour qu'on parvînt à la formule donnée par *Moivre*. Ainsi *Jean Bernoulli* a touché deux fois à la même découverte, et il en a laissé la gloire à ses successeurs.

Les formules précédentes renferment les puissances de $\sin x$ et $\cos x$ mêlées ensemble; comme on a toujours

$$\cos^2 x + \sin^2 x = 1,$$

il est possible de faire disparaître toutes les puissances paires de $\sin x$ ou de $\cos x$, et d'avoir des formules qui procèdent suivant les puissances de $\cos x$ ou $\sin x$.

Il serait difficile de parvenir à des séries régulières par la simple substitution; mais les formules connues

$$2\cos x \cos mx = \cos(m+1)x + \cos(m-1)x,$$
$$2\cos x \sin mx = \sin(m+1)x + \sin(m-1)x,$$

font voir que les cosinus et sinus des multiples de x forment deux séries récurrentes dont l'échelle de relation est $2\cos x, -1$.

Ainsi en partant des premières valeurs de $\cos mx$ et $\sin mx$, lorsque $m=0$ et $m=1$, et mettant, pour plus de simplicité, p et q à la place de $\cos x$ et $\sin x$, on trouvera successivement

$$\begin{aligned}
&\cos 0x = 1\\
&\cos 1x = p\\
&\cos 2x = 2p\cos x - \cos 0x = 2p^2 - 1\\
&\cos 3x = 2p\cos 2x - \cos x = 4p^3 - 3p\\
&\text{etc.};
\end{aligned}$$

d'où résulte la table suivante :

$$\left.\begin{aligned}
&\cos 1x = p\\
&\cos 2x = 2p^2 - 1\\
&\cos 3x = 4p^3 - 3p\\
&\cos 4x = 8p^4 - 8p^2 + 1\\
&\cos 5x = 16p^5 - 20p^3 + 5p\\
&\text{etc.}
\end{aligned}\right\}(A),$$

et, en général,

$$2\cos mx = (2p)^m - m(2p)^{m-2} + \frac{m(m-3)}{2}(2p)^{m-4} - \frac{m(m-4)(m-5)}{2.3}(2p)^{m-6} + \text{etc.}$$

On trouvera de même

$$\left.\begin{aligned}
\sin 1x &= q\\
\sin 2x &= 2pq\\
\sin 3x &= (\ 4p^2 - \ 1)\,q\\
\sin 4x &= (\ 8p^3 - \ 4p)\,q\\
\sin 5x &= (16p^4 - 12p^2 + 1)\,q\\
\text{etc.}&
\end{aligned}\right\}\ldots(B),$$

et, en général,

$$\sin mx = \Big\{(2p)^{m-1} - (m-2)\,(2p)^{m-3} + \frac{(m-3)(m-4)}{2}\,(2p)^{m-5} - \text{etc.}\Big\}\,q.$$

Ces séries procèdent suivant les puissances descendantes de p; on peut en avoir aussi qui procèdent suivant les puissances ascendantes de p ou de q; mais il faut alors distinguer les cas de m impair ou pair.

Soit 1°. m impair : on aura

$$\left.\begin{aligned}
\cos 1x &= p\\
\cos 3x &= -\,(3p - 4p^3)\\
\cos 5x &= 5p - 20p^3 + 16p^5\\
\text{etc.}&
\end{aligned}\right\}(C),$$

et, en général,

$$\cos mx = \pm\left[mp - \frac{m\,(m^2-1)}{2.3}\,p^3 + \frac{m\,(m^2-1)\,(m^2-9)}{2.3.4.5}\,p^5 - \text{etc.}\right],$$

le signe supérieur étant pour le cas où m est de la forme $4n+1$, et l'inférieur pour celui où m est de la forme $4n+3$.

On aura de même, lorsque m est impair,

$$\left.\begin{array}{l}\sin 1x = q \\ \sin 3x = -q(1-4p^2) \\ \sin 5x = q(1-12p^2+16p^4) \\ \text{etc.}\end{array}\right\}(D),$$

et, en général,

$$\sin mx = \pm q\left\{1-\frac{m^2-1}{2}p^2+\frac{(m^2-1)(m^2-9)}{2\,.\,3\,.\,4}p^4 - \frac{(m^2-1)(m^2-9)(m^2-25)}{2\,.\,3\,.\,4\,.\,5\,.\,6}p^6+\text{etc.}\right\},$$

où l'on observera, à l'égard des signes ambigus, la même règle que ci-dessus.

Soit 2° m pair : on aura

$$\left.\begin{array}{l}\cos 2x = -(1-2p^2) \\ \cos 4x = 1-8p^2+8p^4 \\ \cos 6x = -(1-18p^2+48p^4-32p^6) \\ \text{etc.}\end{array}\right\}(E),$$

et, en général,

$$\cos mx = \pm\left[1-\frac{m^2}{2}p^2+\frac{m^2(m^2-4)}{2.3.4}p^4 - \frac{m^2(m^2-4)(m^2-16)}{2.3.4.5.6}p^6+\text{etc.}\right]$$

Ensuite,

$$\left.\begin{array}{l}\sin 2x = 2pq \\ \sin 4x = -q(4p-8p^3) \\ \sin 6x = q(6p-32p^3+32p^5) \\ \text{etc.}\end{array}\right\}(F),$$

et, en général,

$$\sin mx = \pm\left\{mp-\frac{m(m^2-4)}{2.3}p^3 + \frac{m(m^2-4)(m^2-16)}{2\,.\,3\,.\,4\,.\,5}p^5-\text{etc.}\right\}q.$$

A l'égard des signes ambigus, on prendra les signes supérieurs lorsque m est de la forme $4n+2$, et les inférieurs, lorsque m est de la forme $4n$.

Enfin on aura aussi, à cause de $p^2 = 1 - q^2$.....

1° Pour le cas de m impair,

$$\left.\begin{array}{l} \cos 1x = p \\ \cos 3x = p\,(1-4q^2) \\ \cos 5x = p\,(1-12q^2+16q^4) \\ \text{etc.} \end{array}\right\} (G),$$

et, en général,

$$\cos mx = p\left\{1 - \frac{m^2-1}{2}q^2 + \frac{(m^2-1)(m^2-9)}{2\,.\,3\,.\,4}q^4 - \frac{(m^2-1)(m^2-9)(m^2-25)}{2\,.\,3\,.\,4\,.\,5\,.\,6}q^6 + \text{etc.}\right\}.$$

Ensuite,

$$\left.\begin{array}{l} \sin 1x = q \\ \sin 3x = 3q - 4q^3 \\ \sin 5x = 5q - 20q^3 + 16q^5 \\ \text{etc.} \end{array}\right\} (H),$$

et, en général,

$$\sin mx = mq - \frac{m(m^2-1)}{2\,.\,3}q^3 + \frac{m(m^2-1)(m^2-9)}{2\,.\,3\,.\,4\,.\,5}q^5 - \text{etc.}$$

2° Pour le cas de m pair,

$$\left.\begin{array}{l} \cos 2x = 1 - 2q^2 \\ \cos 4x = 1 - 8q^2 + 8q^4 \\ \cos 6x = 1 - 18q^2 + 48q^4 - 32q^6 \\ \text{etc.} \end{array}\right\} (I),$$

et, en général,

$$\cos mx = 1 - \frac{m^2}{2}q^2 + \frac{m^2(m^2-4)}{2.3.4}q^4$$
$$- \frac{m^2(m^2-4)(m^2-16)}{2.3.4.5.6}q^6 + \text{etc.}$$

Ensuite

$$\left.\begin{array}{l}\sin 2x = 2pq \\ \sin 4x = p(4q - 8q^3) \\ \sin 6x = p(6q - 32q^3 + 32q^5) \\ \text{etc.}\end{array}\right\}(K),$$

et, en général,

$$\sin mx = p\left\{mq - \frac{m(m^2-4)}{2.3}q^3 + \frac{m(m^2-4)(m^2-16)}{2.3.4.5}q^5 - \text{etc.}\right.$$

J'ai rapporté ici ces différentes formules, parceque je ne connais aucun ouvrage où elles se trouvent réunies, et surtout parcequ'elles nous fourniront l'occasion de faire plusieurs remarques qui pourront intéresser les lecteurs.

Nous observerons d'abord que les formules des tables (A), (B), (H) et (I) ont été trouvées par *Viete*, et répondent à celles que l'on voit aux pages 295, 297 et 299 de ses Œuvres imprimées à Leyde en 1646. Il faut seulement observer que *Viete* a considéré les cordes plutôt que les sinus ou cosinus; or $2\cos x$ étant la corde du complément à deux droits, de l'angle $2x$, les quantités $2\cos 2x$, $2\cos 3x$ etc., seront les cordes des complémens des angles doubles, triples, etc.; et la table (A) deviendra celle de la page 295 de *Viete*, en multipliant tous les termes par 2, et faisant $2p = N$, $(2p)^2 = Q$, $(2p)^3 = C$, etc., suivant sa notation.

A l'égard de la table de la page 297 de *Viete*, elle donne le rapport des cordes des arcs doubles, triples, quadruples, etc., à la corde de l'arc simple; et le premier de ces rapports y est désigné par N, dont le quarré est Q, le cube C, etc. Ainsi en prenant $2 \sin x$ pour la corde de l'arc simple, ces rapports seront représentés par $\frac{\sin 2x}{\sin x}$, $\frac{\sin 3x}{\sin x}$ etc.; et la table dont il s'agit, s'accordera avec la table (B) en faisant $\frac{\sin 2x}{\sin x} = 2p = N$, et divisant chaque équation par la première.

La table de la page 299 de *Viete* renferme les deux tables (H) et (I), en multipliant tous les termes de ces tables par 2, et faisant $2q = N$, $(2q)^2 = Q$.

Il m'a paru intéressant de montrer ce que *Viete* avait fait sur l'objet dont il s'agit, et surtout d'indiquer lesquelles des formules connues pour la multiplication des angles, lui sont dues, ce qu'on n'avait pas encore fait, que je sache, d'une manière tout-à-fait exacte.

Au reste *Viete* n'a pas donné les formules générales de ces tables; il a donné simplement le moyen de les continuer aussi loin qu'on voudra, en indiquant la loi des termes et de leurs coefficiens.

Dans les mêmes actes de Léipsic, pour 1701, déjà cités plus haut, *Jean Bernoulli* avait aussi donné, sans démonstration, une formule générale pour les cordes des arcs multiples, laquelle revient à celle de la table (B), en observant que $2q$ est la corde de son complément à la demi-circonférence.

Ensuite *Jacques Bernoulli* a donné, dans les Mémoires de l'Académie des Sciences de 1702, deux formules pour les cordes des arcs multiples, qui répondent aux formules générales des tables (H) et (I), en observant que $2q$ étant la corde de l'arc $2x$, et $2p$ la corde de son complément, $2 \sin mx$ sera la corde de l'arc m^{cuple}, et $2 \cos mx$ la corde de son complément. Mais la première de ces deux formules avait déjà été donnée par *Newton* dans sa première lettre à *Oldemburg*, imprimée dans les œuvres de *Wallis*.

Enfin nous remarquerons qu'il n'y a que les formules générales des tables (*A*), (*B*), (*H*), (*K*) qui se trouvent dans l'introduction d'*Euler* (chap. XIV).

Mais toutes ces formules n'ont été données jusqu'ici que par induction, ou bien en supposant que le nombre m est un des nombres de la série 1, 2, 3, etc., de sorte qu'on peut douter si elles s'appliquent à d'autres valeurs de m.

De plus, si on considère les formules des tables (*A*) et (*B*), on voit qu'à la rigueur elles vont à l'infini, même lorsque m est un nombre entier positif; car en faisant $m = 1$, la première donne

$$\cos x = p + \frac{1}{4p} - \frac{1}{16p^3} - \frac{2}{64p^5} - \text{etc.},$$

et la seconde donne

$$\sin x = q + \frac{q}{4p^2} + \frac{3q}{16p^4} + \text{etc.}$$

valeurs qui sont évidemment fausses. Il en sera de même en donnant à m d'autres valeurs quelconques entières et positives, et tenant compte de tous les termes qui ne sont pas nuls.

Il est vrai que par la nature des tables (*A*) et (*B*) dont ces formules ne sont que le terme général, on ne doit y employer que les termes qui contiennent des puissances positives de p; mais comme les termes qui suivent ne sont pas nuls, on ne voit pas, *à priori*, pourquoi on doit les rejeter, et on voit moins encore ce que la formule exprimerait en ne les rejetant pas. Nous réserverons le dénouement de ces difficultés pour la leçon suivante.

LEÇON ONZIÈME.

Suite de l'Analyse des Sections angulaires, où l'on démontre les Formules générales des Tables données dans la leçon précédente.

REPRENONS les expressions générales de cos mx et sin mx données dans la leçon précédente; faisant

$$\cos x = p, \text{ et parconséquent } \sin x = \sqrt{(1 - p^2)},$$

on aura

$$2 \cos mx = \{p + \sqrt{(p^2 - 1)}\}^m + \{p - \sqrt{(p^2 - 1)}\}^m$$
$$2 \sin mx \sqrt{-1} = \{p + \sqrt{(p^2 - 1)}\}^m - \{p - \sqrt{(p^2 - 1)}\}^m.$$

Nous observerons d'abord que ces formules sont toujours vraies, quel que soit le nombre m, parcequ'elles ont été déduites de l'équation générale

$$\cos x \pm \sin x \sqrt{-1} = e^{\pm x \sqrt{-1}}$$

élevée à la puissance m. Ainsi les doutes qui pourraient rester à cet égard disparaissent ici entièrement.

Tout se réduit donc à développer, suivant les puissances de p, l'expression

$$\{p \pm \sqrt{(p^2 - 1)}\}^m.$$

Comme les quantités $p + \sqrt{(p^2 - 1)}$ et $p - \sqrt{(p^2 - 1)}$ sont les deux racines de l'équation

$$z^2 - 2pz + 1 = 0,$$

je ferai usage du théorème que j'ai démontré dans la note XI de la *Résolution des équations numériques*, sur la somme des puissances des racines des équations.

Suivant ce théorème, si on a une équation quelconque de la forme

$$u - x + fx = 0,$$

où x est l'inconnue, la formule

$$u^{-m} + (u^{-m})' fu + \left(\frac{(u^{-m})' f^2 u}{2}\right)' + \left(\frac{(u^{-m})' f^3 u}{2.3}\right)'' + \text{etc.}$$

n'étant continuée que tant qu'il y aura des puissances négatives de u, donne la somme de toutes les racines élevées chacune à la puissance $-m$; mais étant continuée à l'infini, elle ne donne que la même puissance de la plus petite des racines. Les quantités f^2u, f^3u, etc. sont le quarré, le cube, etc. de fx; et les traits appliqués aux parenthèses désignent les fonctions dérivées des fonctions de u renfermées entre ces parenthèses.

Ainsi, dans notre cas, si on change z en x et qu'on divise l'équation par $2p$, coefficient de x, elle deviendra

$$\frac{1}{2p} - x + \frac{x^2}{2p} = 0,$$

laquelle étant comparée à

$$u - x + fx = 0,$$

donne

$$u = \frac{1}{2p}, \text{ et } fx = \frac{x^2}{2p};$$

donc $fu = \frac{u^2}{2p}$; de manière que la série précédente deviendra

$$u^{-m} + \frac{(u^{-m})' u^2}{2p} + \left(\frac{(u^{-m})' u^4}{2.4p^2}\right)' + \left(\frac{(u^{-m})' u^6}{2.3.8p^3}\right)'' + \text{etc.},$$

où il faudra faire $u=\frac{1}{2p}$, après avoir pris les fonctions dérivées désignées par les traits appliqués aux crochets.

Or

$$(u^{-m})'=-mu^{-m-1},$$
$$((u^{-m})'u^4)'=(-mu^{-m+3})'=m(m-3)\,u^{-m+2},$$
$$((u^{-m})'u^6)''=(-mu^{-m+5})''=-m(m-5)(m-4)\,u^{-m+3},$$
etc.

Ainsi la série deviendra

$$u^{-m}-\frac{m}{2p}u^{-m+1}+\frac{m(m-3)}{2.4p^2}u^{-m+2}$$
$$-\frac{m(m-4)(m-5)}{2.3.8p^3}u^{-m+3}+\text{etc.}$$

Faisons maintenant $u=\frac{1}{2p}$, et l'on aura la série

$$(2p)^m-m(2p)^{m-2}+\frac{m(m-3)}{2}(2p)^{m-4}$$
$$-\frac{m(m-4)(m-5)}{2\,.\,3}(2p)^{m-6}+\text{etc.}$$

laquelle étant continuée seulement, tant qu'il y aura des puissances négatives de $\frac{1}{2p}$, c'est-à-dire, des puissances positives de $2p$, exprimera la valeur de

$$\{p+\sqrt{(p^2-1)}\}^{-m}+\{p-\sqrt{(p^2-1)}\}^{-m},$$

ce qui est la même chose que la valeur de

$$\{p+\sqrt{(p^2-1)}\}^{m}+\{p-\sqrt{(p^2-1)}\}^{m},$$

à cause de

$$\{p+\sqrt{(p^2-1)}\}\times\{p-\sqrt{(p^2-1)}\}=1.$$

Ainsi

Ainsi, dans cet état, la série dont il s'agit donnera la valeur de $2 \cos mx$, ce qui s'accorde avec la formule de la table (A).

Mais si on continue la série à l'infini, alors elle ne donnera que la valeur de

$$\{p - \sqrt{(p^2 - 1)}\}^{-m},$$

puisque $p - \sqrt{(p^2 - 1)}$ est la plus petite des deux racines; ou, ce qui revient au même, elle donnera la valeur de

$$\{p + \sqrt{(p^2 - 1)}\}^m.$$

Pour nous convaincre en effet que la série précédente prise dans toute son étendue, n'est que le développement de cette quantité, nous allons chercher ce développement par une marche directe, ce qui servira d'exemple de la manière d'employer les fonctions dérivées dans ces sortes de recherches.

Supposons donc qu'il s'agisse de développer l'expression

$$\{p + \sqrt{(p^2 - 1)}\}^m$$

dans une série descendante de la forme

$$Ap^m + Bp^{m-1} + Cp^{m-2} + Dp^{m-3} + \text{etc}:$$

si on divise de part et d'autre par p^m, et qu'on fasse $\frac{1}{p} = z$, on aura

$$\{1 + \sqrt{(1 - z^2)}\}^m = A + Bz + Cz^2 + Dz^3 + \text{etc.},$$

où l'on voit que la série ne peut avoir que des puissances paires de z.

Ainsi, en faisant $u = z^2$, on aura la fonction

$$\{1 + \sqrt{(1 - u)}\}^m$$

à développer suivant les puissances de u.

Donc, par la formule générale donnée à la fin de la leçon IX, si on fait

$$fu = \{1 + \sqrt{(1-u)}\}^m,$$

on aura

$$\{1 + \sqrt{(1-u)}\}^m = f + uf' + \frac{u^2}{2}f'' + \text{etc.},$$

où f, f', f'', sont les valeurs de fu, $f'u$, $f''u$, etc., lorsque $u = 0$ et forment ici les coefficiens A, C, etc.

Ainsi on trouvera d'abord $f = 2^m$; ensuite on aura

$$f' = -\frac{m}{2} \times \frac{\{1 + \sqrt{(1-u)}\}^{m-1}}{\sqrt{(1-u)}},$$

et de là,

$$f' = -m \times 2^{m-2},$$

et ainsi de suite.

On peut de cette manière avoir successivement tous les coefficiens de la série; mais on n'en aura pas la loi, ce qui est le plus essentiel.

Pour la trouver d'une manière générale, je reprends la formule en p et je la suppose égale à y, ce qui me donne l'équation

$$y = \{p + \sqrt{(p^2-1)}\}^m.$$

Je remarque maintenant qu'un des principaux avantages des fonctions dérivées est de pouvoir faire disparaître dans les équations les puissances et les radicaux. En effet, en prenant les fonctions dérivées par rapport à p et regardant y comme fonction de p, on a

$$y' = m\{p + \sqrt{(p^2-1)}\}^{m-1}\left\{1 + \frac{p}{\sqrt{(p^2-1)}}\right\} = m\frac{\{p + \sqrt{(p^2-1)}\}^m}{\sqrt{(p^2-1)}};$$

cette équation divisée par l'équation primitive, donne

$$\frac{y'}{y} = \frac{m}{\sqrt{(p^2-1)}};$$

multipliant en croix et quarrant, on aura

$$y'^2 (p^2 - 1) = m^2 y^2.$$

Prenant de nouveau les fonctions dérivées par rapport à p, on obtiendra

$$2y'y'' (p^2 - 1) + 2y'^2 p = 2m^2 yy',$$

d'où, en divisant par $2y'$, résulte cette équation du second ordre en y et p,

$$m^2 y - py' - (p^2 - 1) y'' = 0,$$

laquelle étant, comme l'on voit, linéaire par rapport à y, et dégagée de radicaux, est très-propre au développement de y en série.

En effet, il n'y a qu'à substituer pour y la série

$$Ap^m + Bp^{m-1} + Cp^{m-2} + Dp^{m-3} + \text{etc.};$$

et parconséquent pour y'

$$mAp^{m-1} + (m-1) Bp^{m-2} + (m-2) Cp^{m-3} + \text{etc.},$$

et pour y''

$$m(m-1) Ap^{m-2} + (m-1)(m-2) Bp^{m-3} + \text{etc.}$$

Ordonnant les termes suivant les puissances de p, on aura

$$\begin{aligned}
&\{m^2 A - mA - m(m-1) A\} p^m \\
&+ \{m^2 B - (m-1) B - (m-1)(m-2) B\} p^{m-1} \\
&+ \left\{\begin{matrix} m^2 C - (m-2) C - (m-2)(m-3) C \\ + m(m-1) A \end{matrix}\right\} p^{m-2} \\
&+ \left\{\begin{matrix} m^2 D - (m-3) D - (m-3)(m-4) D \\ + (m-1)(m-2) B \end{matrix}\right\} p^{m-3} \\
&+ \text{etc.} \ldots\ldots\ldots\ldots = 0.
\end{aligned}$$

Comme cette équation doit avoir lieu indépendamment de p, il faudra égaler à zéro le coefficient de chaque terme.

Le coefficient de p^m disparaissant de lui-même, c'est une marque que le coefficient A demeure indéterminé.

Le coefficient de p^{m-1} se réduit à $m^2B-(m-1)^2B$, qui ne peut devenir nul à moins de faire $B=0$. Or B étant nul, il est facile de voir que les coefficiens de p^{m-3}, p^{m-5}, etc. ne pourront aussi devenir nuls qu'en faisant $D=0$, $F=0$, etc.

Maintenant le coefficient de p^{m-2} se réduit à

$$m^2C-(m-2)^2C+m(m-1)A;$$

celui de p^{m-4} se réduit de même à

$$m^2E-(m-4)^2E+(m-2)(m-3)C,$$

et ainsi des autres.

On aura donc, en réduisant, les équations

$$4(m-1)C+m(m-1)A=0,$$
$$8(m-2)E+(m-2)(m-3)C=0,$$
$$12(m-3)G+(m-4)(m-5)E=0,$$
$$\text{etc.},$$

lesquelles donnent la loi suivant laquelle les coefficiens A, C, E, G, etc. dépendent les uns des autres.

On tire de ces équations

$$C=-\frac{mA}{4},$$

$$E=-\frac{(m-3)C}{8}=\frac{m(m-3)A}{4.8},$$

$$G=-\frac{(m-4)(m-5)E}{12(m-3)}=-\frac{m(m-4)(m-5)A}{4.8.12},$$

etc.

Or nous avons vu que le premier coefficient A est égal à 2^m; ainsi on aura ce développement

$$\{p+\sqrt{(p^2-1)}\}^m=(2p)^m-m(2p)^{m-2}+\frac{m(m-3)}{2}(2p)^{m-4}$$
$$-\frac{m(m-4)(m-5)}{2.3}(2p)^{m-6}+\text{etc.},$$

qui s'accorde avec la série trouvée ci-dessus.

Cherchons de même le développement de $\{p-\sqrt{(p^2-1)}\}^m$. Comme cette expression ne diffère de celle que nous venons de traiter que par le signe du radical, lequel ne se trouve plus dans l'équation dérivée en y dont nous avons fait usage, il s'ensuit que la même formule que nous venons d'obtenir, pourra encore s'appliquer à ce développement. Il faut seulement remarquer que comme les premiers termes du radical $\sqrt{(p^2-1)}$ sont $p-\frac{1}{2p}+$ etc., le premier terme du développement dont il s'agit, sera $\frac{1}{(2p)^m}$; de sorte qu'ici il faudra prendre m négativement; et comme l'équation dérivée en y ne contient que m^2, on aura nécessairement la même série en y changeant seulement m en $-m$, ce qui suit d'ailleurs aussi de ce que

$$\{p-\sqrt{(p^2-1)}\}^m=\{p+\sqrt{(p^2-1)}\}^{-m};$$

on aura donc

$$\{p-\sqrt{(p^2-1)}\}^m=(2p)^{-m}+m(2p)^{-m-2}+\frac{m(m+3)}{2}(2p)^{-m-4}$$
$$+\frac{m(m+4)(m+5)}{2.3}(2p)^{-m-6}+\text{etc.}$$

Si maintenant on réunit ces deux séries, on aura la valeur de $2\cos mx$; donc

$$2\cos mx = (2p)^m - m(2p)^{m-2} + \frac{m(m-3)}{2}(2p)^{m-4}$$
$$- \frac{m(m-4)(m-5)}{2.3}(2p)^{m-6} + \text{etc.}$$
$$+ (2p)^{-m} + m(2p)^{-m-2} + \frac{m(m+3)}{2}(2p)^{-m-4}$$
$$+ \frac{m(m+4)(m+5)}{2.3}(2p)^{-m-6} + \text{etc.}$$

C'est le développement complet de $2\cos mx$ en puissances de $\cos x$, pour une valeur quelconque de m.

Si maintenant on fait ici $m = 1$, on a

$$\cos x = p - \frac{1}{4p} - \frac{1}{16p^3} - \frac{2}{64p^5} - \text{etc.}$$
$$+ \frac{1}{4p} + \frac{1}{16p^3} + \frac{2}{64p^5} + \text{etc.},$$

où l'on voit que les deux séries se réduisent au premier terme p.

En donnant à m d'autres valeurs entières et positives quelconques, on trouvera toujours que la seconde série qui contient les puissances négatives de p, servira à détruire dans la première série tous les termes qui contiendront ces mêmes puissances ; c'est ce qu'on peut démontrer en général par la loi même des deux séries ; de sorte que le résultat se réduira aux seuls termes de la première qui contiennent des puissances positives de p ; ce qui revient à ne conserver dans cette série que les termes où p est élevée à une puissance positive, ou nulle, comme nous l'avons trouvé plus haut *à priori*.

Mais lorsqu'on donne à m une valeur fractionnaire quelconque, les deux séries ne se détruisent plus, et leur réunion est nécessaire pour avoir la valeur complète de $2\cos mx$.

En prenant la différence des deux séries au lieu de leur somme, on aurait la valeur de $\sin mx \sqrt{-1}$; mais $\sin mx$ serait exprimé de cette manière par des séries infinies et imaginaires. Pour avoir une expression réelle, il suffit de considérer que la fonction dérivée de $\cos mx$ est $-m \sin mx$, et que celle de p est $-q$, puisque

$$p = \cos x, \text{ et } q = \sin x;$$

de manière qu'en prenant les fonctions dérivées des séries trouvées pour $\cos mx$, on aura sur-le-champ, en changeant les signes et divisant par $2m$,

$$\begin{aligned}\sin mx = \Big\{ & (2p)^{m-1} - (m-2)\,(2p)^{m-3} \\ & + \frac{(m-3)\,(m-4)}{2}\,(2p)^{m-5} - \text{etc.}\Big\}\, q \\ & - \Big\{(2p)^{-m-1} + (m+2)\,(2p)^{-m-3} \\ & + \frac{(m+3)\,(m+4)}{2}\,(2p)^{-m-5} + \text{etc.}\Big\}\, q.\end{aligned}$$

Cette expression se réduit aussi à une forme finie, lorsque m est un nombre entier, par la destruction mutuelle des termes qui contiendraient des puissances négatives de p; de sorte que m étant un nombre positif entier, il suffira de prendre dans la première série les termes qui contiendront des puissances positives de p; ce qui s'accorde avec la formule de la table (B).

Lorsque m est un nombre fractionnaire, les deux séries vont à l'infini, et jointes ensemble, elles donnent la vraie valeur de $\sin mx$, développée suivant les puissances descendantes de $\cos x$, comme cela a lieu pour la valeur de $\cos mx$.

Euler a le premier reconnu cette espèce d'imperfection des formules connues des tables (A) et (B); il a fait voir, par une analyse à-peu-près semblable à celle que nous venons de donner, que ces formules, pour être générales et applicables à des valeurs quelconques de m, doivent être complétées par des formules semblables où l'exposant m est négatif.

J'ai cru devoir entrer dans ce détail pour l'instruction des jeunes analystes, et surtout pour montrer que si l'analyse paraît quelquefois en défaut, c'est toujours faute de l'envisager d'une manière assez étendue et de la traiter avec toute la généralité dont elle est susceptible. (Voyez le tome IX des *Nova Acta* de l'académie de Pétersbourg.)

Nous venons de développer les expressions

$$\{p \pm \sqrt{(p^2 - 1)}\}^m,$$

suivant les puissances descendantes de p ; on peut de même et par le moyen de la même équation dérivée en y, les développer suivant les puissances ascendantes de p, ce qui nous donnera les formules des tables (C), (D), (E), (F), et pourra même servir à les compléter pour toutes les valeurs de m.

Supposons donc en général

$$y = A + Bp + Cp^2 + Dp^3 + \text{etc.}$$

Substituant dans la même équation, et ordonnant suivant les puissances de p, on aura

$$\left.\begin{array}{l} m^2A + 2C \\ + (m^2B - 1B + 2.3D)\,p \\ + (m^2C - 2C + 3.4E - 2C)\,p^2 \\ + (m^2D - 3D + 4.5F - 2.3D)\,p^3 \\ + (m^2E - 4E + 5.6G - 3.4E)\,p^4 \\ \text{etc.} \end{array}\right\} = 0.$$

Egalant donc à zéro chacun des coefficiens des puissances de p, on aura, en réduisant,

$$m^2 A + 2C = 0,$$
$$(m^2 - 1)B + 2.3D = 0,$$
$$(m^2 - 4)C + 3.4E = 0,$$
$$(m^2 - 9)D + 4.5F = 0,$$
$$(m^2 - 16)E + 5.6G = 0,$$
etc.;

d'où l'on tire, en substituant successivement les valeurs précédentes,

$$C = -\frac{m^2 A}{2},$$
$$D = -\frac{(m^2 - 1)B}{2.3},$$
$$E = \frac{m^2(m^2 - 4)A}{2.3.4},$$
$$F = \frac{(m^2 - 1)(m^2 - 9)B}{2.3.4.5},$$
$$G = -\frac{m^2(m^2 - 4)(m^2 - 16)A}{2.3.4.5.6},$$
etc.

Les coefficiens A et B étant restés indéterminés, il faudra les déterminer par la nature de la fonction y. Or il est visible qu'on a

$$A = y \text{ et } B = y',$$

en faisant $p = 0$. Ainsi, puisque la fonction y est égale à

$$\{p + (\sqrt{p^2 - 1})\}^m,$$

on aura d'abord, en faisant $p = 0$,

$$A = (\sqrt{-1})^m.$$

Ensuite en faisant $p=0$ dans la fonction dérivée y' trouvée ci-dessus, on aura

$$y'=m(\sqrt{-1})^{m-1}=B.$$

Substituant donc ces valeurs de A et B, on aura le développement de l'expression

$$\{p+\sqrt{(p^2-1)}\}^m.$$

Pour avoir celui de l'expression

$$\{p-\sqrt{(p^2-1)}\}^m,$$

il n'y aura qu'à prendre le radical $\sqrt{(p^2-1)}$ en moins; mais comme ce radical n'entre plus dans l'équation dérivée en y par laquelle nous avons déterminé les coefficiens de la série, il s'ensuit qu'on aura la même série pour cette dernière expression que pour la première, aux coefficiens A et B près, qui pourront être différens; et on trouvera ici par le même procédé,

$$A=(-\sqrt{-1})^m \text{ et } B=m(-\sqrt{-1})^{m-1}.$$

Donc, puisque la somme de ces deux expressions donne la valeur de $2\cos mx$, comme on l'a vu plus haut, on aura cette valeur en substituant dans la série $A+Bp+Cp^2+\text{etc.}$, à la place de A et B, la somme des deux valeurs qu'on vient de trouver, c'est-à-dire, en faisant

$$A=(\sqrt{-1})^m+(-\sqrt{-1})^m$$
$$B=m(\sqrt{-1})^{m-1}+m(-\sqrt{-1})^{m-1};$$

d'où il est facile de voir que lorsque m est un nombre entier impair, on aura $A=0$, $B=\pm 2m$, et lorsque m sera pair, on aura $A=\pm 2$, $B=0$.

Mais pour avoir les valeurs de A et B dégagées d'imaginaires pour toutes les valeurs de m, il n'y a qu'à employer la formule générale

$$(\cos x + \sin x \sqrt{-1})^m = \cos mx + \sin mx \sqrt{-1},$$

et y supposer x égal à l'angle droit, car alors $\cos x = 0$ et $\sin x = 1$; ainsi en adoptant l'angle droit pour l'unité des angles, et prenant le radical $\sqrt{-1}$ en $+$ et en $-$, on aura

$$(\pm\sqrt{-1})^m = \cos m \pm \sin m \sqrt{-1},$$

et les valeurs de A et B deviendraient

$$A = 2\cos m,\ B = 2m\cos(m-1).$$

On aura donc en général, pour un nombre quelconque m,

$$\cos mx = \left\{1 - \frac{m^2}{2}p^2 + \frac{m^2(m^2-4)}{2.3.4}p^4 - \frac{m^2(m^2-4)(m^2-16)}{2.3.4.5.6}p^6 + \text{etc.}\right\}\cos m$$

$$+\left\{mp - \frac{m(m^2-1)}{2.3}p^3 + \frac{m(m^2-1)(m^2-9)}{2^2.3.4.5}p^5 - \text{etc.}\right\}\cos(m-1).$$

Tel est le développement complet de $\cos mx$ en série ascendante de p ou $\cos x$. On voit que lorsque m est un nombre entier, il y a toujours une des deux séries partielles qui se termine, et que l'autre qui irait à l'infini, disparaît parce-qu'elle se trouve toute multipliée par un coefficient $\cos m$ ou $\cos(m-1)$, qui devient nul. On a alors l'une ou l'autre des tables (C) et (E). Mais lorsque m est une fraction quelconque, les deux séries vont à l'infini, et leur réunion est nécessaire pour avoir la valeur complète de $\cos mx$, ce que personne, ce me semble, n'avait encore observé.

En prenant les fonctions dérivées, comme on a fait plus haut, pour déduire la valeur de $\sin mx$ de celle de $\cos mx$, on aura aussi, à cause de $p' = -q$,

$$\sin mx = -\left\{mp - \frac{m(m^2-4)}{2.3}p^3 + \frac{m(m^2-4)(m^2-16)}{2.3.4.5}p^5 - \text{etc.}\right\} q \cos m$$

$$+\left\{1 - \frac{m^2-1}{2}p^2 + \frac{(m^2-1)(m^2-9)}{2.3.4}p^4 - \text{etc.}\right\} q \cos(m-1)$$

pour le développement complet de sin mx, quel que soit m; où l'on voit que lorsque m est un nombre entier, on a les formules des tables (D) et (F).

Il nous reste à considérer encore les développemens de cos mx et sin mx, suivant les puissances ascendantes de q, conformément aux tables (G), (H), (I), (K).

Pour cela nous remarquerons d'abord qu'en faisant $\sin x = q$, on a $\cos x = \sqrt{(1-q^2)}$, et les expressions générales de cos mx et sin mx deviennent

$$2\cos mx = \{\sqrt{(1-q^2)} + q\sqrt{-1}\}^m + \{\sqrt{(1-q^2)} - q\sqrt{-1}\}^m,$$

$$2\sin mx\sqrt{-1} = \{\sqrt{(1-q^2)} + q\sqrt{-1}\}^m - \{\sqrt{(1-q^2)} - q\sqrt{-1}\}^m.$$

Il ne s'agit donc que de développer les formules

$$\{\sqrt{(1-q^2)} \pm q\sqrt{-1}\}^m$$

en puissances ascendantes de q.

Faisons

$$\{\sqrt{(1-q^2)} + q\sqrt{-1}\}^m = z,$$

on aura, en prenant les fonctions dérivées par rapport à q,

$$z'=m\{\sqrt{(1-q^2)}+q\sqrt{-1}\}^{m-1}\times\left\{-\frac{q}{\sqrt{(1-q^2)}}+\sqrt{-1}\right\}$$

$$=\frac{m[\sqrt{(1-q^2)}+q\sqrt{-1}]^{m-1}[\sqrt{(1-q^2)}\times\sqrt{-1}-q]}{\sqrt{(1-q^2)}}$$

$$=\frac{m\sqrt{-1}\times[\sqrt{(1-q^2)}+q\sqrt{-1}]^m}{\sqrt{(1-q^2)}}.$$

Divisant cette équation par l'équation primitive, on a

$$\frac{z'}{z}=\frac{m\sqrt{-1}}{\sqrt{(1-q^2)}};$$

multipliant en croix et quarrant, on aura

$$z'^2(1-q^2)=-m^2z^2.$$

Prenant de nouveau les fonctions dérivées et divisant par $2z'$, on obtiendra cette équation du second ordre en z,

$$m^2z-qz'-(q^2-1)z''=0,$$

qui est, comme l'on voit, entièrement semblable à l'équation en y et p trouvée plus haut.

Ainsi, en supposant

$$z=A+Bq+Cq^2+Dq^3+\text{etc},$$

on trouvera les mêmes valeurs des coefficiens; mais comme les deux premiers A et B demeurent indéterminés, ils pourront être différens à raison de la diversité des fonctions y et z en p et en q.

Pour trouver ici ces deux coefficiens, ce qu'il y a de plus simple, c'est de chercher par le développement actuel les deux premiers termes de la série. Or, puisque $\sqrt{(1-q^2)}$ donne

$$1 - \frac{q^2}{2} + \text{etc.},$$

il est évident que les deux premiers termes de

$$\left(1 + q\sqrt{-1} - \frac{q^2}{2} + \text{etc.}\right)^m$$

sont $1 + mq\sqrt{-1}$; ainsi on aura

$$A = 1, \quad B = m\sqrt{-1}.$$

Le développement de

$$\left\{\sqrt{(1-q^2)} - q\sqrt{-1}\right\}^m$$

sera le même en changeant seulement $\sqrt{-1}$ en $-\sqrt{-1}$; ainsi on aura relativement à ce développement

$$A = 1 \text{ et } B = -m\sqrt{-1}.$$

Donc pour avoir la somme des deux développemens, il n'y aura qu'à prendre pour A et pour B la somme des deux valeurs correspondantes, ce qui donne $A = 2$, $B = 0$.

Et pour avoir la différence des mêmes développemens, on prendra la différence des valeurs correspondantes de A et B, ce qui donnera

$$A = 0, \quad B = 2m\sqrt{-1}.$$

Faisant ces substitutions, on aura donc, en divisant par 2 et par $2\sqrt{-1}$,

$$\cos mx = 1 - \frac{m^2}{2}q^2 + \frac{m^2(m^2-4)}{2.3.4}q^4 - \frac{m^2(m^2-4)(m^2-16)}{2.3.4.5.6}q^6 + \text{etc.}$$

$$\sin mx = mq - \frac{m(m^2-1)}{2.3}q^3 + \frac{m(m^2-1)(m^2-9)}{2.3.4.5}q^5 - \text{etc.}$$

Ces formules sont, comme l'on voit, les mêmes que celles des tables (*I*) et (*H*); mais par la manière dont nous venons de les trouver, on voit en même temps qu'elles sont générales pour des valeurs quelconques de m. Cependant, comme la première ne se termine que lorsque m est un nombre entier pair, et que la seconde ne se termine que lorsque m est un nombre entier impair, elles ne peuvent servir pour la section des angles que dans ces cas; mais on peut, en prenant les fonctions dérivées, comme nous l'avons fait ci-dessus, déduire de ces mêmes formules d'autres formules qui se termineront justement dans les cas où celles-ci vont à l'infini. Pour cela, on se rappellera que les fonctions dérivées de $\cos mx$ et $\sin mx$ sont $-m \sin mx$ et $m \cos mx$, et que celles de p et q sont $-q$ et p; de sorte que les deux équations fourniront, par la dérivation, ces deux-ci :

$$\sin mx = p\left\{mq - \frac{m(m^2-4)}{2.3}q^3 + \frac{m(m^2-4)(m^2-16)}{2.3.4.5}q^5 + \text{etc.}\right\}$$

$$\cos mx = p\left\{1 - \frac{m^2-1}{2}q^2 + \frac{(m^2-1)(m^2-9)}{2.3.4}q^4 + \text{etc.}\right\},$$

qui répondent, comme l'on voit, aux formules des tables (*K*) et (*G*), et qui sont parconséquent aussi générales pour des valeurs quelconques de m. Ainsi toutes les formules de ces différentes tables, sont démontrées d'une manière générale.

Le théorême de *Cotes* est si intimement lié à la théorie des sections angulaires, que nous ne pouvons nous dispenser d'en dire un mot ici.

On ignore comment *Cotes* l'a trouvé, et on en a donné après sa mort différentes démonstrations plus ou moins simples, et même plus ou moins rigoureuses. Sans avoir recours aux expressions imaginaires comme on le fait communément, on peut le déduire directement des formules même données par *Viete*, que nous avons rapportées dans la table (*A*); et il est vraisemblable que c'est ainsi que *Cotes* y est parvenu.

En effet, si on multiplie ces formules par 2 et qu'on y suppose $p = y + \frac{1}{y}$, elles se réduisent à cette forme simple

$$2 \cos 1x = y + \frac{1}{y},$$

$$2 \cos 2x = y^2 + \frac{1}{y^2},$$

$$2 \cos 3x = y^3 + \frac{1}{y^3},$$

$$2 \cos 4x = y^4 + \frac{1}{y^4},$$

etc. ;

d'où il est facile de conclure en général

$$2 \cos mx = y^m + \frac{1}{y^m}.$$

Pour se convaincre d'une manière plus directe de la généralité de cette formule, il suffit de considérer que si dans l'équation

$$2 \cos x \cos mx = \cos (m-1)\, x + \cos (m+1)\, x,$$

on fait

$$2 \cos x = y + \frac{1}{y},$$

et qu'on suppose que deux termes consécutifs $2 \cos (m-1)\, x$, et $2 \cos mx$ soient de la forme

$$y^{m-1} + \frac{1}{y^{m-1}} \text{ et } y^m + \frac{1}{y^m},$$

elle donnera

$$2 \cos (m+1)\, x = \left(y + \frac{1}{y}\right)\left(y^m + \frac{1}{y^m}\right) - \left(y^{m-1} + \frac{1}{y^{m-1}}\right)$$

$$= y^{m+1} + \frac{1}{y^{m+1}}.$$

Ainsi

Ainsi, pourvu que les deux premiers termes $2 \cos ox$ et $2 \cos x$ soient de la forme $y^m + \frac{1}{y^m}$, en faisant $m = 0$ et $m = 1$, ce qui est en effet, tous les autres seront nécessairement de la même forme.

Maintenant les deux équations

$$2 \cos x = y + \frac{1}{y} \quad \text{et} \quad 2 \cos mx = y^m + \frac{1}{y^m}$$

donnent ces deux-ci :

$$y^2 - 2y \cos x + 1 = 0, \; y^{2m} - 2y^m \cos mx + 1 = 0$$

qui doivent donc avoir lieu en même tems ; parconséquent il faut qu'elles aient une racine commune.

Ce dernier théorème a été donné par *Moivre*, sans démonstration dans les *Transactions philosophiques* de 1722, année où a paru l'*Harmonia mensurarum* de *Cotes* qui était mort six ans auparavant.

Soit maintenant a la racine commune à ces deux équations ; comme elles demeurent les mêmes en y changeant y en $\frac{1}{y}$, il s'ensuit que $\frac{1}{a}$ sera encore une racine commune aux mêmes équations ; mais l'équation $y^2 - 2 \cos x + 1 = 0$ n'étant que du second degré, ne peut avoir que les deux racines a et $\frac{1}{a}$; donc cette équation a toutes ses racines communes avec $y^{2m} - 2y^m \cos mx + 1 = 0$; parconséquent elle est nécessairement un diviseur de celle-ci.

Soit

$$mx = \varphi, \text{ donc } x = \frac{\varphi}{m};$$

il suit de ce qu'on vient de démontrer que la formule

$$y^{2m} - 2\, y^m \cos \varphi + 1$$

a pour diviseur celle-ci

$$y^2 - 2y \cos \frac{\varphi}{m} + 1;$$

m étant un nombre quelconque entier.

Or si c est la circonférence ou l'angle de quatre droits, on sait que $\cos\varphi = \cos(\varphi + nc)$, n étant un nombre quelconque entier ; ainsi en mettant $\varphi + nc$ à la place de φ, et faisant successivement $n = 0, 1, 2$, etc. $m - 1$, on en conclura que la formule

$$y^{2m} - 2y^m \cos\varphi + 1$$

a pour diviseur les m formules suivantes :

$$y^2 - 2\cos\frac{\varphi}{m}\,y + 1$$

$$y^2 - 2\cos\left(\frac{\varphi}{m} + \frac{c}{m}\right)y + 1$$

$$y^2 - 2\cos\left(\frac{\varphi}{m} + \frac{2c}{m}\right)y + 1$$

$$y^2 - 2\cos\left(\frac{\varphi}{m} + \frac{3c}{m}\right)y + 1$$

etc.

$$y^2 - 2\cos\left(\frac{\varphi}{m} + \frac{m-1}{m}c\right)y + 1.$$

De sorte que comme ces diviseurs sont tous différens entr'eux et qu'ils sont au nombre de m, la formule en question du $2m^{\grave{e}me}$ degré, ne peut être que le produit de ces m formules du second degré.

Le théorème de *Cotes* n'est, comme l'on sait, qu'un cas particulier de ce théorème général, lorsqu'on y fait $\varphi = 0$ ou $\varphi = \frac{c}{2}$, ce qui donne $\cos\varphi = \pm 1$, et réduit la formule générale à

$$(y^m \pm 1)^2.$$

Le théorème général est dû à *Moivre*, comme on le voit par ces *Miscellanea analytica*.

Jusqu'ici nous avons développé les cosinus et les sinus des

angles multiples en puissances des cosinus ou des sinus de l'angle simple. On peut chercher réciproquement à développer les puissances des cosinus ou sinus de l'angle simple en cosinus ou sinus des angles multiples, et cette transformation, qui est toujours possible, est un des plus grands avantages de l'algorithme des sinus et cosinus, par la facilité qu'elle donne de passer des fonctions primitives aux fonctions dérivées, et de revenir de celles-ci aux primitives.

Nous pourrions la déduire des formules trouvées ci-dessus, mais nous aimons mieux la chercher directement par le moyen des fonctions dérivées, pour donner un nouvel exemple de leur usage dans la transformation des fonctions.

Considérons la puissance $\cos^m x$, et supposons cette fonction de x égale à y, nous aurons ainsi

$$y = \cos^m x,$$

et prenant les fonctions dérivées par rapport à x, il viendra

$$y' = - m \cos^{m-1} x \sin x;$$

cette équation, divisée par la précédente, donne

$$\frac{y'}{y} = - \frac{m \sin x}{\cos x};$$

d'où l'on tire en réduisant

$$my \sin x + y' \cos x = 0,$$

équation dérivée du premier ordre, qui a l'avantage de ne plus contenir la puissance indéterminée de $\cos x$.

Supposons maintenant, en général,

$$y = A \cos nx + B \cos (n-1) x + C \cos (n-2) x + D \cos (n-3) x + \text{etc.};$$

les coefficiens A, B, C, etc. étant indéterminés ainsi que n. L'équation précédente deviendra par cette substitution

$$m\{A\cos nx+B\cos(n-1)x+C\cos(n-2)x+\text{etc.}\}\sin x$$
$$nA\sin nx+(n-1)B\sin(n-1)x+(n-2)C\sin(n-2)x+\text{etc.}\}\cos x=0;$$

savoir, en développant les produits des sinus et cosinus, et ordonnant les termes suivant les sinus multiples :

$$\left.\begin{array}{l}
+[mA-nA]\sin(n+1)x \\
+[mB-(n-1)B]\sin nx \\
+[mC-mA-(n-2)C-nA]\sin(n-1)x \\
+[mD-mB-(n-3)D-(n-1)B]\sin(n-2)x \\
+[mE-mC-(n-4)E-(n-2)C]\sin(n-3)x, \\
+\text{etc.}
\end{array}\right\}=0.$$

Égalant donc à zéro chacun de coefficiens de ces différens termes, on aura

$$\begin{array}{r}
(m-n)A=0, \\
(m-n+1)B=0, \\
(m-n+2)C-(m+n)A=0, \\
(m-n+3)D-(m+n-1)B=0, \\
(m-n+4)E-(m+n-2)C=0, \\
\text{etc.}
\end{array}$$

La première donne d'abord $n=m$, et substituant cette valeur, les autres deviennent

$$\begin{array}{r}
B=0, \\
2C-2mA=0 \\
3D-(2m-1)B=0 \\
4E-(2m-2)C=0, \\
\text{etc.}
\end{array}$$

Ainsi le premier coefficient A demeure indéterminé ; ensuite on a

$$B = 0$$

$$C = \frac{2m}{2} A$$

$$D = \frac{2m-1}{3} B$$

$$E = \frac{2m-2}{4} C$$

$$F = \frac{2m-3}{5} D,$$

etc. :

donc

$$B = 0, \; D = 0, \; F = 0, \text{ etc.}$$

Ensuite,

$$C = mA$$

$$E = \frac{m(m-1)}{2} A$$

$$G = \frac{m(m-1)(m-2)}{2 \cdot 3} A,$$

etc.

On a donc en général, quel que soit l'exposant m,

$$\cos^m x = A \left\{ \cos mx + m\cos(m-2)x + \frac{m(m-1)}{2}\cos(m-4)x + \text{etc.} \right\}$$

Il reste à déterminer le coefficient A ; pour cela supposant $x = 0$, on obtient

$$1 = A \left\{ 1 + m + \frac{m(m-1)}{2} + \frac{m(m-1)(m-2)}{2.3} + \text{etc.} \right\}$$
$$= A(1+1)^m = 2^m A;$$

d'où l'on tire

$$A = \frac{1}{2^m}.$$

Donc enfin, en multipliant toute l'équation par 2^m, on aura

$$(2\cos x)^m = \cos mx + m\cos(m-2)x + \frac{m(m-1)}{2}\cos(m-4)x + \text{etc.},$$

série fort simple qui se termine toujours comme celle du binome, lorsque m est un nombre entier positif.

On peut déduire de cette formule un pareil développement pour $\sin^m x$, en changeant simplement x en $1-x$, l'angle droit étant pris pour l'unité des angles.

Ainsi on aura de même

$$(2\sin x)^m = \cos m(1-x) + m\cos(m-2)(1-x)$$
$$+ \frac{m(m-1)}{2}\cos(m-4)(1-x) + \text{etc.}$$

Nous venons de donner une théorie complète des sections angulaires, et nous avons en même temps montré par différens exemples, combien l'algorithme des fonctions dérivées est utile pour la transformation des fonctions, en faisant disparaître des équations les puissances et les radicaux qui rendent les développemens difficiles et font perdre la loi et la dépendance mutuelle des termes.

On voit que tout se réduit à former d'abord des équations dérivées d'après l'équation ou les équations primitives données, et à déduire ensuite de ces équations dérivées d'autres équations primitives, qui seront les transformées des premières. Il est donc important de bien connaître la théorie de ces équations, et de se rendre familiers les différens artifices qui peuvent en faciliter le calcul.

Commençons par exposer les principes généraux de cette théorie.

LEÇON DOUZIÈME.

Théorie générale des équations dérivées, et des constantes arbitraires.

Nous avons déjà démontré que toute équation entre deux variables, par laquelle l'une de ces variables est fonction de l'autre, subsiste également en prenant les fonctions dérivées, premières, secondes, etc, de chaque terme de l'équation par rapport à l'une de ces variables.

Ces équations dérivées ayant lieu en même temps que l'équation primitive, il s'ensuit qu'une combinaison quelconque de ces différentes équations aura lieu aussi. Donc, comme les constantes qui entrent dans une fonction, restent les mêmes dans ses fonctions dérivées, on pourra toujours, par le moyen des équations dérivées, éliminer autant de constantes de l'équation primitive qu'on aura d'équations dérivées; l'équation résultante de cette élimination sera une équation du même ordre que la plus haute des équations dérivées, laquelle sera vraie en même temps que l'équation primitive et pourra par conséquent en tenir lieu; elle renfermera autant de constantes de moins que l'exposant de son ordre contiendra d'unités.

Ainsi l'équation primitive, combinée avec son équation dérivée ou prime, pourra donner une équation du premier ordre contenant une constante de moins que l'équation primitive.

L'équation primitive combinée avec les équations dérivées, prime et seconde, donnera une équation du second ordre contenant deux constantes de moins que l'équation primitive, et ainsi de suite.

On ne peut parvenir que d'une seule manière à l'équation du premier ordre qui résulte de l'équation primitive et de son équation dérivée par l'élimination d'une constante donnée; mais on peut parvenir de deux manières différentes à l'équation du second ordre déduite de la primitive et de ses deux premières dérivées par l'élimination de deux constantes données; et ce double point de vue donne lieu à des conséquences importantes relatives à ce genre d'équations.

Au lieu d'éliminer à-la-fois les deux constantes par le moyen des trois équations dont il s'agit, on peut n'éliminer d'abord que l'une ou l'autre de ces constantes, à l'aide de l'équation primitive, et de sa dérivée; on aura ainsi deux équations différentes du premier ordre, dont l'une ne contiendra que l'une des deux constantes, et dont l'autre ne contiendra que l'autre constante. Maintenant, en combinant chacune de ces équations avec sa dérivée, on pourra aussi en éliminer la constante qui y était restée, et on aura deux équations du second ordre sans les deux constantes, lesquelles devront être équivalentes entr'elles et avec l'équation qui résulte de l'élimination simultanée des deux constantes.

En effet, chacune de ces équations donnera la valeur de la fonction seconde de la variable qu'on regarde comme fonction de l'autre, valeur qui sera exprimée par la fonction prime de la même variable, et par les deux variables mêmes sans les deux constantes qui entraient dans l'équation primitive; et il est facile de se convaincre que cette valeur est unique et déterminée, de quelque manière qu'on y parvienne, puisque les fonctions dérivées d'une fonction donnée soit explicite ou non, sont uniques et déterminées, et que les résultats de l'élimination sont aussi toujours déterminés.

On doit conclure de-là qu'une équation du second ordre peut être dérivée de deux équations différentes du premier ordre, renfermant chacune une constante arbitraire de plus, et que ces équations seront parconséquent deux équations primitives de la même équation du second ordre, mais primitives du premier ordre, pour les distinguer de l'équation primitive absolue d'où celles-ci sont censées dérivées.

Enfin on peut étendre aux équations des ordres supérieurs au second, le raisonnement que nous venons de faire sur celles de cet ordre, et on en conclura de la même manière qu'une équation du troisième ordre peut être dérivée de trois équations différentes du second ordre, et qu'alors elle peut avoir trois équations primitives de cet ordre; et ainsi de suite.

Nous allons éclaircir et confirmer cette théorie générale par quelques exemples.

Soit l'équation de premier degré

$$y + ax + b = 0,$$

en regardant y comme fonction de x et en prenant les fonctions dérivées, on aura

$$y' + a = 0.$$

En éliminant a au moyen de ces deux équations, on obtiendra l'équation du premier ordre

$$y - xy' + b = 0$$

dont l'équation primitive sera

$$y + ax + b = 0,$$

a étant la constante arbitraire.

Si la constante b dépendait de la constante a, par exemple si

$$b = a^2,$$

alors en éliminant a, c'est-à-dire, en substituant $-y'$ pour a, on aurait l'équation du premier ordre

$$y - xy' + y'^2 = 0,$$

et l'équation primitive de celle-ci serait

$$y + ax + a^2 = 0,$$

a étant la constante arbitraire.

Supposons

$$b = c\sqrt{(1 + a^2)},$$

on aura l'équation du premier ordre

$$y - xy' + c\sqrt{(1 + y'^2)},$$

dont l'équation primitive sera

$$y + ax + c\sqrt{(1 + a^2)},$$

où a est la constante arbitraire.

Soit encore l'équation

$$x^2 - 2\,ay - a^2 - b = 0:$$

sa dérivée sera

$$x - ay' = 0,$$

équation du premier ordre dont la proposée est l'équation primitive, et où b sera la constante arbitraire.

Mais si l'on veut que la constante arbitraire soit a, alors il faudra éliminer a; or l'équation dérivée donne

$$a = \frac{x}{y'};$$

donc substituant cette valeur dans la proposée, elle donnera

$$x^2 - \frac{2xy}{y'} - \frac{x^2}{y'^2} - b = 0,$$

ou bien

$$(x^2 - b)\,y'^2 - 2xyy' - x^2 = 0,$$

d'où l'on tire

$$y'\sqrt{(x^2+y^2-b)}-yy'-x=0,$$

équation du premier ordre dont la primitive sera

$$x^2-2ay-a^2-b=0,$$

a étant la constante arbitraire.

Si on voulait éliminer à-la-fois a et b, il faudrait employer les fonctions secondes. Ainsi, puisqu'on a déjà trouvé l'équation du premier ordre

$$x-ay'=0$$

où b ne se trouve plus, il n'y aura qu'à former l'équation dérivée de celle-ci, laquelle sera

$$1-ay''=0,$$

d'où l'on tire

$$a=\frac{1}{y''},$$

et cette valeur substituée dans la précédente, donnera

$$x-\frac{y'}{y''}=0, \text{ ou } xy''-y'=0,$$

équation du second ordre dont l'équation

$$x^2-2ay-a^2-b=0,$$

sera la primitive absolue, a et b étant les deux constantes arbitraires.

On parviendrait à la même équation en faisant disparaître b de l'équation du premier ordre

$$y'\sqrt{(x^2+y^2-b)}-yy'-x=0$$

trouvée plus haut; car en prenant les fonctions dérivées,

on aura

$$y''\sqrt{(x^2+y^2-b)}+\frac{y'(x+yy')}{\sqrt{(x^2+y^2-b)}}-yy''-y'^2-1=0;$$

en éliminant b au moyen de la précédente, il viendra

$$\frac{y''(yy'+x)}{y'}+y'^2-yy''-y'^2-1=0,$$

savoir, comme on l'a vu plus haut,

$$\frac{y''x}{y'}-1=0, \text{ ou } y''x-y'=0.$$

On voit aussi que cette même équation du second ordre a deux équations primitives du premier ordre, savoir :

$$x-ay'=0 \text{ et } y'\sqrt{(x^2+y^2-b)}-yy'-x=0,$$

où a et b sont les deux constantes arbitraires ; et ces deux-ci, par l'élimination de la fonction dérivée y', donneront l'équation primitive absolue entre x et y,

$$\frac{x}{a}\sqrt{(x^2+y^2-b)}-\frac{yx}{a}-x=0,$$

savoir,

$$\sqrt{(x^2+y^2-b)}-y-a=0,$$

et en faisant disparaître le radical

$$x^2-2ay-a^2-b=0,$$

qui est la même dont nous sommes partis.

En éliminant ainsi les constantes qu'on veut faire disparaître, on tombe souvent, comme on le voit, dans des équations où la plus haute fonction dérivée est élevée à des puissances ; et ce n'est que par la résolution qu'on peut avoir la valeur de cette fonction des variables et des fonctions dérivées d'un ordre moindre.

On peut cependant parvenir directement à une équation dérivée où la plus haute fonction dérivée ne se trouve qu'au premier degré; pour cela il n'y a qu'à préparer l'équation primitive, de manière que la constante arbitraire qu'on veut faire disparaître s'en aille d'elle-même en prenant la fonction dérivée de chacun de ses termes; ce qui arrive lorsque cette constante est dégagée des variables, et forme elle seule un des termes de l'équation; car alors la fonction dérivée de ce terme étant nulle, l'équation dérivée se trouvera naturellement délivrée de la constante, et la plus haute fonction dérivée y sera nécessairement à la première dimension; car, comme on l'a vu dans la leçon VI, en prenant la fonction dérivée d'une fonction de plusieurs variables, chaque variable ne peut donner que des termes multipliés par la fonction dérivée de la même variable.

Or il est évident que cette préparation ne demande que de résoudre l'équation primitive, en regardant la constante qu'on veut éliminer comme l'inconnue de l'équation. Ainsi on peut obtenir par ce moyen le même résultat qu'on aurait par la résolution de l'équation dérivée, par rapport à la plus haute fonction dérivée.

Dans le second exemple où l'équation primitive était

$$y + ax + a^2 = 0,$$

nous avons trouvé l'équation dérivée

$$y - xy' + y'^2 = 0,$$

laquelle donne, par la résolution,

$$2y' = x + \sqrt{(x^2 - 4y)}.$$

Mais si nous avions d'abord résolu l'équation par rapport à la constante a, nous eussions eu

$$2a = -x + \sqrt{(x^2 - 4y)},$$

sa dérivée serait

$$-1 + \frac{x - 2y'}{\sqrt{(x^2 - 4y)}} = 0;$$

savoir, en multipliant par $\sqrt{(x^2-4y)}$,

$$x-2y'-\sqrt{(x^2-4y)}=0,$$

équation qui coïncide avec la précédente, à cause de l'ambiguité du signe du radical.

On peut de la même manière faire disparaître successivement plusieurs constantes en préparant toujours l'équation, ensorte que la constante à éliminer soit dégagée des variables.

Ainsi l'équation primitive

$$x^2-2ay-a^2-b=0,$$

contenant la constante b isolée dans un seul terme, donne tout de suite l'équation du premier ordre sans b,

$$x-ay'=0;$$

ensuite en dégageant a, on a $a=\frac{x}{y'}$; prenant la fonction dérivée de chacun des deux membres, on obtient

$$\frac{1}{y'}-\frac{xy''}{y'^2}=0,$$

équation qui, multipliée par y'^2, devient

$$y'-xy''=0,$$

comme plus haut.

En commençant l'élimination par la constante a, nous avions trouvé l'équation du premier ordre,

$$x^2-\frac{2xy}{y'}-\frac{x^2}{y'^2}-b=0;$$

comme la constante b y est dégagée des variables, il n'y a qu'à prendre la fonction dérivée de chaque terme pour avoir tout de suite l'équation du second ordre sans a ni b.

On a ainsi

$$x - \frac{y}{y'} - x + \frac{xyy''}{y'^2} - \frac{x}{y'^2} + \frac{x^2y''}{y'^3} = 0$$

Cette équation se réduit à cette forme,

$$\left(\frac{xy''}{y'} - 1\right)\left(\frac{y}{y'} + \frac{x}{y'^2}\right) = 0.$$

Comme le facteur $\frac{y}{y'} + \frac{x}{y'^2}$ ne renferme que la fonction prime y', il ne peut donner une équation du second ordre; ainsi c'est l'autre facteur $\frac{xy''}{y'} - 1$ qu'il faut employer, et l'on a

$$\frac{xy''}{y'} - 1 = 0, \text{ savoir}, xy'' - y' = 0,$$

comme ci-dessus.

Nous verrons plus bas, lorsqu'il sera question des équations primitives singulières, l'usage du premier facteur.

Ce peu d'exemples que j'ai choisis parmi les plus simples, suffit pour montrer comment les équations dérivées se forment des équations primitives, par l'évanouissement des constantes. On voit que, pour une équation primitive donnée, il est toujours possible de trouver une équation dérivée qui renferme autant de constantes de moins qu'il y aura d'unités dans l'ordre de cette équation, et que de quelque manière qu'on parvienne à cette équation, et sous quelque forme qu'elle se présente, elle sera toujours essentiellement la même. Ainsi le problême de trouver l'équation dérivée d'une primitive donnée, est résolu dans toute sa généralité. Nous allons considérer maintenant le problême inverse, qui consiste à remonter des équations dérivées aux primitives.

Puisque dans les équations à deux variables, une équation du premier ordre peut renfermer une constante de moins que l'équation primitive, une équation du second ordre peut renfermer deux constantes de moins que l'équation primitive, et ainsi de suite, il s'ensuit réciproquement que l'équation primitive peut contenir une constante de plus qu'un équation du premier ordre, deux constantes de plus qu'une équation du second ordre, et ainsi de suite, constantes qui seront parconséquent arbitraires : et on voit en même temps qu'elles ne sauraient en contenir davantage, puisqu'on ne pourrait les faire disparaître toutes par le moyen des équations dérivées.

Cette proposition étant d'une grande importance dans la théorie des fonctions dérivées, et n'ayant pas encore été démontrée d'une manière tout-à-fait rigoureuse, nous croyons devoir en donner une démonstration directe, tirée de l'expression générale de la fonction primitive.

Si y est une fonction quelconque de x, et qu'on dénote par $y^{\circ}, y^{\circ\prime}, y^{\circ\prime\prime}, y^{\circ\prime\prime\prime}$ etc. les valeurs de y et de ses fonctions dérivées y', y'', y''' etc. qui répondent à $x=0$, et qui sont parconséquent constantes ; on aura, par ce que nous avons démontré à la fin de la leçon IX,

$$y=y^{\circ}+y^{\circ\prime}x+y^{\circ\prime\prime}\frac{x^2}{2}+y^{\circ\prime\prime\prime}\frac{x^3}{2.3}+\text{etc.};$$

et si on veut arrêter la série au terme $n^{\text{ème}}$, alors on aura les limites du reste en substituant dans le terme suivant

$$y^{\circ(n)}\frac{x^n}{1.2.3\ldots n}$$

à la place de $y^{\circ(n)}$ la plus grande et la plus petite valeur de $y^{(n)}$ depuis $x=0$ jusqu'à la grandeur qu'on veut attribuer à x.

Maintenant

Maintenant si la valeur de y est donnée par une équation du premier ordre, entre x, y et y', on aura par cette équation la valeur de y' en x et y, et de là on trouvera, en prenant les fonctions dérivées, une équation du second ordre en x, y, y' et y'', ensuite une équation du troisième ordre entre x, y, y', y'' et y'''; et ainsi de suite; de sorte qu'en substituant successivement dans ces équations les valeurs de y', y'', y''' etc. données par les équations précédentes, on aura, en dernière analyse, les valeurs de y', y'', y''', etc. exprimées en x et y. Or en faisant $x = 0$, les quantités y, y', y'' etc. se changeront en y°, $y^{\circ\prime}$, $y^{\circ\prime\prime}$ etc.; ainsi on aura les valeurs de $y^{\circ\prime}$, $y^{\circ\prime\prime}$ etc., exprimées en y° qui demeurera indéterminée.

De même, si on n'a pour la détermination de y, qu'une équation du second ordre entre x, y, y' et y'', on en tirera successivement des équations des ordres supérieurs entre x, y, y', y'', y''', entre x, y, y', y'', y''', y^{IV}, et ainsi de suite, et par les substitutions successives des valeurs de y'', y''', etc., données par les équations précédentes, on aura en dernière analyse, y'', y''', etc., données en x, y et y', de sorte qu'en faisant $x = 0$, on aura les valeurs de $y^{\circ\prime\prime}$, $y^{\circ\prime\prime\prime}$ etc., exprimées en y° et $y^{\circ\prime}$, ces deux quantités demeurant indéterminées; et ainsi de suite.

Donc enfin, faisant ces substitutions dans l'expression générale de y en x, il est clair qu'il restera dans cette expression une indéterminée constante y°, lorsque la fonction y sera donnée par une équation du premier ordre, qu'il y restera deux constantes indéterminées y° et $y^{\circ\prime}$, lorsque y ne sera donnée que par une équation du second ordre, qu'il y en restera trois, savoir, y°, $y^{\circ\prime}$ et $y^{\circ\prime\prime}$, lorsque y sera donnée par une équation du premier ordre; et ainsi de suite.

Donc, en général, l'expression de y en x, renfermera autant de constantes indéterminées qu'il y aura d'unités dans l'exposant de l'ordre de l'équation qui détermine la fonction y;

et quoique cette conclusion soit fondée ici sur la théorie des séries, il n'est pas difficile de se convaincre qu'elle doit avoir lieu généralement, quelle que soit l'expression de y, puisqu'on peut toujours regarder une expression en série, comme le développement d'une expression finie.

Dans l'analyse précédente, on voit que les constantes arbitraires sont toujours les valeurs de y, y', y'', etc., qui répondent à $x = 0$, au lieu qu'en envisageant, comme nous l'avons fait plus haut, les équations dérivées comme le résultat de l'élimination des constantes, ces constantes peuvent être quelconques; mais il est toujours facile de les réduire les unes aux autres : car quelles que soient les constantes qui entrent dans l'expression de y, si on déduit de cette expression celles de y', y'', etc., et qu'ensuite on fasse $x = 0$, ce qui changera les valeurs de y, y', y'', etc. en y°, $y^{\circ\prime}$, $y^{\circ\prime\prime}$, etc., on pourra toujours, en prenant autant de ces valeurs qu'il y a de constantes arbitraires, déterminer celles-ci en y°, $y^{\circ\prime}$, $y^{\circ\prime\prime}$, etc., et les substituer ensuite dans l'expression générale de y.

Or quelle que puisse être la forme de cette expression ou de l'équation d'où elle dépend, à raison des différentes constantes qui y seront contenues, il est visible que lorsque ces constantes seront réduites aux valeurs de y°, $y^{\circ\prime}$, $y^{\circ\prime\prime}$, etc., cette forme deviendra nécessairement la même pour la même équation dérivée.

On peut donc conclure, en général, que si l'on a une équation dérivée d'un ordre quelconque, et que l'on trouve de quelque manière que ce soit une équation entre les mêmes variables qui y satisfasse, et qui renferme autant de constantes arbitraires qu'il y aura d'unités dans l'exposant de l'ordre de l'équation dérivée, cette équation sera l'équation primitive de la proposée, avec toute la généralité dont elle est susceptible; de sorte qu'elle renfermera nécessairement toute autre équation qui pourrait aussi satisfaire à la même équation avec autant de constantes arbitraires.

On voit par-là que les constantes arbitraires forment

proprement la liaison entre les équations primitives et les équations dérivées; celles-ci sont par leur nature plus générales que les équations d'où elles dérivent, à raison des constantes qui ont disparu ou qui peuvent avoir disparu; elles équivalent donc à toutes les équations primitives, et qui ne différeraient entr'elles que par la valeur de ces constantes.

On pourra donc toujours passer d'une équation primitive à une de ses dérivées d'un ordre quelconque, et revenir ensuite de celle-ci à une nouvelle équation primitive, pourvu que cette dernière opération y introduise le nombre requis de constantes arbitraires. Alors cette dernière équation renfermera la première et lui deviendra équivalente, en déterminant convenablement ses constantes arbitraires. C'est ainsi qu'on en a usé dans la leçon précédente, pour la transformation des fonctions angulaires.

Comme nous avons vu qu'une équation du second ordre peut provenir de deux équations différentes du premier ordre, renfermant chacune une constante arbitraire; qu'une équation du troisième ordre peut être dérivée de même de trois équations différentes du second, et ainsi de suite, il est naturel d'en conclure aussi réciproquement que toute équation du second ordre aura deux équations primitives du premier ordre, chacune avec une constante arbitraire; que toute équation du troisième ordre aura trois équations primitives du second ordre, ayant chacune une constante arbitraire; et ainsi de suite. Mais nous pouvons démontrer aussi cette proposition d'une manière directe, par une analyse semblable à celle que nous avons employée ci-dessus.

Considérons la formule générale du développement des fonctions.

$$f(x+i)=fx+if'x+\frac{i^2}{2}f''x+\text{etc.}$$

Faisons $y=fx$ et $i=-x$, on aura

$$fx = y, f'x = y', f''x = y'', \text{ etc.};$$

et $f(x+i)$ deviendra $f(x-x)$, c'est-à-dire égale à la valeur de fx ou y, lorsqu'on y fait $x=0$, valeur que nous avons désignée plus haut par y°. Ainsi par ces substitutions, on aura cette formule

$$y^{\circ} = y - xy' + \frac{x^2}{2}y'' - \frac{x^3}{2.3}y''' + \text{etc.}$$

Changeons maintenant dans la formule générale fx en $f'x$, et l'on aura de même

$$f'(x+i) = f'x + i\,f''x + \frac{i^2}{2}f'''x + \text{etc.}$$

Donc, faisant de nouveau

$$fx = y, f'x = y', f''x = y'', \text{ etc. , et } i = -x;$$

ce qui donnera

$$f'(x-i) = f'(x-x),$$

valeur de $f'x$ ou de y', lorsque $x=0$, que nous avons désignée par $y^{\circ\prime}$, on aura cette autre formule

$$y^{\circ\prime} = y' - xy'' + \frac{x^2}{2}y''' - \frac{x^3}{2.3}y^{\text{IV}} + \text{etc.}$$

On trouvera de la même manière

$$y^{\circ\prime\prime} = y'' - xy''' + \frac{x^2}{2}y^{\text{IV}} - \frac{x^3}{2.3}y^{\text{V}} + \text{etc.}$$

Et ainsi de suite.

Cela posé, si y est donnée par une équation du premier ordre, on aura les valeurs de y', y'', y''', etc. toutes données en x et y, comme on l'a vu plus haut : si on les substitue dans la formule

$$y^\circ = y - xy' + \frac{x^2}{2} y'' - \frac{x^3}{2.3} y''' + \text{etc.}$$

on aura une équation entre x et y avec la constante arbitraire y°.

Si y est donnée par une équation du second ordre, on aura y'', y''', y^{iv} etc., données en x, y et y'; donc, substituant ces valeurs dans les deux formules

$$y^\circ = y - xy' + \frac{x^2}{2} y'' - \frac{x^3}{2.3} y''' + \text{etc.},$$

$$y^{\circ\prime} = y' - xy'' + \frac{x^2}{2} y''' - \frac{x^3}{2.3} y^{\text{iv}} + \text{etc.}$$

on aura deux équations en x, y et y', ayant chacune une des constantes arbitraires y° et $y^{\circ\prime}$, lesquelles seront également deux équations primitives du premier ordre de la proposée du second ordre; et ainsi de suite.

Quoique ces équations soient en séries, les conclusions qu'on peut tirer relativement à la nature des équations primitives, n'en sont pas moins exactes; et il est visible par la forme même de ces équations, qu'elles sont essentiellement différentes, et qu'il ne peut y en avoir qu'un nombre égal à celui de l'ordre de l'équation donnée.

On en conclura donc aussi, que si pour une équation du second ordre, on trouve d'une manière quelconque, deux équations différentes du premier ordre qui y satisfassent, et qui renferment chacune une constante arbitraire, on aura les deux équations primitives du premier ordre de la proposée; et toute autre équation de cet ordre qui y satisferait avec une constante arbitraire, sera nécessairement renfermée dans celle-ci.

Ces deux équations primitives étant connues, on pourra toujours en déduire l'équation primitive absolue, sans fonctions dérivées, en éliminant par leur moyen la fonction dérivée qu'elles contiendront, et qui est censée être la même dans les deux équations.

L'équation résultante ne contenant plus de fonction dérivée, sera l'équation primitive absolue de la proposée du second ordre; et comme les deux constantes arbitraires, qui entraient dans les deux équations primitives du premier ordre, se trouveront dans cette équation, elle aura toute la généralité dont elle est susceptible.

Donc, ayant une équation du second ordre, on aura également son équation primitive absolue, soit qu'on trouve immédiatement une équation entre les mêmes variables qui y satisfasse, et qui renferme en même temps deux constantes arbitraires, soit qu'on trouve séparément deux équations du premier ordre qui y satisfassent chacune en particulier, et qui renferment chacune une constante arbitraire.

Mais si l'une de ces deux équations du premier ordre ne contenait point de constante arbitraire, alors l'équation primitive qu'on en déduirait, ne contenant qu'une seule constante arbitraire, n'aurait pas toute la généralité qu'elle peut avoir; mais elle satisferait toujours à l'équation du second ordre d'où on l'aurait tirée, en même temps qu'elle satisfera aux deux du premier ordre.

Il suit encore de là, que si l'on a une équation du premier ordre, et qu'on en déduise d'une manière quelconque une équation du second ordre, soit en éliminant une constante ou non, qu'ensuite on passe de celle-ci à une autre équation primitive du premier ordre, avec une constante arbitraire, on pourra, par l'élimination de la fonction dérivée qui se trouve dans les deux équations du premier ordre, avoir une équation entre les deux variables et la constante arbitraire, qui sera parconséquent l'équation primitive absolue de la proposée du premier ordre.

En général, si de la proposée du premier ordre on passe à une équation d'un ordre supérieur, et si on trouve d'une manière quelconque une équation primitive de celle-ci d'un ordre inférieur avec une constante arbitraire, on pourra toujours, par l'élimination successive des fonctions dérivées, parvenir à une équation entre les deux variables et la constante arbitraire, laquelle sera ainsi l'équation primitive de la proposée.

Enfin on peut étendre aux équations des ordres supérieurs au second, ce que nous venons de trouver relativement à celles de cet ordre, et en déduire des conclusions semblables.

LEÇON TREIZIÈME.

(Continuation de la leçon précédente.)

Théorie des multiplicateurs des équations dérivées.

LA manière la plus naturelle de trouver l'équation primitive d'une équation d'un ordre quelconque, est de la préparer de façon que son premier membre devienne une fonction dérivée exacte ; car alors il n'y aura qu'à prendre sa fonction primitive et y ajouter une constante pour avoir l'équation primitive d'un ordre inférieur ; et en opérant ainsi successivement, on pourra parvenir à l'équation primitive entre les deux variables, et autant de constantes arbitraires que l'ordre de la proposée le comportera.

Or je vais prouver que cette préparation est toujours possible par le moyen d'un multiplicateur, lorsque l'équation dérivée de l'ordre n est réduite à la forme

$$y^{(n)} + f.(x, y, y', y'' \ldots y^{(n-1)}) = 0,$$

$y^{(n)}$ étant la plus haute des fonctions dérivées de y.

D'un côté, il est clair que cette réduction est toujours possible ou censée possible, quelle que soit la forme de l'équation proposée ; car il n'y a qu'à en tirer la valeur de $y^{(n)}$ en x, y, y', y'', etc., par les règles connues.

De l'autre côté, nous avons déjà observé plus haut que, quelle que puisse être l'équation primitive de l'ordre immédiatement inférieur, si on dégage la constante arbitraire, et qu'on prenne ensuite les fonctions dérivées, on a une équation dérivée où la plus haute des fonctions dérivées de y ne sera qu'à la première dimension, et qui devra, parconséquent, être identique avec la proposée.

Ainsi, ayant réduit l'équation primitive à la forme

$$F(x, y, y', y'' \ldots y^{(n-1)}) = a,$$

où a est la constante arbitraire, on aura l'équation dérivée

$$F'(x, y, y' \ldots y^{(n-1)}) = 0,$$

laquelle, en séparant la partie qui se rapporte à la variation de $y^{(n-1)}$, d'après la notation abrégée indiquée dans la leçon sixième, peut se mettre sous la forme

$$F'(x, y, y' \ldots y^{(n-2)}) + y^{(n)} F'(y^{(n-1)}) = 0,$$

d'où l'on tire

$$y^{(n)} + \frac{F'(x, y, y' \ldots y^{(n-2)})}{F'(y^{(n-1)})} = 0.$$

Comme la constante a a disparu, cette équation devra être identique avec l'équation proposée, puisque la valeur de $y^{(n)}$ doit être la même dans les deux équations. Donc la fonction $f(x, y, y' \ldots y^{(n-1)})$ sera identique avec la fonction

$$\frac{F'(x, y, y' \ldots y^{(n-2)})}{F'(y^{(n-1)})}.$$

Ajoutant de part et d'autre la quantité $y^{(n)}$, la fonction

$$y^{(n)} + f(y, y' \ldots y^{(n-1)})$$

deviendra identique avec la fonction

$$\frac{F'(x, y, y' \ldots y^{(n-2)}) + y^{(n)} F'(y^{(n-1)})}{F'(y^{(n-1)})};$$

c'est-à-dire, avec la fonction

$$\frac{F'(x, y, y' \ldots y^{(n-1)})}{F'(y^{(n-1)})}.$$

Donc l'équation

$$y^{(n)} + f(x, y, y' \ldots y^{(n-1)}) = 0,$$

étant multipliée par la fonction $F'(y^{(n-1)})$, deviendra

$$F'(x, y, y' \ldots y^{(n-1)}) = 0;$$

ensorte que son premier membre sera une fonction dérivée exacte.

Ainsi il existe toujours une fonction d'un ordre inférieur à celui de l'équation proposée, par laquelle cette équation étant multipliée, son premier membre devient une fonction dérivée exacte.

Comme cette proposition est fondamentale, et donne lieu à des conséquences importantes, nous allons la considérer sous un point de vue plus étendu.

Soit $$F(x, y, y' \ldots y^{(n-1)}, a) = 0$$

l'équation primitive de la même équation dérivée

$$y^{(n)} + f(x, y, y', y'' \ldots y^{(n-1)}) = 0,$$

a étant la constante arbitraire.

Par la théorie générale on aura l'équation dérivée de la primitive supposée, en éliminant a au moyen de l'équation

$$F(x, y, y' \ldots y^{(n-1)}, a) = 0,$$

et de sa dérivée immédiate

$$F'(x, y, y' \ldots y^{(n-1)}) = 0,$$

a étant regardée comme constante.

De là il est facile de conclure, comme ci-dessus, que la fonction

$$y^{(n)} + f(x, y, y' \ldots y^{(n-1)})$$

deviendra identique avec

$$\frac{F'(x, y, y' \ldots y^{(n-1)})}{F'(y^{(n-1)})};$$

en substituant ici à la place de a, sa valeur en x, y, y', etc., $y^{(n-1)}$, tirée de l'équation primitive.

Considérant donc a comme une pareille fonction déterminée par l'équation primitive

$$F(x, y, y' \ldots y^{(n-1)}, a) = 0,$$

on aura, pour la détermination de a', l'équation dérivée

$$F'(x, y, y' \ldots y^{(n-1)}, a) = 0,$$

laquelle, en séparant la partie qui se rapporte à a', suivant la notation employée ci-dessus, devient

$$F'(x, y, y' \ldots y^{(n-1)}) + a'F'(a) = 0;$$

d'où l'on tire

$$-a' = \frac{F'(x, y, y' \ldots y^{(n-1)})}{F'(a)}$$

$$= [y^{(n)} + f(x, y, y' \ldots y^{(n-1)})] \times \frac{F'(y^{(n-1)})}{F'(a)};$$

équation qui sera identique en substituant pour a sa valeur en x, y, etc.

Si donc on multiplie l'équation

$$y^{(n)} + f(x, y, y' \ldots y^{(n-1)}) = 0,$$

par la fonction $\frac{F'(y^{(n-1)})}{F'(a)}$, son premier membre deviendra une fonction dérivée exacte, dont la fonction primitive sera $-a$, en supposant a déterminé par l'équation

$$F(x, y, y' \ldots y^{(n-1)}, a) = 0.$$

On est donc assuré, de cette manière, de l'existence d'un multiplicateur qui peut rendre le premier membre de l'équation proposée une fonction dérivée exacte.

La même équation identique nous fait voir aussi que ce multiplicateur n'est pas le seul qui jouisse de cette propriété, et nous donne en même temps le moyen de trouver tous les multiplicateurs qui auront la même propriété; car il est évident que le premier membre de l'équation devenant égal à $-a'$, il sera toujours une fonction dérivée exacte, étant multiplié par une fonction quelconque de a, et qu'il ne pourra l'être qu'autant que le multiplicateur ne contiendra que a. Donc le second membre deviendra aussi une fonction dérivée exacte, étant multiplié par une fonction quelconque de a.

D'où il est aisé de conclure que la formule générale de ce multiplicateur sera

$$\frac{\varphi a \times F'(y^{(n-1)})}{F'(a)},$$

φa dénotant une fonction quelconque de a, et la quantité a étant une fonction de x, y, y', etc., déterminé par l'équation primitive

$$F(x, y, y' \ldots y^{(n-1)}, a) = 0,$$

a étant ici la constante arbitraire; car le premier membre de l'équation proposée de l'ordre $n^{\text{ème}}$, deviendra, par la multiplication de la formule précédente, identique avec la quantité $-a'\varphi a$; de sorte qu'en dénotant par Φa la fonction primitive de $a'\varphi a$, on aura tout de suite l'équation primitive $\Phi a = \text{const.}$; d'où l'on tirera aussi $a = \text{const.}$ Or a étant ici la fonction de x, y, y', etc. $y^{(n-1)}$, qui résulte de l'équation

$$F(x, y, y' \ldots y^{(n-1)}, a) = 0,$$

il est visible que l'équation $\Phi a =$ const. n'est autre chose que cette même équation dans laquelle on suppose que a devient une constante arbitraire.

Ainsi, lorsqu'une équation dérivée de l'ordre $n^{ème}$ est réduite à la forme

$$y^{(n)} + f(x, y, y', y'' \ldots y^{(n-1)}) = 0,$$

chaque équation primitive de l'ordre $n-1$, avec une constante arbitraire, fournit une infinité de multiplicateurs, tous renfermés dans une même formule, lesquels peuvent rendre le premier membre de l'équation une fonction dérivée exacte, et redonner la même équation primitive.

Si l'équation proposée n'est que du premier ordre, il n'y a alors qu'une seule équation primitive; et parconséquent il n'y aura aussi qu'une seule formule de multiplicateurs.

Si l'équation proposée est du second ordre, nous avons démontré qu'elle est susceptible alors de deux différentes équations primitives du premier ordre; chacune d'elles donnera donc une formule particulière de multiplicateurs; mais on pourra aussi renfermer ces formules dans une formule plus générale encore.

Car soit

$$y'' + f(x, y, y') = 0,$$

l'équation proposée du second ordre, dont les deux équations primitives du premier ordre soient

$$F(x, y, y', a) = 0, \quad \overline{F}(x, y, y', b) = 0,$$

a et b étant les deux constantes arbitraires.

En regardant ces deux quantités a et b comme des fonctions de x, y, y', déterminées par ces mêmes équations, on trouvera, par l'analyse exposée ci-dessus, les deux équations identiques

$$[y''+f(x,y,y')]\times\frac{F'(y')}{F'(a)}=-a',$$

$$[y''+f(x,y,y')]\times\frac{\overline{F}'(y')}{\overline{F}'(b)}=-b'.$$

Soit maintenant $\Phi(a,b)$ une fonction quelconque de a, b, sa fonction dérivée $\Phi'(a,b)$ sera représentée par $a'\Phi'(a)+b'\Phi'(b)$; de sorte qu'en multipliant la première des équations précédentes par $\Phi'(a)$, la seconde par $\Phi'(b)$, et les ajoutant ensemble, on aura

$$[y''+f(x,y,y')]\times\left[\frac{F'(y')\times\Phi'(a)}{F'(a)}+\frac{\overline{F}'(y')\times\Phi'(b)}{\overline{F}'(b)}\right]$$
$$=-\Phi'(a,b).$$

On aura ainsi cette formule générale pour le multiplicateur de l'équation proposée

$$\frac{F'(y')\times\Phi'(a)}{F'(a)}+\frac{\overline{F}'(y')\times\Phi'(b)}{\overline{F}'(b)},$$

en supposant a et b déterminés par les deux équations

$$F(x,y,y',a)=0,\quad \overline{F}'(x,y,y',b)=0,$$

et le premier membre de l'équation deviendra alors $-\Phi(a,b)$; de sorte que l'on aura sur-le-champ l'équation primitive $\Phi(a,b)=$ const.

De même, si on prend une autre fonction quelconque de a et b, représentée par $\psi(a,b)$, on en tirera de même l'équation primitive $\psi(a,b)=$ const.

Ces deux équations donneront donc a et b égales à des

constantes, quelles que soient les fonctions désignées par les caractéristiques Φ et ψ, ce qui redonnera les mêmes équations primitives d'où l'on était parti; d'où l'on voit comment ces équations se trouvent indépendantes des fonctions arbitraires qui peuvent entrer dans les multiplicateurs.

On peut appliquer cette théorie aux équations dérivées des ordres supérieurs au second, et en tirer des conclusions semblables.

On peut donc toujours trouver la forme générale des multiplicateurs, lorsqu'on connaît les équations primitives; mais comme ces multiplicateurs fournissent eux-mêmes un moyen de parvenir aux équations primitives, il serait important de pouvoir les trouver à *posteriori*, d'après les équations dérivées. *Euler*, et d'autres après lui, se sont occupés de cette recherche; mais c'est un de ces problèmes dont on ne saurait espérer une solution générale.

Pour donner un exemple de ce que nous venons d'exposer, prenons l'équation du second ordre

$$xy'' - y' = 0,$$

que nous avons trouvée plus haut. J'observe d'abord que, dans l'état où elle est, son premier membre est déjà une fonction dérivée exacte; car, puisque

$$(xy')' = xy'' + y', \text{ on a } xy'' = (xy')' - y';$$

de sorte qu'on peut la mettre sous la forme

$$(xy')' - 2y' = 0;$$

d'où l'on tire, sur-le-champ, l'équation primitive du premier ordre

$$xy' - 2y + A = 0,$$

A étant une constante arbitraire.

Pour avoir l'équation primitive de celle-ci, je cherche un multiplicateur qui rende son premier membre une fonction dérivée exacte; et il est facile de voir que cela aura lieu en divisant l'équation par x^3; de sorte que le multiplicateur sera $\frac{1}{x^3}$.

En effet, elle devient par-là

$$\frac{y'}{x^2} - \frac{2y}{x^3} + \frac{A}{x^3} = 0;$$

et la fonction primitive du premier membre est

$$\frac{y}{x^2} - \frac{A}{2x^2};$$

de sorte qu'on aura l'équation primitive

$$\frac{y}{x^2} - \frac{A}{2x^2} + B = 0,$$

savoir, en multipliant par x^2,

$$y + Bx^2 - \frac{A}{2} = 0;$$

B étant une nouvelle constante arbitraire.

Cette équation contenant ainsi deux constantes arbitraires A et B, sera l'équation primitive complète de l'équation proposée du second ordre; et on voit, en effet, qu'elle coïncide avec l'équation

$$x^2 - 2ay + a^2 + b = 0,$$

d'où la proposée avait été dérivée, puisqu'il n'y a qu'à la diviser par B, et faire

$$B = -\frac{1}{2a}, \quad -\frac{A}{2B} = a^2 + b.$$

Mais

Mais au lieu de chercher, comme on vient de le faire, l'équation primitive de la primitive du premier ordre, on peut chercher une autre équation primitive de la proposée ; et pour cela, j'observe que la fonction dérivée de $x^m y'^n$ est

$$mx^{m-1}y'^n + nx^m y'^{n-1}y'' = x^{m-1}y'^{n-1}(my' + nxy'');$$

ainsi la proposée étant

$$xy'' - y' = 0,$$

on voit qu'en faisant $m = -1$, $n = 1$, son premier membre deviendra une fonction dérivée exacte, étant multipliée par x^{-2}, ou par $\frac{1}{x^2}$; et l'on aura la nouvelle équation primitive

$$\frac{y'}{x} + B = 0.$$

Combinant donc cette équation avec l'équation

$$xy' - 2y + A = 0,$$

trouvée précédemment, pour en éliminer y', on aura l'équation en x et y

$$-Bx^2 - 2y + A = 0,$$

qui, à raison des deux constantes arbitraires A et B, sera aussi l'équation primitive complète de la proposée. En effet, elle se réduira à la même forme

$$x^2 - 2ay + a^2 + b = 0,$$

étant divisée par $-B$, et faisant

$$\frac{1}{B} = -a, \; -\frac{A}{B} = a^2 + b.$$

LEÇON QUATORZIÈME.

Des Valeurs singulières qui satisfont aux Équations dérivées, et qui ne sont pas comprises dans les Équations primitives. Théorie des Équations primitives singulières.

La théorie des équations dérivées, exposée dans la leçon douzième, porte naturellement à conclure que toute valeur qui peut satisfaire à une équation dérivée donnée, doit être renfermée dans son équation primitive, pourvu que celle-ci ait toute la généralité dont elle est susceptible, par les constantes arbitraires qui doivent y entrer. Il y a néanmoins des équations dérivées auxquelles satisfont des valeurs que j'appelle *singulières*, parcequ'elles ne sont pas comprises dans leurs équations primitives. Ces sortes de valeurs se sont présentées aux géomètres presque dès la naissance du calcul différentiel; mais comme la théorie des constantes arbitraires n'était guère connue alors, on n'a pas d'abord regardé ces valeurs comme formant une exception aux règles générales du calcul différentiel. *Euler* est le premier qui les ait envisagées sous ce point de vue et qui ait donné des règles pour les distinguer des intégrales ordinaires.

Depuis, on a reconnu qu'elles dépendent de la théorie générale des équations différentielles ou dérivées, et qu'elles servent à la compléter; c'est ce que nous allons développer avec toute l'étendue qu'exige l'importance de la matière.

Considérons une équation quelconque du premier ordre, représentée par

$$f(x, y, y') = 0,$$

et supposons qu'elle soit dérivée de l'équation primitive

$$F(x, y, a) = 0,$$

a étant la constante arbitraire.

Suivant la théorie générale, cette équation

$$F(x, y, a) = 0,$$

donnera l'équation dérivée

$$F'(x, y, a) = 0,$$

qui se réduit à la forme

$$F'(x) + y'F'(y) = 0,$$

conformément à la notation que nous avons employée jusqu'ici; et ces deux équations étant combinées ensemble, de manière que la constante a disparaisse, produiront la suivante

$$f(x, y, y') = 0.$$

Maintenant il est clair que le résultat de l'élimination de a, sera le même, quelle que soit la quantité a, soit constante ou variable, pourvu que les deux équations

$$F(x, y, a) = 0, \text{ et } F'(x) + y'F'(y) = 0,$$

soient les mêmes. Donc aussi la même équation

$$f(x, y, y') = 0,$$

pourra résulter de l'équation

$$F(x, y, a) = 0$$

en supposant a variable et fonction de x, pourvu que l'équation dérivée

$$F'(x, y, a) = 0;$$

soit également

$$F'(x) + y'F'(y) = 0.$$

Mais, en regardant a comme une fonction de x, on a

$$F'(x, y, a) = F'(x) + y'F'(y) + a'F'(a),$$

ainsi la condition dont il s'agit aura lieu si le terme $a'F'(a)$ disparaît; d'où il suit que la valeur de y, tirée de l'équation primitive

$$F(x, y, a) = 0,$$

satisfera également à l'équation du premier ordre

$$f(x, y, y') = 0,$$

en prenant pour a une fonction de x déterminée par l'équation

$$a'F'(a) = 0.$$

Cette équation donne ou

$$a' = 0, \text{ ou } F'(a) = 0.$$

L'équation $a' = 0$, donne a égal à une constante quelconque; c'est le cas de l'équation primitive ordinaire, dans lequel a est la constante arbitraire.

Mais l'autre équation

$$F'(a) = 0,$$

dans laquelle $F'(a)$ est une fonction de x, y et a, donnera, par la résolution, la valeur de a en x et y; et cette valeur étant substituée dans l'équation primitive

$$F(x, y, a) = 0,$$

on aura une nouvelle équation en x et y, sans constante

arbitraire, qui conduira également à la même équation dérivée, et qui sera nécessairement différente de l'équation primitive ordinaire, puisque dans celle-ci la quantité a est une constante arbitraire, et que dans l'autre elle devient une fonction de x et y.

Donc, en général, si on élimine a des deux équations

$$F(x, y, a) = 0, \quad \text{et} \quad F'(a) = 0,$$

on aura l'équation qui renfermera les valeurs singulières de y, qui peuvent satisfaire à l'équation dérivée

$$f(x, y, y') = 0,$$

dont

$$F(x, y, a) = 0$$

est l'équation primitive ordinaire.

Nous appellerons cette équation, *équation primitive singulière*, pour la distinguer de l'équation primitive ordinaire, que nous appellerons aussi *équation primitive complète*.

Il faut seulement remarquer que, comme l'essence de cette équation consiste en ce que la valeur de a est une fonction variable, si l'équation

$$F'(a) = 0,$$

par laquelle on doit déterminer a, donnait pour a une quantité constante, ou bien une telle fonction de x et y qui devînt égale à une constante en vertu de l'équation

$$F(x, y, a) = 0,$$

dans laquelle on doit substituer cette valeur de a, ou qui, dans cette substitution, donnât le même résultat qu'on aurait par une valeur constante de a, alors cette équation cesserait d'être une équation primitive singulière, et ne serait plus qu'un cas particulier de l'équation primitive ordinaire.

Nous avons trouvé (leçon douzième) que l'équation du premier ordre

$$y' \sqrt{(x^2+y^2-b)} - yy' - x = 0,$$

a, pour équation primitive,

$$x^2 - 2ay - a^2 - b = 0,$$

où a est la constante arbitraire. Faisant donc

$$F(x, y, a) = x^2 - 2ay - a^2 - b,$$

et prenant les fonctions dérivées de tous les termes relativement à a seul, on aura

$$F'(a) = -2y - 2a;$$

donc l'équation

$$F'(a) = 0 \text{ donnera } a = -y,$$

valeur qui étant substituée dans l'équation primitive, onne

$$x^2 + y^2 - b = 0,$$

équation qui satisfait également à l'équation du remier ordre.

En effet, cette équation donne

$$y^2 = b - x^2, \quad \text{et} \quad yy' = -x;$$

ces valeurs substituées dans l'équation

$$y' \sqrt{(x^2+y^2-b)} - yy' - x = 0,$$

la rendent identique.

Comme on sait, par la théorie des équations, que l'équation dérivée

$$F'(a) = 0,$$

relative à a, contient la condition qui rend égales deux des racines de l'équation

$$F(x, y, a) = 0,$$

ordonnée par rapport à a, il s'ensuit que la valeur singulière de y, dans cette équation, a la propriété de donner à l'équation en a une racine double.

On voit, en effet, que l'équation

$$a^2 + 2ay - x^2 + b = 0$$

acquiert une racine double, en faisant

$$y^2 = b - x^2.$$

Si l'équation primitive était

$$(x^2 + y^2 - b)(y^2 - 2ay) + (x^2 - b)a^2 = 0,$$

a étant la constante arbitraire, l'équation dérivée relative à a, serait

$$-y(x^2 + y^2 - b) + (x^2 - b)a = 0,$$

d'où l'on tire

$$a = \frac{y(x^2 + y^2 - b)}{x^2 - b},$$

valeur qui, étant substituée dans la proposée, donne

$$\frac{y^4(x^2 + y^2 - b)}{x^2 - b} = 0;$$

et parconséquent

$$x^2 + y^2 - b = 0$$

pour l'équation primitive singulière.

Mais de ce que cette équation rend la valeur même de a nulle, il suit qu'elle ne sera qu'un cas particulier de l'équation primitive; en effet elle résulte de celle-ci, en y faisant $a=0$.

On peut appliquer aux équations des ordres supérieurs au premier, la théorie que nous venons de donner sur les équations dérivées de cet ordre.

En effet, si

$$F(x, y, y', y'' \ldots y^{(n-1)}, a)=0$$

est l'équation primitive de l'équation de l'ordre n,

$$f(x, y, y', y'' \ldots y^{(n)})=0$$

a étant la constante arbitraire, celle-ci doit résulter de l'élimination de a entre l'équation primitive et son équation dérivée; et il est évident que le résultat de cette élimination sera le même, soit que la quantité a soit constante ou variable, pourvu que les deux équations soient de la même forme.

Or l'équation primitive

$$F(x, y, y' \ldots y^{(n-1)}, a)=0,$$

est la même dans l'un et dans l'autre cas: son équation dérivée est dans le cas de a constante

$$F'(x, y, y' \ldots y^{(n-1)})=0;$$

et dans le cas où a serait une fonction quelconque de x, elle sera

$$F'(x, y, y' \ldots y^{(n-1)})+a'F'(a)=0;$$

donc les deux équations deviendront identiques si on détermine

a de manière que le terme $a'F'(a)$ disparaisse.

Faisant donc

$$a'F'(a)=0,$$

on a ou

$$a'=0,$$

et parconséquent a égal à une constante, ce qui est le cas ordinaire; ou

$$F'(a)=0,$$

ce qui donnera une valeur de a en x et y, laquelle étant substituée dans l'équation primitive

$$F(x, y, y' \ldots y^{(n-1)}, a)=0,$$

donnera une équation du même ordre, qui satisfera également à l'équation

$$f(x, y, y' \ldots y^{(n)})=0:$$

elle pourra donc être regardée aussi comme une équation primitive singulière sans constante arbitraire.

L'équation du second ordre

$$y''^2-\frac{2y'y''}{x}+1=0,$$

a pour équation primitive du premier ordre,

$$x^2-2ay'+a^2=0,$$

comme on peut s'en assurer en éliminant a au moyen de son équation dérivée

$$x-ay''=0.$$

Si on prend l'équation dérivée relativement à a, on a

$$-y'+a=0;$$

d'où l'on tire

$$a = y',$$

valeur qui, étant substituée dans la même équation, donne celle-ci,

$$x^2 - y'^2 = 0; \text{ d'où } y' = \pm x.$$

Cette valeur de y' satisfait aussi à l'équation proposée; mais c'est une valeur singulière, puisqu'elle n'est pas contenue dans l'équation primitive.

Si on cherche l'équation primitive de l'équation du premier ordre

$$x^2 - 2ay' + a^2 = 0,$$

il est facile de trouver celle-ci:

$$\frac{x^3}{3} - 2ay + a^2x + b = 0,$$

où b est la nouvelle constante arbitraire.

Si maintenant on élimine a de ces deux équations, on aura la suivante:

$$4x^2(y - xy')^2 - 4\left(b - \frac{2x^3}{3}\right)(y - xy')y' + \left(b - \frac{2x^3}{3}\right)^2 = 0,$$

qui sera parconséquent l'autre équation primitive du premier ordre de la proposée.

On peut donc aussi chercher une équation primitive singulière, d'après cette équation-ci, en prenant son équation dérivée relativement a b, et l'on trouvera

$$-4(y - xy')y' + 2\left(b - \frac{2x^3}{3}\right) = 0,$$

d'où l'on tire

$$b = \frac{2x^3}{3} + 2(y - xy')y'.$$

Substituant cette valeur dans l'équation précédente, elle devient

$$4(y - xy')^2(x^2 - y'^2) = 0.$$

Cette équation donne ces deux-ci :

$$y - xy' = 0, \qquad \text{et} \qquad x^2 - y'^2 = 0.$$

La première ne satisfait pas à la proposée, car elle donne

$$y' = \frac{y}{x}; \text{ et de là } y'' = \frac{y'}{x} - \frac{y}{x^2} = \frac{y}{x^2} - \frac{y}{x^2} = 0.$$

La seconde donne

$$y' = \pm x;$$

c'est la même que nous avons trouvée ci-dessus.

Ainsi les deux équations primitives du premier ordre ne donnent que la même équation singulière.

Il serait cependant naturel de penser que des équations primitives différentes devraient donner aussi différentes valeurs singulières; mais nous allons démontrer, *à priori*, que l'on a toujours la même équation primitive singulière, de quelque équation primitive qu'on la déduise; ce qu'on ne savait pas jusqu'ici.

Considérons une équation du second ordre, représentée en général par

$$f(x, y, y', y'') = 0,$$

et dont l'équation primitive entre x et y soit

$$F(x, y, a, b) = 0,$$

a et b étant les deux constantes arbitraires.

Par la théorie générale, on aura ses deux équations primitives du premier ordre, en éliminant a ou b, par le moyen de cette même équation et de sa première équation dérivée

$$F'(x, y) = 0,$$

a et b étant ici regardées comme constantes.

Comme la fonction dérivée $F'(x, y)$ renferme, outre les constantes a et b, la fonction y', désignons-la par $\varphi(x, y, y', a, b)$.

Ainsi on aura les deux équations primitives du premier ordre, en substituant alternativement, dans la même équation

$$\varphi(x, y, y', a, b) = 0,$$

la valeur de b en x, y, a, et la valeur de a en x, y et b, tirées de la même équation

$$F(x, y, a, b) = 0.$$

Ensuite on aura les équations primitives singulières, en éliminant a de la première, par le moyen de son équation dérivée, prise relativement à a, et en éliminant b de la seconde par le moyen de son équation dérivée prise relativement à b.

Considérons d'abord, dans l'équation

$$\varphi(x, y, y', a, b) = 0,$$

la quantité b comme une fonction de x, y, a, déterminée par l'équation

$$F(x, y, a, b) = 0;$$

son équation dérivée prise relativement à a, sera

$$\varphi'(a) + b'\varphi'(b) = 0,$$

en supposant que b' soit la fonction dérivée de b, prise relativement à a; or, comme b est une fonction de a, déterminée par l'équation

$$F(x, y, a, b) = 0;$$

on aura la valeur de b', en prenant la dérivée de cette équation, par rapport à a; opération qui donne

$$F'(a) + b'F'(b) = 0.$$

Si maintenant on élimine b' de ces deux équations, on a

$$\varphi'(a) \times F'(b) - \varphi'(b) \times F'(a) = 0.$$

Cette équation, étant combinée avec les deux

$$F(x, y, a, b) = 0 \quad \text{et} \quad \varphi(x, y, y', a, b) = 0,$$

donnera, par l'élimination de a et b, l'équation singulière résultant de l'équation dérivée relative à a.

En regardant de même a comme fonction de b dans l'équation

$$\varphi(x, y, y', a, b) = 0,$$

on aura également l'équation dérivée, relative à b,

$$a'\varphi'(a) + \varphi'(b) = 0,$$

et la valeur de a' dépendra alors de l'équation dérivée, relativement à b,

$$a'F'(a) + F'(b) = 0;$$

de sorte que, par l'élimination de a', on aura pareillement

$$\varphi'(a) \times F'(b) - \varphi'(b) \times F'(a) = 0.$$

Ainsi l'équation primitive singulière déduite de l'équation dérivée relative à b, sera encore le résultat de l'élimination de a et b, par le moyen de l'équation précédente et des équations

$$F(x, y, a, b) = 0, \quad \varphi(x, y, y', a, b) = 0.$$

Donc ce résultat sera le même dans les deux cas, puisque les équations sont les mêmes.

Il suit de là qu'on peut trouver directement l'équation primitive singuilière d'une équation du second ordre, au moyen de son équation primitive complète, sans connaître en particulier les deux équations primitives du premier ordre; car, soit

$$F(x, y, a, b) = 0$$

cette équation, où a et b sont les deux constantes arbitraires, il n'y aura qu'à éliminer a, b et b', au moyen des quatre équations

$$F(x, y, a, b) = 0, \qquad \varphi(x, y, y', a, b) = 0,$$
$$F'(a) + b'F'(b) = 0, \qquad \varphi'(a) + b'\varphi'(b) = 0,$$

en supposant

$$\varphi(x, y, y', a, b) = F'(x, y).$$

On peut appliquer le même raisonnement aux équations des ordres supérieurs, et en tirer des conclusions semblables. Ainsi, si

$$F(x, y, a, b, c) = 0$$

est supposée l'équation primitive entre x et y, et les trois constantes arbitraires a, b, c, d'une équation dérivée du troisième ordre, les trois équations primitives du second ordre donneront une même équation primitive singulière de ce même ordre qui ne sera que le résultat de l'élimination de a, b, c et de b', c', au moyen de ces six équations

$$F(x, y, a, b, c) = 0,$$
$$\varphi(x, y, y', a, b, c) = 0,$$
$$\psi(x, y, y', y'', a, b, c) = 0,$$
$$F'(a) + b'F'(b) + c'F'(c) = 0,$$
$$\varphi'(a) + b'\varphi'(b) + c'\varphi'(c) = 0,$$
$$\psi'(a) + b'\psi'(b) + c'\psi'(c) = 0,$$

en supposant

$$\varphi(x, y, y', a, b, c) = F'(x, y).$$
$$\psi(x, y, y', y'', a, b, c) = F''(x, y);$$

et ainsi de suite.

Ainsi l'équation du second ordre

$$y''^2 - \frac{2y'y''}{x} + 1 = 0,$$

ayant, comme on l'a vu ci-dessus, pour équation primitive entre x et y, l'équation

$$\frac{x^3}{3} - 2ay + a^2x + b = 0,$$

où a et b sont les constantes arbitraires, on aura tout de suite l'équation primitive singulière du premier ordre, en combinant cette équation avec son équation dérivée ordinaire, et avec les deux dérivées de celles-ci, prises par rapport à a, et en regardant b comme fonction de x, y, y' et a, de manière que les quantités a, b, et b' disparaissent.

Pour donner plus de généralité à cet exemple, en conservant la constante b dans l'équation dérivée, je donnerai d'abord à l'équation primitive, la forme

$$x^2 + 3a^2 + \frac{3b - 6ay}{x} = 0,$$

et j'aurai pour sa dérivée

$$2x - \frac{6ay'}{x} - \frac{3b - 6ay}{x^2} = 0.$$

Prenant maintenant les dérivées de l'une et de l'autre relativement à a, il viendra

$$6a - \frac{6y}{x} + \frac{3b'}{x} = 0,$$

$$\frac{6y}{x^2} - \frac{6y'}{x} - \frac{3b'}{x^2} = 0,$$

b étant supposé fonction de a.

En éliminant d'abord b', on a

$$\frac{6(a - y')}{x} = 0, \text{ d'où } a = y' :$$

les deux premières donnent ensuite, en éliminant b,

$$3x + \frac{3a^2 - 6ay'}{x} = 0 ;$$

substituant la valeur de a, il vient

$$3x - \frac{3y'^2}{x} = 0, \text{ ou } y'^2 - x^2 = 0,$$

comme plus haut.

Soit encore l'équation du second ordre

$$y - xy' + \frac{x^2}{2} y'' - (y' - xy'')^2 - y''^2 = 0,$$

dont

dont l'equation primitive en x et y est

$$y-\frac{a}{2}x^2-bx-a^2-b^2=0.$$

Si on élimine tour-à-tour a et b de cette équation, au moyen de son équation dérivée

$$y'-ax-b=0;$$

on a ces deux-ci,

$$y+\left(\frac{a}{2}-a^2\right)x^2-(1-2a)xy'-a^2-y'^2=0,$$

$$y-\frac{(b+y')x}{2}-\frac{(b-y')^2}{x^2}-b^2=0.$$

En prenant l'équation dérivée de la première relativement à a, on trouve

$$\left(\frac{1}{2}-2a\right)x^2+2xy'-2a=0;$$

d'où résulte

$$a=\frac{x^2+4xy'}{4(1+x^2)},$$

valeur qui, étant substituée dans la même équation, donne

$$y-xy'-y'^2+\frac{(4xy'+x^2)^2}{16(1+x^2)}=0.$$

De même l'équation dérivée de la seconde, relativement à b, sera

$$\frac{x}{2}+\frac{2(b-y')}{x^2}+2b=0;$$

N

d'où l'on tire

$$b=\frac{4y'-x^3}{4(1+x^2)};$$

et la substitution de cette valeur donnera

$$y-\frac{xy'}{2}-\frac{y'^2}{x^2}+\frac{(4y'-x^3)^2}{16x^2(1+x^2)}=0:$$

ces deux équations reviennent au même, car elles se réduisent l'une et l'autre à celle-ci,

$$(1+x^2)y-\left(x+\frac{x^3}{2}\right)y'-y'^2+\frac{x^4}{16}=0,$$

qui est, parconséquent, l'équation primitive singulière de la proposée du second ordre.

On aura le même résultat en éliminant immédiatement a, b et b', au moyen de l'équation primitive

$$y-\frac{a}{2}x^2-bx-a^2-b^2=0,$$

de sa première dérivée

$$y'-ax-b=0,$$

et de leurs deux dérivées par rapport à a,

$$\frac{x^2}{2}-2a+(x-2b)\,b'=0,\quad x+b'=0.$$

Ces deux-ci donnent, en éliminant b',

$$\frac{x^2}{2}-2a-(x-2b)\,x=0.$$

En combinant celle-ci avec la seconde, on trouve

$$a = \frac{x^2 + 4xy'}{4(1+x^2)}, \quad b = \frac{4y' - x^3}{4(1+x^2)};$$

et ces valeurs étant substituées dans la première, il vient

$$y(1+x^2) + \frac{x^4}{16} - \left(\frac{x^3}{2} + x\right)y' - y'^2 = 0,$$

comme ci-dessus.

Si de l'équation primitive

$$F(x, y, y' \ldots y^{(n-1)}, a) = 0,$$

on tire la valeur de a en fonction de

$$x, y, y, \ldots y^{(n-1)},$$

et qu'on la désigne par

$$\Phi(x, y, y' \ldots y^{(n-1)}),$$

il est clair qu'en substituant cette fonction à la place de a, dans la même équation, elle deviendra nécessairement identique; parconséquent ses équations dérivées relatives à

$$x, y, y' \ldots y^{(n-1)}$$

en particulier, auront lieu aussi.

On aura donc

$$F'(x) + F'(a) \times \Phi'(x) = 0,$$
$$F'(y) + F'(a) \times \Phi'(y) = 0,$$
$$F'(y') + F'(a) \times \Phi'(y') = 0,$$
etc.,

où j'ai conservé, sous le signe F', la lettre a à la place de sa valeur

$$\Phi(x, y, y' \ldots y^{(n-1)}).$$

De là on déduira

$$\Phi'(x) = -\frac{F'(x)}{F'(a)},$$

$$\Phi'(y) = -\frac{F'(y)}{F'(a)},$$

$$\Phi'(y') = -\frac{F'(y')}{F'(a)},$$

etc.

Donc, puisque la quantité $F'(a)$ devient nulle dans le cas de l'équation primitive singulière, il s'ensuit que, dans ce même cas, les valeurs de

$$\Phi'(x),\ \Phi'(y),\ \Phi'(y'),\ \text{etc.} \ldots\ldots \Phi'(y^{n-1}),$$

deviendront chacune infinie.

Ce caractère fournit aussi un moyen général de trouver l'équation primitive singulière; et ce moyen est surtout utile, lorsque l'équation primitive est sous la forme

$$\Phi(x, y, y', y'' \ldots y^{(n-1)}) = a,$$

laquelle paraît échapper à la règle générale établie ci-dessus; car on aurait ici

$$F(x, y, y' \ldots y^{(n-1)}) = \Phi(x, y, y' \ldots y^{(n-1)}) - a.$$

et de là

$$F'(a) = -1;$$

d'où l'on ne pourrait rien conclure relativement à l'équation primitive singulière.

Il faut néanmoins observer que, quoiqu'il soit vrai que l'équation primitive singulière rend les fonctions

$$\Phi'(x),\ \Phi'(y),\ \Phi'(y'),\ \text{etc.}$$

infinies, on n'en doit pas conclure que toute équation qui rendra ces quantités infinies, sera une équation primitive singulière; il faudra, de plus, que cette équation ne rende pas la fonction

$$\Phi(x, y, y' \ldots)$$

égale à une constante, car on n'aurait alors qu'un cas particulier de l'équation primitive générale.

Par exemple, si

$$\Phi(x, y) = (y - x)^m,$$

on aura

$$\Phi'(x) = -m(y - x)^{m-1}, \quad \Phi'(y) = m(y - x)^{m-1};$$

l'une et l'autre de ces quantités deviennent infinies, en faisant $y - x = 0$, pourvu que $m < 1$.

Mais cette équation

$$y - x = 0,$$

rend la valeur de $\Phi(x, y)$ égale à zéro ou à l'infini, suivant que m est positif ou négatif; donc elle ne peut pas être une équation primitive singulière.

Prenons l'équation du premier exemple

$$x^2 - 2ay + a^2 - b = 0,$$

elle donne

$$a = -y + \sqrt{(x^2 + y^2 - b)},$$

donc

$$\Phi(x, y) = -y + \sqrt{(x^2 + y^2 - b)};$$

et de là

$$\Phi'(x) = \frac{x}{\sqrt{(x^2 + y^2 - b)}},$$

$$\Phi'(y) = -1 + \frac{y}{\sqrt{(x^2 + y^2 - b)}},$$

où l'on voit que ces deux fonctions deviennent infinies par l'équation primitive singulière

$$x^2 + y^2 - b = 0.$$

Nous avons trouvé plus haut cette équation du premier ordre,

$$y(1+x^2)+\frac{x^4}{16}-\left(\frac{x^3}{2}+x\right)y'-y'^2=0,$$

pour l'équation primitive singulière de l'équation du second ordre,

$$y'-xy'+\frac{x^2}{2}y''-(y'-xy'')^2-y''^2=0;$$

en dégageant la fonction y', on a

$$y'+\frac{2x+x^3}{4}-\frac{\sqrt{(1+x^2)}\times\sqrt{(16y+4x^2+x^4)}}{4}=0;$$

et divisant par $\frac{1}{8}\sqrt{(16y+4x^2+x^4)}$, on obtient

$$\frac{8y'+4x+2x^3}{\sqrt{(16y+4x^2+x^4)}}=2\sqrt{(1+x^2)},$$

équation dont les deux membres sont des fonctions dérivées exactes.

En prenant leurs fonctions primitives, et ajoutant la constante arbitraire k, on aura l'équation primitive

$$\sqrt{(16y+4x^2+x^4)}=x\sqrt{(1+x^2)}$$
$$-l[\sqrt{(1+x^2)}-x]+k,$$

comme il est facile de s'en assurer en prenant les fonctions dérivées de ses deux membres.

Cette équation est, comme l'on voit, bien différente de l'équation primitive complète

$$y-\frac{a}{2}x^2-bx-a^2-b^2=0:$$

mais elle satisfait également à l'équation proposée du second ordre, parcequ'elle satisfait, en général, à l'équation du premier ordre, qui satisfait à celle du second ordre, comme primitive singulière.

Mais cette équation du premier ordre peut avoir elle-même une primitive singulière qu'il est bon de chercher.

Comme la constante k est débarrassée des variables x et y, on a immédiatement

$$k=\sqrt{(16y+4x^2+x^4)}-x\sqrt{(1+x^2)}-l[\sqrt{(1+x^2)}-x];$$

de sorte qu'en désignant cette fonction par $\Phi(x, y)$, et prenant les fonctions dérivées relatives à x ou y, on aura sur-le-champ

$$\Phi'(y)=\frac{8}{\sqrt{(16y+4x^2+x^4)}};$$

donc, supposant cette quantité infinie, on aura l'équation

$$16y+4x^2+x^4=0$$

pour l'équation primitive singulière de l'équation du premier ordre, qui est déjà elle-même une primitive singulière de la proposée du second ordre.

Elle satisfait, en effet, comme on peut s'en assurer, à l'équation du premier ordre; mais elle ne satisfait plus à celle du second ordre.

On aurait pu aussi déduire immédiatement cette même équation singulière de l'équation primitive entre x et y

$$y-\frac{a}{2}x^2-bx-a^2-b^2=0,$$

en déterminant a et b par ses deux équations dérivées relatives à a et b.

On aura ainsi

$$\frac{1}{2}x^2+2a=0,\ x+2b=0;$$

d'où l'on tire

$$a = -\frac{x^2}{4}, b = -\frac{x}{2};$$

substituant ces valeurs dans l'équation précédente, elle deviendrait

$$y + \frac{x^4}{16} + \frac{x^2}{4} = 0.$$

Il n'est pas difficile, en effet, de démontrer, par la théorie générale des équations primitives singulières, que ces sortes d'équations primitives singulières doubles, résultent de l'équation primitive

$$F(x, y, a, b) = 0,$$

en éliminant les deux constantes a et b par les deux équations particulières

$$F'(a) = 0, \text{ et } F'(b) = 0.$$

Et par là il est aisé de voir la raison pourquoi elles ne satisfont pas, en général, à l'équation du second ordre, dont

$$F(x, y, a, b) = 0$$

est l'équation primitive complète avec les deux constantes arbitraires a et b.

Car soit

$$f(x, y, y', y'') = 0$$

cette équation du second ordre; elle résulte, comme nous l'avons vu, de l'élimination de a et b regardées comme constantes, au moyen des trois équations

$$F(x, y, a, b) = 0, \; F'(x, y) = 0, \; F''(x, y) = 0.$$

Mais, lorsqu'on regarde a et b comme des fonctions de x et y, l'équation dérivée de

$$F(x, y, a, b) = 0$$

n'est plus simplement

$$F'(x,y)=0,$$

mais elle devient

$$F'(x,y)+a'F'(a)+b'F'(b)=0,$$

laquelle se réduit cependant à

$$F'(x,y)=0,$$

en déterminant a et b par les deux conditions

$$F'(a)=0 \text{ et } F'(b)=0,$$

qui sont celles de l'équation primitive singulière double.

Comme la fonction dérivée $F'(x, y)$ étant développée, renferme les variables x, y, y', et les deux constantes a et b, désignons-la par $\varphi\,(x, y, y', a, b)$; il est clair que la troisième équation

$$F''(x,y)=0,$$

où a et b sont regardées comme constantes, sera représentée par

$$\varphi'(x,y,y')=0;$$

mais, dans le cas où ces quantités sont variables, elle deviendra

$$\varphi'(x,y,y')+a'\varphi'(a)+b'\varphi'(b)=0,$$

qui ne se réduit plus à

$$\varphi'(x,y,y')=0,$$

parceque les deux fonctions $\varphi'(a)$ et $\varphi'(b)$ ne sont pas nulles.

Ainsi il est impossible que l'équation

$$F(x,y,a,b)=0,$$

dans laquelle a et b sont des fonctions de x et y, déterminées par les conditions

$$F'(a)=0, \; F'(b)=0,$$

satisfasse généralement à l'équation du second ordre qui résulte de la même équation par l'élimination des quantités a et b, au moyen de ses deux dérivées, première et seconde, prises en regardant a et b comme constantes.

On peut étendre cette théorie aux équations primitives des équations des ordres supérieurs.

Ainsi, si l'on a l'équation primitive

$$F(x, y, a, b, c)=0,$$

où a, b, c sont trois constantes arbitraires, et qu'on détermine ces trois quantités par les trois conditions

$$F'(a)=0, \quad F'(b)=0, \quad F'(c)=0,$$

on aura une équation primitive singulière triple, qui sera, parconséquent, la primitive singulière d'une équation du premier ordre, qui sera elle-même la primitive singulière d'une autre du second ordre, laquelle sera enfin la primitive singulière de l'équation du troisième ordre, dont la même équation

$$F(x, y, a, b, c)=0$$

sera la primitive ordinaire complète avec les trois constantes arbitraires a, b, c; mais cette équation primitive singulière triple ne satisfera ni à l'équation du troisième ordre, ni même à sa primitive singulière du second ordre.

Nous avons démontré plus haut, que les fonctions $\Phi'(x)$, $\Phi'(y)$, $\Phi'(y')$, etc., $\Phi'(y^{(n-1)})$ ont des valeurs infinies dans le cas de l'équation primitive singulière de la dérivée, dont

$$\Phi(x, y, y', y'' \ldots y^{(n-1)})=a$$

est la primitive ordinaire, avec la constante arbitraire a.

On peut conclure de là, tout de suite, que tout multiplicateur qui rendra une équation de l'ordre quelconque n, telle que

$$y^{(n)} + f(x, y, y' \ldots y^{(n-1)}) = 0,$$

une dérivée exacte d'une équation de l'ordre inférieur $n-1$, deviendra nécessairement infini en vertu de l'équation primitive singulière de la même équation.

Car soit M ce multiplicateur : on aura donc, par l'hypothèse,

$$M[y^{(n)} + f(x, y, y' \ldots y^{(n-1)})] = \Phi'(x, y, y' \ldots y^{(n-1)});$$

et l'équation primitive sera

$$\Phi(x, y, y' \ldots y^{(n-1)}) = a.$$

Or,

$$\Phi'(x, y, y' \ldots y^{(n-1)}) = y^{(n)}\Phi'(y^{(n-1)}) + \Phi'(x, y, y' \ldots y^{(n-2)}).$$

Donc $M = \Phi'(y^{(n-1)})$; parconséquent la quantité M deviendra infinie par la substitution de la valeur de $y^{(n-1)}$ donnée par l'équation primitive singulière.

Cette conclusion suit aussi directement de la forme même des multiplicateurs, que nous avons donnée dans la leçon treizième. En effet, si l'équation est du premier ordre, comme

$$y' + f(x, y) = 0,$$

elle n'aura qu'une équation primitive, telle que

$$F(x, y, a) = 0;$$

et tous les multiplicateurs de cette équation sont nécessairement renfermés dans la formule $\frac{\Phi a \times F'(y)}{F'(a)}$, Φa étant une fonction quelconque de a, en supposant qu'on substitue pour a sa valeur tirée de la même équation

$$F(x, y, a) = 0\,;$$

donc, puisque l'équation primitive singulière rend la fonction $F'(a)$ infinie, tous les multiplicateurs deviendront aussi infinis.

Si l'équation dérivée est du second ordre, comme

$$y'' + f(x, y, y') = 0,$$

elle peut avoir deux équations primitives différentes, chacune du premier ordre, telles que

$$F(x, y, y', a) = 0, \quad \text{et} \quad \overline{F}(x, y, y', b) = 0\,;$$

et la formule générale des multiplicateurs sera

$$\frac{\Phi'(a) \times F'(y')}{F'(a)} + \frac{\Phi'(b) \times \overline{F}'(y')}{\overline{F}'(b)},$$

$\Phi(a, b)$ étant une fonction quelconque de a et b, c'est-à-dire, de leurs valeurs déterminées par les équations précédentes.

Or l'équation primitive singulière rend nulle chacune des deux fonctions dérivées $F'(a)$, $F'(b)$; donc tous les multiplicateurs deviendront infinis dans le cas de cette équation; et ainsi de suite.

Par exemple, l'équation

$$y' - \frac{x}{\sqrt{(x^2 + y^2 - b)} - y} = 0,$$

qui est la même que celle qu'on a considérée ci-dessus, a pour l'un de ses multiplicateurs, la quantité

$$\frac{\sqrt{(x^2 + y^2 - b)} - y}{\sqrt{(x^2 + y^2 - b)}}\,;$$

En supposant ce multiplicateur infini, on a

$$x^2+y^2-b=0$$

pour son équation primitive singulière; ce qui s'accorde avec ce qu'on a déjà trouvé.

On a donc ainsi un nouveau moyen de trouver les équations primitives singulières par les multiplicateurs.

Mais, quoiqu'il soit prouvé que tout multiplicateur doit devenir infini par l'équation primitive singulière, on ne peut pas dire réciproquement que toute équation qui rendra un multiplicateur infini, sera une équation singulière. En effet la formule générale des multiplicateurs étant pour le premier ordre $\frac{\Phi a \times F'(y)}{F'(a)}$, il est évident que sa valeur peut devenir infinie sans que l'on ait

$$F'(a)=0;$$

car pour cela il suffit que l'une ou l'autre des fonctions Φa, $F'(y)$, reçoive une valeur infinie.

Au reste, on peut se convaincre aussi, par [illegible] raisonnement fort simple, que l'équation primitive sing[illegible]ière doit rendre infini tout multiplicateur d'une équa[illegible] d'un ordre quelconque n, de la forme

$$y^{(n)}+f(x, y, y' \ldots y^{(n-1)})=0.$$

Car M étant un multiplicateur de cette équation, on aura

$$M[y^{(n)}+f(x, y, y' \ldots y^{(n-1)})]=\Phi'(x, y, y' \ldots y^{(n-1)});$$

et l'équation deviendra

$$\Phi'(x, y, y' \ldots y^{(n-1)})=0,$$

dont la primitive sera

$$\Phi\,(x, y, y' \ldots y^{(n-1)}) = a,$$

a étant une constante arbitraire.

Maintenant l'équation primitive singulière doit satisfaire à la proposée

$$y^{(n)} + f(x, y, y' \ldots y^{(n-1)}) = 0,$$

et ne doit pas être comprise dans sa primitive complète

$$\Phi\,(x, y, y' \ldots y^{(n-1)}) = a.$$

Donc la valeur de $y^{(n-1)}$, tirée de la primitive singulière, étant substituée dans la fonction $\Phi\,(x, y, y' \ldots y^{(n-1)})$, ne doit pas la rendre égale à une constante; parconséquent elle ne devra pas rendre nulle sa dérivée $\Phi'\,(x, y, y' \ldots y^{(n-1)})$.

Donc cette valeur doit rendre nulle la quantité

$$y^{(n)} + f(x, y, y' \ldots y^{(n-1)}),$$

et ne doit pas rendre nulle la quantité

$$M\,[y^{(n)} + f\,(x, y, y' \ldots y^{(n-1)})];$$

ce qui ne peut avoir lieu qu'autant qu'elle rendra la quantité M infinie.

C'est à-peu-près de cette manière que *Laplace* a démontré le premier cette proposition importante que d'autres géomètres avaient entrevue, mais dont on n'avait pas encore donné une démonstration rigoureuse. *Voyez* son *Mémoire sur les Solutions particulières*, parmi ceux de l'Académie des Sciences de 1772.

LEÇON QUINZIÈME.

Comment l'équation primitive singulière résulte de l'équation dérivée.

PAR les principes que nous venons d'établir, on peut trouver l'équation primitive singulière de toute équation dérivée dont on connaît déjà l'équation primitive de l'ordre immédiatement inférieur, ou dont on est en état de trouver cette équation à l'aide d'un multiplicateur.

Nous allons voir maintenant comment on peut déduire l'équation primitive singulière de l'équation dérivée seule.

Pour cela, il faut examiner ce que l'équation dérivée devient dans le cas de l'équation primitive singulière.

Reprenons le principe fondamental des équations primitives singulières.

Si

$$F(x, y, a) = 0,$$

est l'équation primitive d'une équation du premier ordre, celle-ci sera le résultat de l'élimination de la constante a, au moyen de son équation dérivée

$$F'(x, y) = 0,$$

relative à x et y; et l'équation primitive singulière sera le résultat de l'élimination de la même quantité a, au moyen de l'équation dérivée

$$F'(a) = 0,$$

relative à a.

Supposons que l'on tire de l'équation

$$F'(x, y) = 0,$$

la valeur de a en fonction de x, y et y', que je représenterai par $\varphi(x, y, y')$, et qu'on substitue cette fonction au lieu de a, dans l'équation primitive

$$F(x, y, a) = 0,$$

on aura une équation en x, y, y' qui sera la dérivée de la proposée.

Ainsi, en désignant simplement par φ la fonction $\varphi(x, y, y')$, on aura

$$F(x, y, \varphi) = 0$$

pour l'équation dérivée.

Prenons maintenant la dérivée de celle-ci, et, comme φ est une fonction des variables x, y, y', on aura cette équation

$$F'(x, y) + \varphi' F'(\varphi) = 0,$$

où l'expression $F'(x, y)$ est la même chose que le premier membre de l'équation ci-dessus

$$F'(x, y) = 0,$$

si ce n'est qu'à la place de a il y a sa valeur φ, tirée de cette même équation; d'où il suit que l'expression dont il s'agit sera identiquement nulle, puisqu'elle est censée être le résultat de la substitution de la valeur de a, qui la rend nulle.

La dérivée de l'équation du premier ordre

$$F(x, y, \varphi) = 0,$$

se réduira donc simplement à celle-ci,

$$\varphi' F'(\varphi) = 0,$$

laquelle se décompose, comme l'on voit, en ces deux-ci,

$$\varphi' = 0, \quad \text{et} \quad F'(\varphi) = 0.$$

La

La première

$$\varphi' = 0, \text{ savoir, } \varphi'(x, y, y') = 0,$$

est une équation du second ordre qui donne la valeur de y'' en x, y et y'.

Cette équation a pour équation primitive φ égal à une constante arbitraire ; ainsi

$$\varphi = a, \text{ et } F(x, y, \varphi) = 0$$

sont deux équations primitives du premier ordre de la même équation du second ordre

$$\varphi' F'(\varphi) = 0;$$

donc, par la théorie exposée dans la leçon douzième, éliminant y' de ces deux équations, on aura l'équation primitive de

$$F(x, y, \varphi) = 0,$$

dans laquelle a sera la constante arbitraire ; mais comme y' n'est contenue que dans la fonction φ, le résultat de cette élimination sera le même que celui de l'élimination de φ ; par-conséquent ce résultat sera

$$F(x, y, a) = 0,$$

ce qui redonne la même équation primitive d'où l'on était parti.

Considérons maintenant l'autre équation

$$F'(\varphi) = 0;$$

celle-ci satisfait aussi, comme l'on voit, à la même équation du second ordre ; mais comme elle ne contient que les fonctions y et y', elle peut être regardée comme une équation primitive du premier ordre de la même équation, mais sans constante arbitraire. Ainsi, en éliminant y' par le moyen de celle-ci, et de l'équation du premier ordre

$$F(x, y, \varphi) = 0,$$

on aura une nouvelle équation primitive de cette même équation, qui sera nécessairement différente de l'équation primitive

$$F(x, y, a) = 0.$$

Or, comme la quantité y' n'est contenue que dans la fonction φ, le résultat de l'élimination de y', des deux équations

$$F'(\varphi) = 0, \text{ et } F(x, y, \varphi) = 0,$$

sera le même que celui de l'élimination de φ, comme nous l'avons déjà observé plus haut; et ce résultat sera évidemment le même que celui de l'élimination de la quantité a des deux équations

$$F'(a) = 0, \text{ et } F(x, y, a) = 0.$$

Donc, par ce qu'on a démontré dans la leçon précédente, ce résultat donnera l'équation primitive singulière de l'équation dérivée dont

$$F(x, y, a) = 0$$

est l'équation primitive ordinaire, a étant la constante arbitraire.

D'où l'on doit conclure que l'équation

$$F'(\varphi) = 0$$

donnera, par l'élimination de y', la même équation primitive singulière de la proposée du premier ordre

$$F(x, y, \varphi) = 0,$$

qu'on eût trouvée d'après son équation primitive

$$F(x, y, a) = 0,$$

suivant les principes et la méthode exposés dans la leçon précédente.

On voit par là qu'il est toujours possible de mettre l'équation dérivée sous une forme telle que sa dérivée donne elle-même immédiatement l'équation primitive singulière, s'il y en a une; et c'est une observation qui n'avait point encore été faite jusqu'ici.

Reprenons l'équation du premier exemple de la leçon précédente.

$$x^2 - 2ay - a^2 - b = 0,$$

en la regardant comme une équation primitive dont a est la constante arbitraire; pour avoir l'équation dérivée qui ait la propriété dont il s'agit, il faudra y substituer pour a sa valeur $\frac{x}{y'}$ tirée de la dérivée

$$x - ay' = 0.$$

Ainsi l'équation dérivée dont il s'agit sera

$$x^2 - \frac{2xy}{y'} - \frac{x^2}{y'^2} - b = 0.$$

En prenant la dérivée de celle-ci, on a

$$x - \frac{y}{y'} - x + \frac{xyy''}{y'^2} - \frac{x}{y'^2} + \frac{x^2y''}{y'^3} = 0;$$

équation qui se réduit à

$$\left(\frac{y}{y'} + \frac{x}{y'^2}\right)\left(\frac{xy''}{y'} - 1\right) = 0,$$

comme nous l'avons déjà observé dans la leçon douzième.

En la mettant sous la forme

$$\left(\frac{1}{y'} - \frac{xy''}{y'^2}\right)\left(y + \frac{x}{y'}\right) = 0,$$

on voit qu'elle revient à

$$\varphi' F'(\varphi) = 0;$$

en supposant

$$F(x, y, a) = x^2 - 2ay - a^2 - b,$$

et prenant pour φ la valeur de a, tirée de l'équation prime

$$x - ay' = 0.$$

Le facteur du premier ordre donne l'équation

$$y + \frac{x}{y'} = 0, \quad \text{d'où} \quad y' = -\frac{x}{y},$$

valeur qui, étant substituée dans l'équation du premier ordre, la réduit à

$$x^2 - b + 2y^2 - y^2 = 0 \text{ ou } x^2 + y^2 - b = 0,$$

équation primitive singulière, comme nous l'avons déjà trouvée; car l'équation dérivée que nous considérons ici, est la même que l'équation

$$y' \sqrt{(x^2 + y^2 - b)} - yy' - x = 0,$$

que nous avons considérée dans le premier exemple de la leçon précédente; mais sous cette forme, elle n'aurait pas son équation prime décomposable en deux facteurs.

Le facteur du second ordre $\frac{1}{y'} - \frac{xy''}{y'^2}$ étant fait égal à zéro, donnera

$$y'' = \frac{y'}{x}.$$

On aurait aussi facilement par ce facteur l'équation primitive; car étant la fonction dérivée exacte de $\frac{x}{y'}$, il donnera tout de suite l'équation primitive du premier ordre

$$\frac{x}{y'} = a;$$

multipliant par $2y'$, et prenant de nouveau les fonctions primitives, il vient

$$x^2 = 2ay + c,$$

a et c étant des constantes arbitraires ; mais la proposée n'étant que du premier ordre, ne peut avoir qu'une constante arbitraire; il faut donc qu'il y ait une relation entre ces deux arbitraires; pour la trouver il faut substituer dans la proposée les valeurs de y et y' tirées des équations primitives que nous venons de trouver. Ces valeurs sont $\frac{x^2 - c}{2a}$ et $\frac{x}{a}$, et l'on aura

$$x^2 - b - x^2 + c - a^2 = 0, \text{ et de là } c = a^2 + b;$$

de sorte que l'équation primitive sera

$$x^2 = 2ay + a^2 + b = 0,$$

comme ci-dessus.

Il n'est pas même nécessaire de passer à une seconde équation primitive; car ayant trouvé $\frac{x}{y'} = a$, il n'y a qu'à substituer tout de suite la valeur de $y' = \frac{x}{a}$ dans la proposée du premier ordre, et l'on aura aussi

$$x^2 - b - 2ay - a^2 = 0.$$

Considérons les équations du second ordre. Soit

$$F(x, y, y', a) = 0$$

l'équation primitive du premier ordre d'une équation dérivée du second.

En éliminant a au moyen de l'équation

$$F'(x, y, y') = 0,$$

on aura l'équation du second ordre; et en l'éliminant au moyen de 'équation

$$F'(a) = 0,$$

on aura l'équation primitive singulière.

Soit $\varphi(x, y, y', y'')$ ou simplement φ, la valeur de a en fonction de x, y, y', y'', tirée de l'équation

$$F'(x, y, y') = 0:$$

en substituant cette valeur dans l'équation primitive, on aura une équation dérivée de la forme

$$F(x, y, y', \varphi) = 0;$$

et si on prend l'équation dérivée de celle-ci, il est visible que la partie $F'(x, y, y')$, relative à la variation de x, y, y', sera identiquement nulle, puisque la quantité φ, qui y est regardée comme constante, est supposée déterminée par l'équation même

$$F'(x, y, y') = 0.$$

Il ne restera donc que l'équation

$$\varphi' F'(\varphi) = 0,$$

qui se décompose en

$$\varphi' = 0, \text{ et } F'(\varphi) = 0.$$

L'équation

$$\varphi' = 0$$

sera du troisième ordre, et donnera la valeur de y'''. Son équation primitive sera évidemment

$$\varphi = a,$$

en prenant a pour une constante quelconque. Éliminant y'', qui est contenu dans φ, au moyen de l'équation dérivée

$$F(x, y, y', \varphi) = 0,$$

on aura le même résultat que par l'élimination de φ; c'est-à-dire,

$$F(x, y, y', a) = 0,$$

équation primitive.

L'autre équation

$$F'(\varphi) = 0$$

donnera aussi, par l'élimination de y'', le même résultat que par l'élimination de φ, et parconséquent le même résultat que par l'élimination de a, au moyen des équations

$$F'(a)=0, \text{ et } F(x, y, y', a)=0;$$

qui sont les mêmes, en y changeant a en φ.

Donc ce résultat sera l'équation primitive singulière de l'équation du second ordre dont

$$F(x, y, y', a)=0$$

est l'équation primitive du premier ordre.

L'équation du second ordre

$$y''^2 - \frac{2y'y''}{x} + 1 = 0,$$

que nous avons considérée dans les leçons précédentes, a pour dérivée

$$2\left(y''-\frac{y'}{x}\right)y''' - \frac{2y''^2}{x} + \frac{2y'y''}{x^2}=0,$$

qu'on peut mettre sous cette forme

$$2\left(y''-\frac{y'}{x}\right)\left(y'''-\frac{y''}{x}\right)=0.$$

Le facteur $y''-\frac{y'}{x}$ n'étant que du même ordre que la proposée, donnera, par l'élimination de y'', une équation primitive singulière de celle-ci; car en faisant

$$y''-\frac{y'}{x}=0, \text{ on a } y''=\frac{y'}{x},$$

valeur qui étant substituée dans la proposée, donne

$$-\frac{y'^2}{x^2}+1=0; \text{ savoir, } x^2-y'^2=0,$$

comme nous l'avons trouvé dans la leçon précédente.

L'autre facteur donnera l'équation du troisième ordre

$$y'''-\frac{y''}{x}=0,$$

qui étant divisée par x, a pour primitive du second ordre

$$\frac{y''}{x}=\frac{1}{a},$$

a étant une constante arbitraire; celle-ci donne

$$y''=\frac{x}{a}:$$

substituant cette valeur dans la proposée, on a

$$\frac{x^2}{a^2}-\frac{2y'}{a}+1=0;\text{ ou } x^2-2ay'+a^2=0,$$

équation primitive, comme on l'a vu dans la leçon citée.

Le même procédé s'applique aux équations d'un ordre quelconque; et l'on en peut conclure, en général, que toute équation dérivée est susceptible d'une forme telle que sa dérivée ait deux facteurs, dont l'un réponde à l'équation primitive ordinaire, et dont l'autre donne immédiatement l'équation primitive singulière, s'il y en a une; ce qui jette un nouveau jour sur la nature des équations primitives singulières : car il est évident que les deux facteurs de l'équation dérivée étant indépendans l'un de l'autre, doivent satisfaire chacun en particulier à cette équation, et, parconséquent aussi à son équation primitive proposée.

En même temps on voit que le facteur qui donne l'équation primitive singulière, et qui est du même ordre que la proposée, ne pourra pas satisfaire aux équations des ordres supérieurs, puisqu'il ne satisfait pas à celle qui résulte de l'autre facteur, et qui contient seule les fonctions dérivées d'un ordre plus élevé que la proposée.

Je considère maintenant que, comme toute équation dérivée du premier ordre, telle que

$$f(x,y,y')=0$$

ne peut être que le résultat de l'élimination de la constante arbitraire a, au moyen de l'équation primitive

$$F(x, y, a) = 0,$$

et de sa dérivée

$$F'(x, y) = 0;$$

ainsi que nous l'avons vu dans la leçon douzième, et que l'équation

$$F(x, y, \varphi) = 0,$$

est déjà le résultat de cette élimination par ce que nous avons démontré plus haut; il suit, de la théorie connue de l'élimination, que si les deux équations

$$f(x, y, y') = 0 \text{ et } F(x, y, \varphi) = 0,$$

ne sont pas identiques, elles ne peuvent différer que par un facteur qui affectera l'une des deux, et qui ne pourra être qu'une fonction de x, y et y'.

Supposons donc que M soit un pareil facteur, ensorte qu'on ait l'équation identique

$$f(x, y, y') = M \times F(x, y, \varphi).$$

On aura donc en prenant les fonctions dérivées

$$f'(x, y, y') = M \times F'(x, y, \varphi) + M' \times F(x, y, \varphi),$$

mais nous avons déjà vu que la dérivée de $F(x, y, \varphi)$ se réduit à $\varphi' F'(\varphi)$; donc substituant $\varphi' F'(\varphi)$ pour $F'(x, y, \varphi)$, et mettant à la place de $F(x, y, \varphi)$ sa valeur $\frac{f(x, y, y')}{M}$; on aura

$$f'(x, y, y') = M \times F'(\varphi) \times \varphi' + \frac{M'}{M} \times f(x, y, y');$$

c'est la forme générale de la dérivée de la fonction $f(x, y, y')$ qui est le premier membre de l'équation proposée.

On voit par là qu'étant proposée l'équation du premier ordre

$$f(x, y, y') = 0,$$

on pourra satisfaire à sa dérivée

$$f'(x, y, y') = 0,$$

indépendamment de la valeur de y'', par le moyen de l'équation du même ordre

$$F'(\varphi) = 0,$$

combinée avec la proposée; de sorte que ces deux équations pourront être regardées également comme des équations primitives du premier ordre de la même équation dérivée

$$f'(x, y, y') = 0$$

du second ordre. Parconséquent il n'y aura qu'à éliminer y' entre elles pour avoir une équation primitive de la proposée, laquelle ne sera qu'une primitive singulière, comme nous l'avons démontré ci-dessus.

Maintenant si, dans la fonction dérivée $f'(x, y, y')$, on sépare la partie affectée de y'', elle devient $y''f'(y') + f'(x, y)$, suivant la notation que nous avons adoptée. Ainsi la dérivée de l'équation proposée

$$f(x, y, y') = 0$$

sera

$$y''f'(y') + f'(x, y) = 0;$$

et il est visible qu'on ne peut satisfaire à cette équation indépendamment de la valeur de y'', qu'en égalant séparément à zéro les deux fonctions $f'(y')$ et $f'(x, y,)$; il est facile de voir, en effet, par la comparaison de l'expression précédente de $f'(x, y, y')$ avec la forme générale trouvée ci-dessus, que les deux équations

$$F'(\varphi) = 0, f(x, y, y') = 0$$

emportent ces deux-ci,

$$f'(y')=0\,,\ f'(x,y)=0,$$

et réciproquement.

On aura donc l'équation primitive singulière de la proposée,

$$f(x,y,y')=0,$$

en faisant dans sa dérivée

$$y''f'(y')+f'(x,y)=0;$$

les deux équations séparées

$$f'(y')=0,\ f'(x,y)=0,$$

et éliminant la fonction y' au moyen de la proposée.

Si les deux résultats donnent la même équation entre x et y, ce sera l'équation primitive singulière; sinon ce sera une marque que la proposée n'admet pas d'équation primitive de cette espèce.

Lorsque les deux fonctions $f'(y')$ et $f'(x,y)$ ont un facteur commun, ce facteur égalé à zéro, remplit les deux conditions, et donne l'équation primitive singulière par l'élimination de y', au moyen de la proposée: c'est le cas où celle-ci est de la forme

$$F(x,y,\varphi)=0,$$

comme nous l'avons vu au commencement de cette leçon. Il y a, au reste, une forme plus générale que celle-ci, où la dérivée est toujours décomposable en deux facteurs dont l'un donne l'équation primitive singulière; nous en parlerons plus bas.

L'équation du premier ordre

$$y'^2(x^2-b)-2xyy'-x^2=0,$$

qui est la même que nous avons considérée au commencement de cette leçon, mais multipliée par y'^2, a pour dérivée

$$2[y'(x^2-b)-xy]y''-2(yy'+x)=0.$$

On voit ici que les deux fonctions $y'(x^2-b)-xy$ et $yy'+x$, n'ont aucun facteur commun; cependant, si on les fait chacune séparément égale à zéro, elles donnent ces deux valeurs de y'; savoir, $\frac{xy}{x^2-b}$ et $-\frac{x}{y}$, qui étant substituées dans la proposée, donnent ces deux-ci,

$$\frac{x^2y^2}{x^2-b}+x^2=0,\ \frac{x^2(x^2-b)}{y^2}+x^2=0,$$

lesquelles se réduisent à la même, savoir,

$$x^2(x^2+y^2-b)=0.$$

Ainsi cette équation est la primitive singulière de la proposée, comme nous l'avions déjà trouvé.

Je remarque maintenant que l'équation du premier ordre

$$f(x,y,y')=0,$$

ayant pour derivée

$$y''f'(y')+f'(x,y)=0,$$

donne en général

$$y''=-\frac{f'(x,y)}{f'(y')}$$

Mais nous venons de voir que, dans le cas de l'équation primitive singulière, on a séparément

$$f'(y')=0,\ f'(x,y)=0;$$

donc on aura, dans ce cas,

$$y''=\frac{0}{0};$$

ce qui donne cette règle générale et fort simple pour trouver l'équation primitive singulière de toute équation du premier ordre, lorsqu'il y en a une.

Cherchez, en prenant les fonctions dérivées, la valeur de la fonction seconde y'', et supposez-la égale à zéro divisé par zéro, vous aurez deux équations en x, y et y', qui, étant combinées avec la proposée, donneront, par l'élimination de y', deux autres équations en x et y. Si elles ont un facteur commun, ce sera l'équation primitive singulière de la proposée.

On peut appliquer ce procédé à l'exemple que nous avons traité ci-dessus.

Soit encore l'équation du premier ordre

$$(xy'-y)(xy'-2y)+x^3=0:$$

sa dérivée sera

$$x(2xy'-3y)y''-xy'^2+yy'+3x^2=0;$$

d'où l'on tire

$$y''=\frac{xy'^2-yy'-3x^2}{x(2xy'-3y)}.$$

Faisant cette expression $=\frac{0}{0}$, on aura les deux équations

$$xy'^2-yy'-3x^2=0,\ 2xy'-3y=0;$$

d'où il faudra éliminer y' par le moyen de la proposée. La seconde donne

$$y'=\frac{3y}{2x};$$

cette valeur substituée d'abord dans la première, donne celle-ci

$$\frac{3y^2}{4x}-3x^2=0,$$

et substituée dans la proposée, elle donne

$$-\frac{y^2}{4}+x^3=0:$$

ces deux équations se réduisent, comme l'on voit, l'une et l'autre à celle-ci

$$y^2-4x^3=0,$$

qui sera, parconséquent, l'équation primitive singulière de la proposée.

On peut s'en assurer, en effet, par l'équation primitive qui est

$$y-ax-\frac{x^2}{a}=0,$$

où a est la constante arbitraire. Sa dérivée relative à a, sera

$$-x+\frac{x^2}{a^2}=0,$$

laquelle donne

$$a^2=x \text{ et } a=\sqrt{x};$$

et l'équation primitive devient, par la substitution de cette valeur,

$$y-2x\sqrt{x}=0, \text{ ou } y^2-4x^3=0;$$

la même que nous venons de trouver.

Il est facile de voir, par l'expression générale de y'', que non-seulement cette expression devient $\frac{0}{0}$ en vertu de l'équation primitive singulière, mais que les expressions des fonctions suivantes y''', y'''', etc. deviendront aussi $\frac{0}{0}$ en les réduisant d'abord en simples fonctions de y', y'', etc., tirées de l'équation proposée, et substituant ensuite la valeur de y en x, donnée par l'équation primitive singulière.

On peut regarder cette propriété de l'équation primitive singulière, comme son vrai caractère distinctif; et l'on peut se convaincre d'ailleurs que son existence dépend, en effet, de ce que les valeurs des fonctions y'', y''', etc., des ordres supérieurs à la proposée, demeurent indéterminées.

Car si ces valeurs ne devenaient pas indéterminées dans le cas de l'équation primitive singulière, on pourrait, dans ce cas même, employer la formule générale donnée dans la leçon douzième

$$y = y^{\circ} + y^{\circ\prime} x + y^{\circ\prime\prime} \frac{x^2}{2} + y^{\circ\prime\prime\prime} \frac{x^3}{2.3} + \text{etc.},$$

dans laquelle y°, $y^{\circ\prime}$, $y^{\circ\prime\prime}$, etc. sont les valeurs qui répondent à $x = 0$; et la quantité y°, qui est la constante arbitraire, recevrait alors une valeur particulière dépendante de cette équation; de sorte que la valeur de y en x, au lieu d'être une valeur singulière, ne serait plus, contre l'hypothèse, qu'un cas particulier de la valeur générale.

Il arrive donc ici ce qui a lieu dans les formules générales, lorsqu'il y a des cas qu'elles ne peuvent pas représenter: elles donnent alors zéro divisé par zéro; c'est, pour ainsi dire, le moyen que l'analyse emploie pour échapper aux contradictions; les racines imaginaires n'indiquent pas, à proprement parler, une contradiction, mais une impossibilité.

Cette théorie s'applique également aux équations des ordres supérieurs au premier, et fournit des conclusions semblables.

En représentant par

$$F(x, y, y', a) = 0$$

l'équation primitive du premier ordre d'une équation du second ordre, nous avons vu que celle-ci peut se réduire à

$$F(x, y, y', \varphi) = 0,$$

et que sa dérivée sera alors

$$\varphi' F'(\varphi) = 0.$$

Or quelle que puisse être la forme sous laquelle une équation proposée du second ordre pourra se présenter, comme, en dernière analyse, elle doit toujours être le résultat de la meme élimination qui donne l'équation

$$F(x, y, y', \varphi) = 0,$$

il s'ensuit qu'elle ne pourra être que celle-ci multipliée par une fonction quelconque du même ordre ou d'un ordre supérieur.

Ainsi, si l'équation proposée est

$$f(x, y, y', y'') = 0,$$

on aura nécessairement

$$f(x, y, y', y'') = M \times F(x, y, y', \varphi),$$

M étant unè fonction de x, y, y', y''.

De là, en prenant les fonctions dérivées, et mettant $F'(\varphi) \times \varphi'$ pour $F'(x, y, y', \varphi)$, on aura, comme plus haut, l'équation

$$f'(x, y, y', y'') = M \times F'(\varphi) \times \varphi' + \frac{M'}{M} \times f(x, y, y', y'').$$

D'où il est aisé de conclure que l'on pourra satisfaire à la dérivée

$$f'(x, y, y', y'') = 0$$

de la proposée, indépendamment de la valeur de la fonction tierce y''', au moyen des deux équations du second ordre,

$$F'(\varphi) = 0 \quad \text{et} \quad f(x, y, y', y'') = 0,$$

dont la seconde est la proposée; et qu'on aura l'équation primitive singulière de celle-ci, en éliminant y'' des mêmes équations. Or la dérivée de la proposée étant de la forme

$$y''' f'(y'') + f'(x, y, y', = 0,$$

on

on n'y peut satisfaire, indépendamment de la valeur de y''', que par les deux équations séparées

$$f'(y'')=0 \text{ et } f'(x,y,y')=0.$$

Il faudra donc éliminer y'' de chacune de ces deux équations, au moyen de la proposée

$$f(x,y,y',y'')=0;$$

et si les deux résultats donnent une même équation, ce sera l'équation primitive singulière de la proposée.

On voit, en même temps, que puisqu'on a, en général,

$$y'''=-\frac{f'(x,y,y')}{f'(y'')},$$

les deux équations dont il s'agit rendent la valeur de y''' égale à $\frac{0}{0}$; de sorte que l'on peut regarder la condition de $y'''=\frac{0}{0}$ comme celle qui détermine l'équation primitive singulière de la proposée du second ordre.

En appliquant les mêmes principes aux équations d'un ordre quelconque $n^{ème}$, on en conclura que, pour trouver son équation primitive singulière, si elle en a une, il faudra tirer de sa dérivée, la valeur de la fonction $y^{(n+1)}$ de l'ordre suivant, et la faire $=\frac{0}{0}$, en égalant séparément le numérateur et le dénominateur à zéro, et éliminer ensuite de ces deux équations la fonction $y^{(n)}$ au moyen de la proposée.

Si ces deux éliminations donnent un même résultat, ce sera l'équation cherchée.

Nous avons vu plus haut, que l'équation du second ordre

$$y''^2-\frac{2y'y''}{x}+1=0,$$

a pour dérivée une équation résoluble en facteurs dont l'un qui n'est que du second ordre, donne sur-le-champ l'équation primitive singulière par l'élimination de y''. Mais si la même équation était proposée sous la forme

$$xy''^2 - 2y'y'' + x = 0,$$

sa dérivée

$$2(xy'' - y')y''' - y''^2 + 1 = 0,$$

ne présenterait plus de facteur.

Or elle donne

$$y''' = \frac{y''^2 - 1}{2(xy''^2 - y')}.$$

Égalant à zéro séparément le numérateur et le dénominateur, on a ces deux équations,

$$y''^2 - 1 = 0, \quad \text{et} \quad xy'' - y' = 0.$$

La première donne $y'' = \pm 1$; ce qui étant substitué dans la proposée, donne

$$2(x \pm y') = 0;\ \text{ou}\ y'^2 - x^2 = 0.$$

La deuxième donne

$$y'' = \frac{y'}{x};$$

dont la substitution dans la proposée, donne

$$-\frac{y'^2}{x} + x = 0,\ \text{savoir},\ y'^2 - x^2 = 0.$$

Ainsi cette équation est la primitive singulière de la proposée, comme nous l'avons déjà trouvé.

Considérons encore l'équation du second ordre

$$y - xy' + \frac{x^2}{2}y'' - (y' - xy'')^2 - y''^2 = 0.$$

Prenons les fonctions dérivées pour avoir la valeur de y''', on trouvera

$$y' - y' + xy'' - xy'' + \frac{x^2}{2}y''' + 2(y' - xy'')xy''' - 2y''y''' = 0,$$

c'est-à-dire,

$$\left[\frac{x^2}{2} + 2(y' - xy'')x - 2y''\right]y''' = 0,$$

d'où l'on voit que y''' deviendra $\frac{0}{0}$ en égalant à zéro le facteur par lequel il est multiplié.

On aura ainsi cette seule condition

$$\frac{x^2}{2} + 2(y' - xy'')x - 2y'' = 0,$$

d'où l'on tire

$$y'' = \frac{4xy' + x^2}{4(1 + x^2)}.$$

Cette valeur étant substituée dans la proposée, donnera l'équation singulière

$$y - xy' + \frac{x^2}{2} \times \frac{4xy' + x^2}{4(1 + x^2)} - \frac{(4y' - x^3)^2 + (4xy' + x^2)^2}{16(1 + x^2)^2} = 0,$$

laquelle se réduit tout de suite à celle-ci

$$y - \frac{2x + x^3}{2(1 + x^2)}y' + \frac{x^4 - 16y'^2}{16(1 + x^2)} = 0.$$

L'équation du troisième ordre

$$\left[\frac{x^2}{2} + 2(y' - xy'')x - 2y''\right]y''' = 0,$$

que nous venons de trouver pour la dérivée de la proposée du second ordre, donne naturellement

$$y''' = 0,$$

d'où l'on tire successivement par les fonctions primitives,

$$y'' = a, y' = ax + b$$

et

$$y = \frac{a}{2} x^2 + bx + c,$$

a, b, c étant des constantes arbitraires, relativement à l'équation

$$y''' = 0;$$

mais comme la proposée n'est que du second ordre, elle aura une constante arbitraire de moins; et en y substituant les valeurs précédentes de y, y', y'', elle devient

$$c - b^2 - a^2 = 0;$$

ce qui donne $c = a^2 + b^2$, de manière que l'équation primitive en x et y devient

$$y = \frac{a}{2} x^2 + bx + a^2 + b^2,$$

comme on l'a vu plus haut.

Ainsi, dans ce cas, les deux facteurs de la dérivée de l'équation proposée, donnent directement, l'un, l'équation primitive singulière du premier ordre; l'autre, l'équation primitive en x et y, comme nous l'avons déjà vu ci-dessus dans un autre exemple.

Nous avons vu, au commencement de cette leçon, que l'équation dérivée d'une équation primitive

$$F(x, y, a) = 0,$$

peut être représentée par

$$F(x, y, \varphi) = 0,$$

où φ est mis pour $\varphi(x, y, y')$, cette fonction étant la valeur de a, tirée de l'équation prime

$$F'(x, y) = 0;$$

et nous avons vu en même tems que l'équation primitive singulière rend la fonction $F'(\varphi)$ nulle.

Supposons, ce qui est toujours possible, que l'équation dérivée proposée soit réduite à la forme

$$y' + f(x, y) = 0;$$

donc, si dans l'équation

$$F(x, y, \varphi) = 0,$$

on substitue à la place de y' sa valeur $-f(x, y)$, elle deviendra nécessairement identique; parconséquent ses deux équations dérivées relatives l'une à x et l'autre à y, auront lieu chacune en particulier.

On aura donc ainsi, puisque la quantité y' n'est contenue que dans la fonction φ, ces deux équations, dans lesquelles $F'(x)$, $F'(y)$ et $F'(\varphi)$ dénotent, comme à l'ordinaire, les fonctions dérivées de $F(x, y, \varphi)$, prises relativement à x, y et φ,

$$F'(x) - F'(\varphi) \times \varphi'(y') \times f'(x) = 0,$$
$$F'(y) - F'(\varphi) \times \varphi'(y') \times f'(y) = 0,$$

d'où l'on tire

$$f'(x) = \frac{F'(x)}{F'(\varphi) \times \varphi'(y')}, \quad f'(y) = \frac{F'(y)}{F'(\varphi) \times \varphi'(y')}.$$

Or l'équation primitive singulière rend

$$F'(\varphi) = 0;$$

donc elle rendra infinie les deux fonctions $f'(x)$ et $f'(y)$.

Ce qui fournit un caractère fort simple pour reconnaître si une valeur qui satisfait, sans constante arbitraire, à une équation dérivée donnée, est une valeur singulière ou simplement un cas particulier de la valeur générale.

Cette propriété peut servir aussi à trouver les valeurs singulières dont une équation dérivée est susceptible ; car si l'équation qui rend $f'(x)$ et $f'(y)$ infinies, satisfait en même tems à la proposée

$$y' + f(x, y) = 0,$$

elle en sera l'équation primitive singulière.

L'équation,

$$y' - \frac{x}{\sqrt{(x^2 + y^2 - b)} - y} = 0,$$

qu'on a déjà considérée plus haut, donne

$$f(x, y) = -\frac{x}{\sqrt{(x^2 + y^2 - b)} - y};$$

d'où l'on tire

$$f'(x) = -\frac{1}{\sqrt{(x^2 + y^2 - b)} - y}$$

$$+ \frac{x^2}{\sqrt{(x^2 + y^2 - b)} \times [\sqrt{(x^2 + y^2 - b)} - y]^2},$$

$$f'(y) = -\frac{x}{\sqrt{(x^2 + y^2 - b)} \times [\sqrt{(x^2 + y^2 - b)} - y]}.$$

Ces deux quantités deviennent infinies par la supposition de

$$\sqrt{(x^2 + y^2 - b)} - y = 0,$$

ainsi que par celle de

$$\sqrt{(x^2 + y^2 - b)} = 0;$$

la première donne

$$x^2 - b = 0,$$

valeur qui ne peut satisfaire à la proposée qu'en faisant

$$b = 0;$$

la seconde donne

$$x^2 + y^2 - b = 0;$$

équation qui satisfait à la proposée, et qui en est, parconséquent, l'équation primitive singulière, comme on l'a déjà vu plus haut.

Appliquons la même théorie aux équations du second ordre; on a vu qu'elles peuvent être représentées par

$$F'(x, y, y', \varphi) = 0,$$

en supposant que

$$F(x, y, y', a) = 0,$$

soit l'équation primitive du premier ordre, et que φ ou $\varphi(x, y, y')$ soit la valeur de a tirée de l'équation prime

$$F'(x, y, y') = 0.$$

On a, vu en même tems, que l'équation primitive singulière est donnée alors par l'équation

$$F'(\varphi) = 0.$$

Supposons maintenant que l'équation proposée soit réduite à la forme

$$y'' + f(x, y, y') = 0.$$

Donc, si dans l'équation

$$F'(x, y, y', \varphi) = 0$$

on substitue pour y'' sa valeur $-f(x, y, y')$, on aura une équation identique dont, parconséquent, la dérivée aura lieu par rapport à chacune des variables x, y, y' en particulier.

Ainsi, comme la fonction y'' n'est contenue que dans la fonction φ, on aura ces trois équations :

$$F'(x) - F'(\varphi) \times \varphi'(y') \times f'(x) = 0,$$
$$F'(y) - F'(\varphi) \times \varphi'(y') \times f'(y) = 0,$$
$$F'(y') - F'(\varphi) \times \varphi'(y') \times f'(y') = 0;$$

d'où l'on tire

$$f'(x) = \frac{F'(x)}{F'(\varphi) \times \varphi'(y')},$$

$$f'(y) = \frac{F'(y)}{F'(\varphi) \times \varphi'(y')},$$

$$f'(y') = \frac{F'(y')}{F'(\varphi) \times \varphi'(y')}.$$

L'équation primitive singulière étant donnée par l'équation

$$F'(\varphi) = 0,$$

il s'ensuit qu'elle rendra infinies les trois fonctions dérivées $f'(x)$, $f'(y)$, $f'(y')$, etc.

En général, on pourra prouver de la même manière, que si l'on a une équation de l'ordre $n^{ème}$, réduite à la forme

$$y^{(n)} + f(x, y, y' \ldots y^{(n-1)}) = 0,$$

son équation primitive singulière rendra infinies les fonctions dérivées $f'(x)$, $f'(y)$, $f'(y')$, etc., jusqu'à la suivante, inclusivement, $f'(y^{(n-1)})$.

Pour confirmer, *à posteriori*, ce que nous venons de démontrer, considérons une équation du premier ordre, telle que

$$y' + f(x, y) = 0,$$

à laquelle satisfasse une valeur singulière de y, que nous désignerons par X, fonction de x.

On aura donc, par l'hypothèse,

$$X' + f(x, X) = 0;$$

et pour que la valeur X ne soit pas comprise parmi les valeurs de y, données par l'équation primitive, il faudra qu'en supposant, en général,

$$y = X + z,$$

z étant une nouvelle variable, la valeur de z, tirée de l'équation primitive ordinaire, ne puisse jamais être nulle.

Substituons donc $X + z$ au lieu de y dans l'équation proposée, on aura

$$X' + z' + f(x, X + z) = 0.$$

Développons la fonction $f(x, X + z)$ suivant les puissances de z; on aura généralement, en rapportant les fonctions dérivées à la seule variable X,

$$f(x, X + z) = f(x, X) + zf'(X) + \frac{z^2}{2} f''(X) + \text{etc.};$$

donc, faisant cette substitution, on aura, à cause de

$$X' + f(x, X) = 0,$$

l'équation

$$z' + zf'(X) + \frac{z^2}{2} f''(X) + \text{etc.} = 0,$$

qui servira à déterminer z en x.

Or, si la quantité z pouvait devenir nulle, elle pourrait aussi être très-petite.

Supposons-la d'abord très-petite, et cherchons-en la valeur par approximation.

Pour cela, on négligera d'abord, vis-à-vis du terme qui contient z, les suivans qui contiennent z^2, z^3, etc., comme étant beaucoup plus petits, et l'on aura, pour la première approximation, l'équation

$$z' + zf'(X) = 0,$$

laquelle étant divisée par z, a pour équation primitive

$$l.\,z + \overline{X} = k,$$

en prenant $\overline{X}$ pour la fonction primitive de $f'(X)$, prise par rapport à la variable x, dont X est une fonction donnée, et k pour une constante arbitraire; de là on tire

$$z = e^{(k-\overline{X})} = e^k \times e^{-\overline{X}} = ae^{-\overline{X}}$$

en faisant $a = e^k$.

Ayant ainsi la première valeur approchée de z, on la substituera dans les termes négligés, et on pourra trouver une seconde valeur plus approchée, et ainsi de suite.

De cette manière, la valeur de z contiendra la constante arbitraire a, et elle deviendra nulle en faisant $a = 0$; par-conséquent X ne sera pas une valeur singulière, contre l'hypothèse.

On doit conclure de là que, pour que X soit une valeur singulière non comprise dans la valeur générale, il faut que le développement de $f(x, X+z)$ contienne d'autres puissances de z que les puissances entières et positives.

Supposons donc que ce développement donne, en général,

$$f(x, X + z) = f(x, X) + Pz^m + Qz^n + \text{etc.},$$

m, n, etc. étant des nombres quelconques qui vont en augmentant, et P, Q, etc., des fonctions de x : on aura l'équation en z

$$z' + Pz^m + Qz^n + = 0.$$

On aura donc aussi, pour la première approximation,

$$z' + Pz^m = 0,$$

équation qui, étant divisée par z^m, a pour équation primitive

$$\frac{z^{1-m}}{1-m} + V = k,$$

en prenant V pour la fonction primitive de P, et k pour la constante arbitraire.

Or, pour que X soit une valeur singulière de y, il faut que la valeur $z = 0$, qui y répond, ne puisse pas être contenue dans cette équation, en donnant à k une valeur quelconque constante.

Il faut donc que l'exposant $1 - m$ de z, soit un nombre positif; car, s'il était négatif, z^{1-m} deviendrait infini lorsque $z = 0$, et répondrait à la supposition de k infini.

S'il était nul, on aurait le cas que nous venons d'examiner, où $m = 1$, et où $z = 0$ répond aussi à k infini.

Au contraire, lorsque $1 - m$ est positif, $z = 0$ donne aussi

$$z^{1-m} = 0,$$

et l'équation devient alors

$$V = k,$$

laquelle ne peut pas subsister, parceque la valeur de k ne serait plus constante.

Donc, pour que X puisse être une valeur singulière de y, il faut que le développement de $f(x, X + z)$ contienne une puissance z^m dans laquelle $m < 1$.

En considérant la fonction $f(x, y)$, son développement, lorsqu'on y met $y + z$ à la place de y, est, en général,

$f(x, y) + zf'(y) +$ etc.; donc, suivant la théorie que nous avons exposée dans la leçon huitième, pour que ce développement donne, dans le cas de $y = X$, une puissance de z moindre que la première, il faudra que, dans ce cas, la valeur de $f'(y)$, c'est-à-dire, de $f'(X)$, devienne infinie.

Or l'équation proposée donne

$$y' = -f(x, y),$$

et, prenant les fonctions dérivées,

$$y'' = -f'(x) - y'f'(y) = -f'(x) + f'(y) \times f(x, y);$$

donc

$$f'(x) = f'(y) \times f(x, y) - y''.$$

Parconséquent on aura, lorsque $y = X$,

$$f'(y) = \infty \text{ et } f'(x) = \infty,$$

comme nous l'avons trouvé par la nature même des équations dérivées.

Dans l'exemple ci-dessus, où

$$f(x, y) = -\frac{x}{\sqrt{(x^2 + y^2 - b)} - y},$$

la valeur singulière de y est $\sqrt{(b - x^2)}$; ainsi

$$X = \sqrt{(b - x^2)};$$

et substituant $\sqrt{(b - x^2)} + z$ à la place de y, la fonction dont il s'agit devient

$$-\frac{x}{\sqrt{[2z\sqrt{(b - x^2)} + z^2]} - \sqrt{(b - x^2)} - z},$$

laquelle étant développée suivant les puissances de z, donne

$$\frac{x}{\sqrt{(b - x^2)}} + \frac{\sqrt{2z}}{(b - x^2)^{\frac{3}{4}}} - \text{etc.};$$

où l'on voit que le second terme du développement contient la puissance $\sqrt{z}$, dont l'exposant $\frac{1}{2}$ est moindre que l'unité.

D'ailleurs, nous avons déjà vu que les valeurs de $f'(y)$ et $f'(x)$ deviennent infinies lorsque

$$y^2+x^2-b=0.$$

L'analyse par laquelle nous venons de prouver que le développement de $f(x, y+z)$ doit contenir une puissance de z moindre que la première, lorsqu'on donne à y une valeur singulière, est due à *Euler* qui a donné ainsi le premier critaire général pour reconnaître si une valeur qui satisfait à une équation différentielle, est ou non une valeur singulière non comprise dans l'intégrale. *Voyez* le premier volume de son *Calcul intégral*, problème 72.

Il restait à déduire de là la règle que, dans ce cas, la valeur de $f'(y)$ devient nécessairement infinie ; c'est ce que *Laplace* a fait depuis dans le Mémoire déjà cité sur les solutions particulières des équations différentielles, imprimé dans le Recueil de l'Académie des Sciences, pour l'année 1772.

LEÇON SEIZIÈME.

Equations dérivées qui ont des équations primitives singulières données. Analyse d'une classe d'équations de tous les ordres, qui ont toujours nécessairement des équations primitives singulières.

Si les équations primitives singulières ont moins d'étendue que les équations primitives proprement dites, parcequ'elles ne renferment aucune constante arbitraire, on peut les regarder, sous un autre point de vue, comme plus générales que celles-ci, parcequ'une même équation primitive singulière peut répondre à une infinité d'équations dérivées; et c'est un problème indéterminé de trouver une équation dérivée qui ait une équation primitive singulière donnée. Comme ce problème est curieux, et qu'il peut être utile dans plusieurs occasions, nous allons en donner ici une solution, pour servir de complément à notre théorie des équations primitives singulières.

Représentons par

$$F(x, y, a, b) = 0$$

une équation primitive entre x, y et deux constantes a et b, dont l'une soit une fonction quelconque de l'autre, ou qui dépendent, en général, l'une de l'autre par l'équation

$$\varphi(a, b) = 0.$$

On aura l'équation dérivée qui en résulte, en éliminant ces deux constantes au moyen des trois équations

$$F(x, y, a, b) = 0, \quad F'(x, y) = 0, \quad \Phi(a, b) = 0.$$

Donc, si on tire des deux premières les valeurs de a et b en fonctions de x, y, y', et qu'on désigne ces valeurs par

$$\varphi(x, y, y') \quad \text{et} \quad \psi(x, y, y'),$$

on aura l'équation dérivée en substituant ces fonctions à la place de a et b dans l'équation de condition

$$\Phi(a, b) = 0.$$

Ainsi, en mettant simplement φ et ψ pour les fonctions dont il s'agit, l'équation dérivée sera

$$\Phi(\varphi, \psi) = 0.$$

Donc, réciproquement, toute équation dérivée de cette forme aura pour équation primitive

$$\Phi(x, y, a, b) = 0,$$

les deux constantes a et b étant liées par l'équation

$$\Phi(a, b) = 0.$$

Et l'on aura en même tems les deux équations

$$\varphi(x, y, y') = a, \quad \psi(x, y, y') = b.$$

Donc toute valeur de y en x qui satisfera à la même équation

$$\Phi(\varphi, \psi) = 0,$$

et qui ne rendra pas les fonctions φ et ψ constantes, ne pourra pas être comprise dans l'équation primitive générale, et sera parconséquent une valeur singulière.

Soit

$$y = \Sigma x$$

cette valeur singulière, Σx étant une fonction donnée de x, en substituant Σx et $\Sigma' x$ au lieu de y et y' dans les fonctions et φ et ψ, elles deviendront de simples fonctions de x; et éliminant x entr'elles, on aura une équation entre φ et ψ, qu'on prendra pour l'équation

$$\Phi(\varphi, \psi) = 0;$$

ainsi l'équation

$$y = \Sigma x$$

satisfera à l'équation

$$\Phi(\varphi, \psi) = 0;$$

mais ne rendant pas les fonctions φ et ψ constantes, elle ne sera pas comprise dans l'équation primitive générale, et ne sera, parconséquent, qu'une équation primitive singulière.

La solution se réduit donc à ceci : soit

$$y = \Sigma x$$

la valeur singulière donnée de y, en fonction de x. Ayant pris une équation quelconque

$$F(x, y, a, b) = 0,$$

en x, y, et deux constantes a et b; de cette équation et de son équation dérivée

$$F'(x, y) = 0,$$

on tirera les valeurs de a et b en fonctions de x, y, y'; on substituera dans ces valeurs Σx et $\Sigma' x$ à la place de y et y', on aura deux équations qui, par l'élimination de x, en donneront une en a et b, que je représente par

$$\Phi(a, b) = 0.$$

Si maintenant on substitue dans cette équation à la place de a et b leurs premières valeurs en fonctions de x, y, y', on aura l'équation dérivée dont

$$y = \Sigma x$$

sera l'équation primitive singulière, et dont

$$F(x, y, a, b) = 0$$

sera

sera l'équation primitive ordinaire, les constantes a et b étant l'une fonction de l'autre déterminée par l'équation

$$\Phi(a, b) = 0.$$

Prenons, par exemple, l'équation

$$y^2 - ax^2 - b = 0,$$

son équation détivée sera

$$yy' - ax = 0;$$

et l'on tire de ces deux équations

$$a = \frac{yy'}{x}, \quad b = y^2 - xyy'.$$

Supposons maintenant que l'on ait l'équation primitive singulière

$$y - Ax - B = 0;$$

elle donne

$$y = Ax + B,$$

donc

$$y^2 = A^2x^2 + 2ABx + B^2,$$

et

$$yy' = A^2x + AB;$$

de sorte que, par ces substitutions, les valeurs de a et b deviendront

$$a = A^2 + \frac{AB}{x}, \quad b = ABx + B^2;$$

d'où l'on tire, en éliminant x, cette équation en a et b

$$(a - A^2)(b - B) - A^2B^2 = 0;$$

savoir,

$$ab - B^2a - A^2b = 0.$$

Donc, substituant ici les premières valeurs de a et b en x, y, y', on aura l'équation du premier ordre

$$\frac{yy'}{x}(y^2 - xyy') - B^2\frac{yy'}{a} - A^2(y^2 - xyy') = 0,$$

dont celle-ci

$$y - Ax - B = 0,$$

sera l'équation primitive singulière.

Son équation primitive ordinaire sera

$$y^2 - ax^2 - b = 0;$$

en supposant entre a et b l'équation ci-dessus;

$$ab - B^2a - A^2b = 0;$$

de sorte que, comme cette équation donne

$$b = \frac{B^2a}{a - A^2},$$

l'équation primitive sera

$$y^2 - ax^2 - \frac{B^2a}{a - A^2} = 0,$$

a étant la constante arbitraire.

En effet, si on cherche l'équation primitive singulière d'après celle-ci, on aura, en prenant les fonctions dérivées par rapport à a,

$$-x^2 + \frac{B^2A^2}{(a - A^2)^2} = 0;$$

d'où l'on tire

$$a = A^2 \pm \frac{BA}{x}.$$

Substituant cette valeur dans la même équation, on aura

$$y^2 - A^2x^2 \mp 2ABx - B^2 = 0;$$

ce qui donne

$$y = \pm Ax \pm B,$$

où les signes ambigus sont à volonté.

En général, il est facile de voir qu'on aura le même résultat

$$\Phi(a, b) = 0,$$

en substituant d'abord dans l'équation supposée

$$F(x, y, a, b) = 0,$$

la valeur donnée

$$y = \Sigma x,$$

et éliminant ensuite x par le moyen de son équation prime relative à x.

Or, si l'équation

$$\Phi(a, b) = 0,$$

donne

$$b = \daleth a,$$

et qu'on substitue cette valeur à la place de b, il s'ensuivra que l'équation

$$F(x, \Sigma x, a, \daleth a) = 0$$

aura lieu en même tems que son équation prime relative à x. Mais a étant alors une fonction de x, l'équation prime relative à x et a, doit avoir lieu; donc la partie relative à a aura lieu aussi en particulier; ce qui est le caractère de l'équation primitive singulière.

Ainsi, ayant pris une équation primitive quelconque en x, y, a et b, il n'y aura qu'à éliminer y au moyen de l'équation primitive singulière donnée, ensuite éliminer x par celle-ci et par son équation prime relative à x; on aura sur le-champ une équation en a et b, qui sera l'équation de condition

$$\Phi(a, b) = 0,$$

par laquelle il faudra déterminer l'une des deux constantes a ou b par l'autre. Ensuite on pourra, d'après la même équation primitive, chercher, si l'on veut, l'équation dérivée par l'élimination de la constante arbitraire.

Dans l'exemple précédent, en substituant $Ax + B$ pour y, dans l'équation

$$y^2 - ax^2 - b = 0,$$

on a

$$(A^2 - a)x^2 + 2ABx + B^2 - b = 0,$$

dont l'équation prime est

$$(A^2 - a)x + AB = 0;$$

celle-ci donne

$$x = -\frac{AB}{A^2 - a};$$

et cette valeur, substituée dans la première, donne, sur-le-champ, l'équation de condition

$$(A^2 - a)(B^2 - b) - A^2B^2 = 0,$$

comme plus haut.

En prenant d'autres équations en x, y, a et b, et opérant de la même manière, on trouvera autant d'équations du premier ordre qu'on voudra, dont la même équation

$$y - Ax - B = 0$$

sera l'équation primitive singulière.

On voit aussi que la même équation en x, y, a et b pourra donner telle équation primitive singulière qu'on voudra, suivant la relation qu'on établira entre les constantes a et b.

Enfin on voit que, par ce problème, on peut toujours trouver la relation entre deux constantes a, b d'une équation donnée en x, y, a et b, pour que cette équation soit l'équation primitive ordinaire et complète, répondant à une équation primitive singulière donnée.

On peut appliquer la même méthode à la recherche des équations du second ordre ou des ordres supérieurs dont l'équation primitive singulière sera donnée.

Supposons que cette équation soit du premier ordre et représentée par

$$y' + f(x, y) = 0.$$

On prendra une équation quelconque en x, y, et trois constantes arbitraires a, b, c.

On tirera de cette équation et de ces équations prime et seconde, les valeurs de a, b, c en fonctions de x, y, y' et y''.

On substituera dans ces fonctions les valeurs de y' et y'' en x et y tirées de l'équation primitive donnée, c'est-à-dire, $-f(x, y)$ à la place de y', et

$$-f'(x) + f'(y) \times f(x, y)$$

à la place de y''; on aura a, b, c exprimées en fonctions de x et y, ce qui donnera trois équations, d'où éliminant x et y, il résultera une équation en a, b, c, que je représenterai par

$$\Phi(a, b, c) = 0.$$

Cette équation, en y substituant les premières valeurs de a, b, c en fonctions de x, y, y', y'', sera l'équation du second ordre, dont la proposée

$$y' + f(x, y) = 0$$

sera l'équation primitive singulière, et l'équation en

x, y, a, b, c en sera l'équation primitive en x et y, en supposant entre les trois constantes a, b, c la relation donnée par l'équation

$$\Phi\,(a, b, c) = 0.$$

Si l'équation singulière donnée était du second ordre, on prendrait une équation en x et y, et quatre constantes a, b, c, etc., et ainsi de suite.

Supposons que l'équation primitive singulière soit

$$y' = Ay,$$

et prenons l'équation

$$y - \frac{a}{2}x^2 + bx - c = 0;$$

d'où l'on tire les deux dérivées, prime et seconde,

$$y' - ax - b = 0, \quad \text{et} \quad y'' - a = 0;$$

ces trois équations donnent

$$a = y'', \quad b = y' - xy'', \quad c = y - xy' + \frac{x^2}{2}y.$$

Mais la proposée donne

$$y' = Ay, \quad y'' = Ay' = A^2y;$$

donc, substituant ces valeurs, on aura

$$a = A^2y, \quad b = Ay\,(1 - Ax), \quad c = y\left(1 - Ax + \frac{A^2}{2}x^2\right).$$

Eliminant x et y on trouve l'équation

$$a^2 + A^2\,(b^2 - 2ac) = 0,$$

dans laquelle, en substituant les premières valeurs de a, b, c, il vient l'équation du second ordre

$$y''^2 - 2A^2yy'' + A^2y'^2 = 0,$$

dont la proposée $y' = Ay$ sera l'équation primitive singulière, et l'équation supposée

$$y - \frac{a}{2} x^2 - bx - c = 0$$

sera l'équation primitive en x et y, en supposant l'équation

$$a^2 + A^2(b^2 - 2ac) = 0;$$

de sorte que, comme cette équation donne

$$c = \frac{a^2 + A^2b^2}{2a},$$

on aura

$$y - \frac{a}{2}x^2 - bx - \frac{a^2 + A^2b^2}{2a} = 0,$$

a et b étant les deux constantes arbitraires.

Les équations de la forme

$$\Phi(a, b, c, \text{etc.}) = 0,$$

que nous venons de considérer, dans lesquelles les quantités a, b, c, etc. sont les valeurs en x, y, y', etc. des constantes a, b, c, etc. tirées d'une équation primitive

$$F(x, y, a, b, c \ldots) = 0,$$

et de ses dérivées

$$F'(x, y) = 0, \ F''(x, y) = 0, \text{ etc.},$$

constituent une classe remarquable d'équations dérivées qui ont toujours une équation primitive singulière, parceque la dérivée d'une équation de cette classe a nécessairement un facteur du même ordre que l'équation.

Pour le démontrer, soit d'abord

$$F(x, y, a, b) = 0$$

une équation quelconque en x, y, et deux constantes a et b.

En regardant ces constantes comme arbitraires, l'équation dont il s'agit sera la primitive d'une équation du second ordre en x, y, y' et y'', qui résultera de l'élimination de a et b au moyen des deux équations dérivées

$$F'(x, y) = 0, F''(x, y) = 0;$$

et cette équation pourra toujours, comme nous l'avons vu, se mettre sous la forme

$$y'' + f(x, y, y') = 0.$$

Maintenant, si on commence par tirer les valeurs de a et b des deux équations

$$F(x, y, a, b) = 0, \quad \text{et} \quad F'(x, y) = 0,$$

et que ces valeurs soient représentées par les fonctions

$$\varphi(x, y, y') \quad \text{et} \quad \psi(x, y, y'),$$

il est clair que les deux équations

$$a = \varphi(x, y, y') \quad \text{et} \quad b = \psi(x, y, y'),$$

où a et b sont des constantes arbitraires, seront les deux équations primitives du premier ordre de l'équation précédente

$$y'' + f(x, y, y') = 0;$$

parconséquent leurs dérivées

$$\varphi'(x, y, y') = 0 \quad \text{et} \quad \psi'(x, y, y') = 0$$

devront coïncider avec cette même équation, en donnant la même valeur de y'' en x, y et y'.

Or

$$\varphi'(x, y, y') = \varphi'(x, y) + y''\varphi'(y')$$

et

$$\psi'(x, y, y') = \psi'(x, y) + y''\psi'(y'),$$

suivant la notation abrégée que nous avons adoptée ; donc on aura

$$y'' = -\frac{\varphi'(x, y)}{\varphi'(y')} = -\frac{\psi'(x, y)}{\psi'(y')} = -f(x, y, y');$$

expressions de y'' qui seront nécessairement identiques.

On aura donc

$$\varphi'(x, y) = \varphi'(y') \times f(x, y, y')$$
$$\psi'(x, y) = \psi'(y') \times f(x, y, y');$$

parconséquent, si on substitue ces valeurs dans les expressions précédentes des fonctions dérivées $\varphi'(x, y, y')$, $\psi'(x, y, y')$, c'est-à-dire, de a' et b', en regardant maintenant a et b comme fonctions de x, y, y', on aura

$$a' = \varphi'(y') \times [y'' + f(x, y, y')]$$
$$b' = \psi'(y') \times [y'' + f(x, y, y')].$$

Cela posé, soit $\Phi(a, b) = 0$ une équation du premier ordre, sa dérivée sera

$$a'\Phi'a + b'\Phi'(b) = 0;$$

et par la substitution des valeurs de a', b', qu'on vient de trouver, elle deviendra

$$[\varphi'(y) \times \Phi'(a) + \psi'(y') \times \Phi'(b)] \times [y'' + f(x, y, y')] = 0.$$

Cette équation a, comme l'on voit, deux facteurs, l'un qui n'est que du premier ordre, comme l'équation proposée ; l'autre qui contient y'', et qui donne proprement l'équation dérivée du second ordre.

Celui-ci donne l'équation

$$y'' + f(x, y, y') = 0;$$

de laquelle résultent

$$a' = 0,\ b' = 0$$

par les formules trouvées plus haut. De sorte que les fonctions a et b seront constantes.

Prenant donc a et b pour des constantes arbitraires, on aura ces deux équations primitives du premier ordre

$$\varphi(x, y, y') = a, \quad \psi(x, y, y') = b;$$

d'où, éliminant la fonction dérivée y', on aura une équation en x, y, a et b, qui sera l'équation primitive de la proposée, et qui sera évidemment la même que l'équation

$$F(x, y, a, b) = 0,$$

d'où l'on avait déduit les fonctions $\varphi(x, y, y')$ et $\psi(x, y, y')$.

Mais il faudra que les constantes a et b de cette équation, satisfassent à la condition

$$\Phi(a, b) = 0$$

donnée par l'équation proposée ; ce qui les réduira à une seule, qui sera parconséquent la constante arbitraire de l'équation primitive de la proposée.

Le facteur du premier ordre

$$\varphi'(y') \times \Phi'(a) + \psi'(y') \times \Phi'(b)$$

donnera, de son côté, l'équation en x, y et y',

$$\varphi'(y') \times \Phi'(a) + \psi'(y') \times \Phi'(b) = 0,$$

en supposant qu'on y mette pour a et b leurs valeurs $\varphi(x, y, y')$ et $\psi(x, y, y')$; et cette équation, d'après la théorie exposée dans la leçon précédente, donnera sur-le-champ l'équation primitive singulière de la même équation proposée, en éliminant y' par le moyen de ces deux équations.

Or il est facile de voir que, si on représente par

$$\Psi(x, y, y') = 0$$

la fonction donnée $\Phi(a, b)$, dans laquelle

$$a = \varphi(x, y, y'),$$

et

$$b = \psi(x, y, y'),$$

le facteur dont il s'agit se réduira simplement à $\Psi'(y')$, puisque les expressions $\varphi'(y')$ et $\psi'(y')$ ne sont que les fonctions dérivées de a et b, prises par rapport à y' seule.

Ainsi on aura la primitive singulière de l'équation

$$\Psi(x, y, y') = 0,$$

dans le cas où elle est réductible à la forme

$$\Phi(a, b) = 0,$$

en éliminant y' de cette équation au moyen de sa dérivée prise relativement à y' seule.

En appliquant les mêmes principes aux équations des ordres supérieurs, on prouvera que, si l'on a une équation du second ordre, représentée par

$$\Psi(x, y, y', y'') = 0,$$

dont le premier membre puisse être une fonction quelconque $\Phi(a, b, c)$ de trois fonctions a, b, c, déterminées par une équation quelconque

$$F(x, y, a, b, c) = 0,$$

entre x, y, a, b, c, et par ses deux équations dérivées

$$F'(x, y) = 0, \quad F''(x, y) = 0,$$

prises en regardant a, b, c comme constantes, l'équation proposée aura nécessairement une primitive singulière du premier ordre, qui sera le résultat de l'élimination de y'', au moyen de son équation dérivée

$$\psi'(y'') = 0,$$

relative à y''.

Et l'on aura l'équation primitive en x et y, par l'équation même

$$F(x, y, a, b, c) = 0,$$

en prenant les constantes a, b, c de manière qu'elles satisfassent à l'équation donnée

$$\Phi(a, b, c) = 0;$$

de sorte qu'il en restera deux d'arbitraires.

Et de même pour les équations des ordres supérieurs.

Prenons l'équation

$$x^2 - 2ay - a^2 - b = 0;$$

sa dérivée sera

$$x - ay' = 0;$$

de ces deux équations on tire

$$a = \frac{x}{y'}, \quad b = x^2 - \frac{2xy}{y'} - \frac{x^2}{y'^2}.$$

Si maintenant on prend pour l'équation $\Phi(a, b) = 0$, celle-ci, $b =$ à une constante, on aura l'équation du premier ordre

$$x^2 - \frac{2xy}{y'} - \frac{x^2}{y'^2} - b = 0,$$

où b est une constante quelconque.

Ainsi on aura tout de suite sa primitive singulière, en éliminant y' au moyen de l'équation dérivée prise relativement à y', laquelle sera

$$\frac{2xy}{y'^2} + \frac{2x^2}{y'^3} = 0;$$

d'où l'on tire

$$y' = -\frac{x}{y};$$

en substituant cette valeur de y', on a

$$x^2 + y^2 - b = 0,$$

comme on l'a déjà trouvé par d'autres voies.

Prenons encore l'équation

$$y - \frac{a}{2}x^2 - bx - c = 0,$$

on aura les deux dérivées

$$y' - ax - b = 0, \quad y'' - a = 0;$$

d'où l'on tire

$$a = y'', \quad b = y' - xy'', \quad c = y - xy' + \frac{x^2}{2}y''.$$

Soit, par exemple,

$$\Phi(a, b, c) = c - b^2 - a^2,$$

on aura l'équation du second ordre

$$y - xy' + \frac{x^2}{2}y'' - (y' - xy'')^2 - y''^2 = 0,$$

dont la primitive singulière résultera de l'élimination de y'', au moyen de sa dérivée relative à y''; savoir,

$$\frac{x^2}{2} + 2x(y' - xy'') - 2y'' = 0;$$

ce qui revient à ce que nous avons déjà trouvé.

Lorsqu'on connaît l'équation primitive

$$F(x, y, a, b \ldots) = 0,$$

avec l'équation

$$\Phi(a, b \ldots) = 0,$$

qui donne la relation entre les quantités a, b, c, etc., on peut trouver directement l'équation primitive singulière sans connaître les valeurs de ces quantités en fonctions de x, y, y', etc.; car ayant réduit les quantités a, b, etc. à une de moins par le moyen de l'équation de condition

$$\Phi(a, b \ldots) = 0,$$

il n'y aura qu'à appliquer à l'équation primitive

$$F(x, y, a, b\ldots) = 0,$$

la méthode générale exposée dans la leçon quinzième.

Mais la difficulté consiste à reconnaître *à posteriori*, si des fonctions données, dont une équation proposée est composée, dépendent d'une même équation primitive, de manière qu'elles puissent représenter les valeurs des constantes tirées de cette équation et de ses dérivées.

Pour la résoudre, j'observe que la propriété caractéristique de ces sortes de fonctions, est que leurs dérivées ont entr'elles des rapports exprimés par des fonctions du même ordre que les fonctions dont il s'agit. En effet, relativement aux fonctions du premier ordre, nous avons déjà vu plus haut que les fonctions $\varphi(x, y, y')$ et $\psi(x, y, y')$, qui représentent les valeurs des constantes a et b tirées de l'équation générale

$$F(x, y, a, b) = 0,$$

et de sa dérivée

$$F'(x, y) = 0,$$

sont telles que leurs dérivées $\varphi'(x, y, y')$ et $\psi'(x, y, y')$, que nous avons désignées par a' et b', ont la forme suivante

$$\varphi'(x, y, y') = \varphi'(y') \times [y'' + f(x, y, y')]$$
$$\psi'(x, y, y') = \psi'(y') \times [y'' + f(x, y, y')];$$

de sorte que l'on a simplement

$$\frac{\varphi'(x, y, y')}{\psi'(x, y, y')} = \frac{\varphi'(y')}{\psi(y')},$$

où l'on voit que les fonctions dont il s'agit ont la propriété que la fonction seconde y'' disparaît du rapport de leurs dérivées, et que ce rapport est le même que si on prenait ces dérivées relativement à la variable y' seule.

Soit, par exemple, l'équation à la ligne droite

$$y + ax + b = 0,$$

sa dérivée sera

$$y' + a = 0;$$

ainsi on aura

$$a = -y' \text{ et } b = xy' - y.$$

On aura donc, en dénotant simplement par φ et ψ ces expressions de a et b,

$$\varphi = -y', \psi = xy' - y;$$

prenant les fonctions dérivées, il viendra

$$\varphi' = -y'', \psi' = xy'';$$

donc

$$\frac{\varphi'}{\psi'} = -\frac{1}{x}.$$

Si on ne prenait φ' et ψ' que relativement à y', on aurait

$$\varphi' = -1, \psi' = x, \text{ et } \frac{\varphi'}{\psi'} = -\frac{1}{x},$$

comme précédemment.

Soit encore l'équation

$$y^2 + x^2 - 2ax + a^2 - b^2 = 0,$$

qui est à un cercle dont le rayon $= b$, et dont le centre est dans l'axe des abscisses à la distance a de leur origine.

La dérivée sera

$$yy' + x - a = 0;$$

d'où l'on tire

$$a = x + yy' = \varphi;$$

de là on aura, par les substitutions,

$$b = y\sqrt{(1 + y'^2)} = \psi.$$

Si maintenant on prend les dérivées de φ et ψ, on aura

$$\varphi' = 1 + y'^2 + yy'', \quad \psi' = y'\sqrt{(1+y'^2)} + \frac{yy'y''}{\sqrt{(1+y'^2)}};$$

et de là

$$\frac{\varphi'}{\psi'} = \frac{\sqrt{(1+y'^2)}}{y'} = \frac{\psi}{\varphi - x}.$$

Si on ne prenait les dérivées φ' et ψ' que relativement à y', on aurait

$$\varphi' = y, \quad \psi' = \frac{yy'}{\sqrt{(1+y'^2)}};$$

donc

$$\frac{\varphi'}{\psi'} = \frac{\sqrt{(1+y'^2)}}{y'},$$

comme ci-dessus.

On pourrait prouver, par une analyse semblable, que les fonctions de x, y, y' et y'', qui expriment les valeurs des quantités a, b, c tirées d'une équation

$$F(x, y, a, b, c) = 0,$$

et de ses deux dérivées

$$F'(x, y) = 0, \quad F''(x, y) = 0,$$

dans lesquelles ces quantités sont traitées comme constantes, ont des dérivées dont les rapports sont indépendans de la fonction tierce y''', et qui sont les mêmes que si on ne prenait ces dérivées que relativement à la fonction seconde y'', parcequ'en désignant ces fonctions par

$$\varphi(x, y, y', y''), \quad \psi(x, y, y', y'') \quad \text{et} \quad \xi(x, y, y', y''),$$

les trois équations

$$\varphi(x, y, y', y'') = a, \quad \psi(x, y, y', y'') = b, \quad \xi(x, y, y', y'') = c,$$

où a, b, c seraient des constantes arbitraires, seront les trois

primitives

primitives d'une même équation du troisième ordre, telle que

$$y''' + f(x, y, y', y'') = 0,$$

à laquelle les dérivées de ces équations devront, parconséquent, satisfaire; et de même pour les fonctions du même genre des ordres supérieurs. Mais on peut s'en convaincre encore d'une manière plus directe, que voici :

En dénotant simplement par φ et ψ les fonctions $\varphi(x, y, y')$, $\psi(x, y, y')$, qui expriment les valeurs des constantes a et b tirées de l'équation

$$F(x, y, a, b) = 0,$$

et de sa dérivée

$$F'(x, y) = 0,$$

il est clair que l'équation

$$F(x, y, \varphi, \psi) = 0$$

sera identique ; que, parconséquent, sa dérivée

$$F'(x, y) + \varphi' F'(\varphi) + \psi' F'(\psi) = 0$$

aura lieu d'elle-même ; mais on a déjà

$$F'(x, y) = 0,$$

donc on aura séparément l'équation

$$\varphi' F'(\varphi) + \psi' F'(\psi) = 0,$$

laquelle donne

$$\frac{\varphi'}{\psi'} = -\frac{F'(\psi)}{F'(\varphi)}.$$

Or, comme ψ et φ ne contiennent que x, y et y', il est visible que la valeur de $\frac{\varphi'}{\psi'}$ ne sera qu'une fonction du premier ordre.

Ainsi, dans le dernier exemple, où

$$F(x, y, a, b) = y^2 + x^2 - 2ax + a^2 - b^2,$$

si on change a en φ, et b en ψ, on aura

$$F(x, y, \varphi, \psi) = y^2 + x^2 - 2x\varphi + \varphi^2 - \psi^2;$$

donc

$$F'(\varphi) = 2(\varphi - x), \quad F'(\psi) = -2\psi;$$

parconséquent

$$\frac{\varphi'}{\psi'} = \frac{\psi}{x - \varphi},$$

comme nous l'avons trouvé par une autre voie.

De même, si φ, ψ, ξ sont les fonctions de x, y, y' et y'' qui expriment les valeurs des constantes a, b, c, tirées de l'équation

$$F(x, y, a, b, c) = 0,$$

et de ses deux dérivées

$$F'(x, y) = 0, \; F''(x, y) = 0,$$

en substituant ces fonctions à la place de a, b, c, on aura des équations identiques, dont, parconséquent, les dérivées auront lieu aussi.

On aura donc, en premier lieu,

$$F(x, y, \varphi, \psi, \xi) = 0,$$

et, parconséquent aussi

$$F'(x, y) + \varphi' F'(\varphi) + \psi' F'(\psi) + \xi' F'(\xi) = 0;$$

mais on a déjà

$$F'(x, y) = 0;$$

donc on aura l'équation

$$\varphi' F'(\varphi) + \psi' F'(\psi) + \xi' F'(\xi) = 0.$$

Ensuite, comme l'équation

$$F'(x, y) = 0$$

contient, outre les quantités x, y, y', les trois fonctions φ, ψ, ξ, si on la dénote par $f(x, y, y', \varphi, \psi, \xi)$, on aura aussi l'équation identique

$$f(x, y, y', \varphi, \psi, \xi) = 0,$$

et, parconséquent, la dérivée

$$f'(x, y, y') + \varphi' f'(\varphi) + \psi' f'(\psi) + \xi' f'(\xi) = 0;$$

mais on a déjà

$$f'(x, y, y') = 0,$$

puisqu'il est visible que $f'(x, y, y')$ est la même chose que $F''(x, y)$; donc on aura aussi l'équation

$$\varphi' f'(\varphi) + \psi' f'(\psi) + \xi' f'(\xi) = 0.$$

Si on combine cette équation avec la précédente, il est clair que, puisque les quantités φ', ψ', ξ' n'y sont qu'à la première dimension, et en multiplient tous les termes, il est clair, dis-je, qu'on en tirera les valeurs de $\frac{\varphi'}{\xi'}$ et de $\frac{\varphi'}{\xi'}$ en fonctions des quantités x, y, y', φ, ψ et ξ; de sorte que ces fonctions ne passeront pas le second ordre, et ainsi de suite.

Si les fonctions φ et ψ exprimaient les valeurs des constantes a et b tirées de l'équation du premier ordre

$$F(x, y, y', a, b) = 0,$$

et de sa dérivée

$$F'(x, y, y') = 0,$$

ces fonctions seraient alors du second ordre; et on trouverait, par le même raisonnement, que le rapport $\frac{\varphi'}{\psi'}$ de leurs dérivées, serait exprimé également par $-\frac{F'(\psi)}{F'(\varphi)}$; de sorte que ce rapport serait une fonction du second ordre, et, par conséquent, du même ordre que les fonctions φ et ψ.

En général, il résulte de l'analyse précédente que si φ, ψ, ξ, etc. sont des fonctions d'un ordre quelconque, qui expriment les valeurs des constantes a, b, c, etc., tirées d'une équation en x, y, y', y'', etc., a, b, c, etc., et de ses dérivées successives, les dérivées de ces fonctions auront toujours entr'elles des rapports du même ordre que les fonctions elles-mêmes.

Je dis maintenant que si des fonctions quelconques de x, y, y', y'', etc. sont telles que leurs dérivées aient entr'elles des rapports du même ordre que les fonctions elles-mêmes, c'est-à-dire, dans lesquels il n'entre que des fonctions dérivées de y du même ordre, ces fonctions pourront toujours exprimer les valeurs d'autant de constantes tirées d'une équation primitive et de ses dérivées successives; et il sera alors facile de retrouver cette équation primitive génératrice.

Car, si on désigne par φ, ψ, ξ, etc. les fonctions dont il s'agit, et que M, N, etc. soient les valeurs des rapports des dérivées ψ', ξ', etc. à la dérivée φ', ces valeurs étant, par l'hypothèse, des fonctions du même ordre que les fonctions données φ, ψ, ξ, etc., on aura donc les équations

$$\psi' = M\varphi', \quad \xi' = N\varphi', \text{ etc.}$$

Supposons

$$\varphi' = 0,$$

on aura donc aussi

$$\psi' = 0, \ \xi' = 0;$$

donc

$$\varphi = a, \ \psi = b, \ \xi = c, \text{ etc.},$$

a, b, c, etc. étant des constantes.

Ces différentes équations seront donc autant d'équations primitives de la meme équation

$$\varphi' = 0,$$

puisqu'elles ont lieu en meme tems qu'elle ; parconséquent, en éliminant de ces memes equations,

$$\varphi = a, \psi = b, \xi = c, \text{etc.},$$

les plus hautes fonctions dérivées de la variable y, on aura une équation primitive d'un ordre inférieur, qui contiendra les constantes a, b, c, etc., et qui sera l'equation primitive génératrice de la forme

$$F(x, y, y', y'' \ldots a, b, c, \ldots) = 0,$$

d'où résultent les fonctions φ, ψ, ξ, etc., en les prenant pour les valeurs des constantes a, b, c, etc., tirées de cette équation et de ses dérivées successives

$$F'(x, y, y', y'' \ldots) = 0, F''(x, y, y', y'' \ldots) = 0, \text{ etc.}$$

Ainsi, si l'on avait entre ces fonctions une équation quelconque

$$\Phi(\varphi, \psi, \xi \ldots) = 0,$$

et que l'on reconnût que leurs dérivées φ', ψ', ξ', etc. ont entr'elles des rapports du meme ordre que ces fonctions, on aurait tout de suite les équations primitives

$$\varphi = a, \psi = b, \xi = c, \text{ etc.};$$

et de là l'équation primitive principale

$$F(x, y, y', y'' \ldots a, b, c, \text{etc.}) = 0,$$

dans laquelle les constantes a, b, c, etc. seraient arbitraires, hors une qui devrait être déterminée par l'équation donnée, laquelle se réduit alors à

$$\Phi(a, b, c \ldots) = 0.$$

On aurait ensuite l'équation primitive singulière par les méthodes exposées plus haut.

Par exemple, si on proposait l'équation du premier ordre

$$\Phi[x+yy', y\sqrt{(1+y'^2)}]=0,$$

sans qu'on sût que les deux quantités qui sont sous la fonction peuvent exprimer les constantes tirées d'une équation primitive et de sa dérivée, on examinerait d'abord leurs dérivées, qui sont $1+y'^2+yy''$ et $y'\sqrt{(1+y'^2)}+\frac{yy'y''}{\sqrt{(1+y'^2)}}$; comme celle-ci se réduit à $\frac{y'+y'^3+yy'y''}{\sqrt{(1+y'^2)}}$, on voit d'abord que son rapport à la première sera exprimé simplement par $\frac{y'}{\sqrt{(1+y'^2)}}$, sans que la fonction seconde y'' puisse y entrer. On est donc assuré par-là que les deux fonctions $x+yy'$ et $y\sqrt{(1+y'^2)}$ peuvent provenir d'une équation primitive qu'on trouvera en faisant les deux équations

$$x+yy'=a, \quad y\sqrt{(1+y'^2)}=b,$$

et éliminant y', ce qui donne celle-ci,

$$y^2+(a-x)^2=b^2,$$

laquelle coïncide avec celle d'où nous avions déduit les expressions de a et b dans le dernier exemple.

Maintenant l'équation proposée deviendra simplement

$$\Phi(a, b)=0,$$

par laquelle on déterminera b en a; de sorte que l'équation précédente ne contiendra plus que la constante arbitraire a, et sera alors la primitive complète de la proposée.

On pourra tirer de là la primitive singulière, en éliminant a au moyen de la dérivée prise par rapport à a seul, suivant la méthode de la leçon quinzième, ou bien il n'y aura qu'à éliminer y' de la proposée, au moyen de sa dérivée prise par rapport à y' seule, comme nous l'avons vu plus haut relativement aux équations de ce genre.

LEÇON DIX-HUITIÈME.

Sur différens Problêmes relatifs à la théorie des Equations primitives singulières.

PRESQUE dès la naissance du calcul différentiel, il s'est présenté aux géomètres, des problêmes qui dépendent de cette théorie, et qu'ils ont résolus par des artifices particuliers.

Leibnitz, dans un Mémoire intitulé: *Nova calculi differentialis applicatio*, et inséré dans les Actes de Leipsick de 1694 (*Voyez* le n° LXI des Œuvres de *Jacques Bernoulli.*), donne la manière de trouver la courbe formée par l'intersection continuelle d'une infinité de courbes renfermées dans une même équation, en faisant varier dans cette équation le paramètre qui les différencie; ce qui produit une nouvelle équation par laquelle on a une valeur du paramètre en fonction des coordonnées, et cette valeur étant substituée dans l'équation proposée, donne tout de suite une équation finie pour la courbe cherchée.

Il applique ensuite cette méthode à une question qu'on regardait alors comme très-difficile, et qui consiste à trouver la courbe dont les normales ou perpendiculaires ont une relation donnée avec les parties de l'axe, interceptées entre l'origine des abscisses et les normales.

Leibnitz considère cette courbe comme formée par l'intersection continuelle d'une infinité de cercles qui ont leurs centres sur l'axe; alors les rayons des cercles deviennent les normales à la courbe, et la relation donnée par le problême, entre les normales et les parties correspondantes de l'axe, a lieu entre les rayons et les abscisses qui répondent aux centres des cercles.

Nommant x, y les coordonnées du cercle, a l'abscisse qui répond au centre, et b le rayon, on aura

$$y^2 + (a - x)^2 = b^2;$$

savoir,

$$y^2 + x^2 - 2ax + a^2 - b^2 = 0,$$

pour l'équation du cercle.

Maintenant l'équation proposée entre b et a, donnera b en fonction de a; il ne restera ainsi que le paramètre a, qu'on déterminera, comme on vient de le dire, et l'équation en x et y deviendra alors celle de la courbe formée par l'intersection de tous les cercles, et aura, parconséquent, la propriété demandée.

Supposant, avec *Leibnitz*, que l'équation entre a et b soit celle de la parabole

$$b^2 = ak,$$

k étant une constante; l'équation en x, y et a, sera

$$y^2 + x^2 - 2ax + a^2 - ak = 0.$$

Faisant varier a seul suivant la notation du calcul différentiel, on a

$$(-2x + 2a - k)\,da = 0;$$

d'où l'on tire

$$a = \frac{k + 2x}{2};$$

substituant cette valeur dans l'équation précédente, on a, après les réductions,

$$y^2 - kx - \frac{k^2}{4} = 0$$

pour la courbe cherchée, qu'on voit être aussi une parabole.

On peut s'assurer *à posteriori*, que cette courbe résout le problème.

En effet, on sait que y étant l'ordonnée qu'on regarde comme fonction de l'abscisse x, la fonction prime y' exprime le rapport de l'ordonnée à la sous-tangente, lequel est le même que celui de la sous-normale à l'ordonnée; de sorte que yy' est l'expression de la sous-normale; parconséquent $y\sqrt{(1+y'^2)}$ sera celle de la normale, et $x+yy'$ celle de la partie de l'axe comprise entre l'origine et la normale. (*Voyez* la seconde partie de la *Théorie des Fonctions analytiques*).

Or, l'équation qu'on vient de trouver, donne

$$y^2 = kx + \frac{k^2}{4},$$

et, prenant la dérivée,

$$2yy' = k;$$

donc la normale sera

$$\sqrt{\left(kx + \frac{k^2}{2}\right)},$$

et la partie de l'axe sera

$$x + \frac{k}{2},$$

laquelle étant multipliée par k, devient comme l'on voit, égale au carré de la normale.

Le problème est donc résolu de cette manière; cependant on doit être surpris que *Leibnitz* n'ait pas remarqué que sa solution n'admet point de constante arbitraire dans l'équation de la courbe, tandis qu'il est évident que le problème conduit naturellement à une équation différentielle, dont l'intégrale ne peut être complète que par l'introduction d'une constante arbitraire.

En effet, nommant a la partie de l'axe qui répond à la normale, et b la normale, on a, comme on vient de le voir, les expressions

$$a = x + yy', b = y\sqrt{(1+y'^2)};$$

donc, si on veut que $b = Fa$, on aura l'équation dérivée

$$y\sqrt{(1+y'^2)} = F(x+yy'),$$

dont il faudra cherc er l'équation primitive.

Suivant la notation du calcul différentiel, on aurait à intégrer à l'équation différentielle

$$y\sqrt{\left(1+\frac{dy^2}{dx^2}\right)} = F\left(x+\frac{ydy}{dx}\right).$$

Dans l'exemple proposé, on a

$$b = ak,$$

parconséquent,

$$Fa = \sqrt{(ak)},$$

et l'équation dérivée devient

$$y\sqrt{(1+y'^2)} = \sqrt{(x+yy')k}.$$

Si on tire de cette équation la valeur de yy', on a

$$yy' = \frac{k}{2} + \sqrt{\left(\frac{k^2}{4}+kx-y^2\right)},$$

ou bien

$$k - 2yy' + 2\sqrt{\left(\frac{k^2}{4}+kx-y^2\right)} = 0.$$

Divisant toute l'équation par $2\sqrt{\left(\frac{k^2}{4}+kx-y^2\right)}$, on aura

$$\frac{k-2yy'}{2\sqrt{\left(\frac{k^2}{4}+kx-y^2\right)}} + 1 = 0,$$

équation dont la primitive est visiblement

$$\sqrt{\left(\frac{k^2}{4}+kx-y^2\right)}+x=h,$$

h étant une constante arbitaire.

Cette équation devient, en faisant disparaître le radical,

$$\frac{k^2}{4}+kx-y^2=(h-x)^2,$$

équation au cercle

Si on fait

$$k=a-\frac{h}{2},$$

a étant la constante arbitraire, on a celle-ci,

$$y^2+x^2-2ax+a^2-ak=0.$$

Cette équation est, comme l'on voit, la même que l'équation au cercle dont *Leibnitz* a tiré sa solution par la variation de a ; ainsi on peut dire que l'équation au cercle, dans laquelle a, abscisse qui répond au centre, est la constante arbitraire, et dont le rayon est $\sqrt{ak}$, est l'équation primitive qui résout le problême dans toute sa généralité : il est évident, en effet, que tout cercle dont le centre sera sur l'axe, et dont le rayon aura, avec la distance du centre à l'origine des abscisses, la relation qu'on suppose entre la normale et la partie de l'axe correspondante, satisfera à la question.

L'équation à la parabole, trouvée par *Leibnitz*, ne peut donc être qu'une équation primitive singulière ; en effet, en prenant dans la même équation au cercle, les fonctions dérivées relativement à la constante arbitraire a, comme on l'a enseigné au commencement de la leçon quinzième, on a l'équation

$$-2x+2a-k=0,$$

laquelle donne

$$a=\frac{k+2x}{2},$$

valeur qui, étant substituée dans l'équation au cercle, donne

$$y^2-kx-\frac{k^2}{4}=0,$$

comme *Leibnitz* l'a trouvé; d'où l'on doit conclure que la solution de *Leibnitz* n'est donnée que par l'équation primitive singulière.

On a vu que *Leibnitz* avait déduit sa solution de la considération de la courbe formée par l'intersection continuelle de tous les cercles que l'on aurait en faisant varier continuellement la constante a; c'est, en effet, une propriété générale des équations primitives singulières, d'appartenir aux courbes formées par l'intersection continuelle des courbes représentées par l'équation primitive complète, en faisant varier continuellement la constante arbitraire qui différencie toutes ces courbes.

Comme cette propriété est, pour ainsi dire, la caractéristique de cette espèce d'équations primitives, il est intéressant d'en avoir une démonstration.

Pour cela, on remarquera que la courbe formée par l'intersection continuelle d'une série de courbes infiniment peu différentes l'une de l'autre, n'est autre chose que la courbe qui embrasserait ou toucherait toutes ces courbes, et qui aurait, parconséquent, dans chacun de ses points, une tangente commune avec une de ces mêmes courbes.

Or, soit

$$F(x,y,a)=0$$

l'équation générale des courbes dont il s'agit, a étant le paramètre qui est constant dans chacune d'elles, mais qui varie de l'une à l'autre ; comme la courbe qui doit les embrasser, a un point commun avec chacune de ces courbes, elle aura aussi les mêmes coordonnées x, y, et la meme équation entre ces coordonnées ; mais avec cette différence que le paramètre a sera variable dans l'équation

$$F(x, y, a) = 0,$$

tant qu'elle appartiendra à la courbe qui embrasse toutes les autres.

De plus, il faudra que la position de la tangente soit la même dans la courbe où a est constant, et dans celle où a est variable.

Or, on sait que cette position ne dépend que de la fonction prime y', puisque $\frac{y}{y'}$ est l'expression de la sous-tangente ; donc il faudra que la valeur de y', tirée de la dérivée de l'équation

$$F(x, y, a) = 0,$$

soit la même, soit qu'on y regarde a comme constante, soit qu'on la regarde comme une variable fonction de x ; ce qui ne peut avoir lieu, à moins que la partie de la fonction dérivée relative à a, ne soit nulle.

Cette partie est, suivant la notation adoptée, $F'(a)$; donc on aura l'équation

$$F'(a) = 0,$$

laquelle servira à déterminer a en x et y. Or, cette équation est, comme l'on voit, la même que celle qui donne l'équation primitive singulière, lorsque

$$F(x, y, a) = 0$$

est l'équation primitive ordinaire, dans laquelle a est la constante arbitraire, comme nous l'avons vu dans la leçon citée.

Donc l'identité de l'équation primitive singulière et de l'équation de la courbe, qui embrasse toutes celles qui sont comprises dans l'équation primitive ordinaire, est démontrée, et résulte des principes mêmes de la chose.

Cette considération géométrique est très-importante pour la théorie des équations primitives singulières; elle sert à lier entre elles les courbes représentées par l'équation primitive ordinaire, et par l'équation primitive singulière, comme le principe analytique qui sert de base à cette théorie, sert à lier entre elles ces mêmes équations par la variation de la constante arbitraire.

Ainsi le problême analytique que nous avons résolu au commencement de la leçon précédente, se réduit à trouver des courbes qui, ayant un paramètre variable, puissent former, par leur intersection mutuelle, une courbe ordonnée.

On peut donc présenter ce problême ainsi :

Ayant deux courbes dont les équations soient données, et dont l'une contienne deux constantes arbitraires, trouver la relation nécessaire entre ces deux constantes, pour qu'en faisant varier celle qui demeure arbitraire, on ait une infinité de courbes du même genre, qui, par leur intersection continuelle, forment toujours l'autre courbe donnée.

Pour le résoudre, il n'y aura qu'à chercher, par les méthodes exposées dans la leçon précédente, la relation entre les constantes a et b de l'équation donnée

$$F(x, y, a, b) = 0,$$

pour qu'à cette équation, regardée comme une équation primitive ordinaire, réponde l'équation primitive singulière

$$y = \Sigma x,$$

qui sera celle de la courbe qui doit être formée par l'intersection continuelle des courbes données par l'autre équation.

Le problême résolu par *Leibnitz*, l'a été aussi par *Jean Bernoulli*, dans ses leçons de Calcul intégral (tom. III des œuvres de *Jean Bernoulli*, *leçon XIV*), mais par un autre voie qui l'a conduit au même résultat. En considérant deux normales infiniment proches, il observe que l'accroissement infiniment petit de la normale, est à l'accroissement de la partie de l'axe qui répond à la normale, comme la partie de l'axe comprise entre l'ordonnée et la normale, est à la normale même; ce qui est facile à voir par la similitude des triangles.

Il a ainsi, suivant l'esprit du calcul différentiel, en nommant, comme plus haut, a la partie de l'axe qui répond à la normale, et b la normale meme, l'équation

$$\frac{db}{da}=\frac{a-x}{b};$$

d'un autre côté, la considération du triangle rectangle dont b est l'hypothénuse, et y et $a-x$ les deux côtés, donne

$$y^2+(a-x)^2=b^2.$$

De ces deux équations il tire

$$x=a-\frac{bdb}{da},\ y=b\sqrt{\left(1-\frac{db^2}{da^2}\right)}.$$

Or les conditions du problême donnent b en fonction de a; ainsi on aura x et y en fonction de a, et chassant a, on aura l'équation de la courbe cherchée en x et y.

En supposant, comme dans l'exemple de *Leibnitz*,

$$b=\sqrt{(ka)},$$

on a

$$\frac{db}{da}=\frac{1}{2}\sqrt{\left(\frac{k}{a}\right)};$$

donc, faisant ces substitutions dans les valeurs de x et y, on aura

$$x = a - \frac{k}{2}, y = \sqrt{\left(ak - \frac{k^2}{4}\right)};$$

d'où éliminant a, il vient

$$y^2 = kx + \frac{k^2}{4}$$

pour l'équation de la courbe cherchée, qu'on voit être la même parabole que *Leibnitz* avait trouvée par une méthode tout-à-fait différente.

Telle est la solution de *Jean Bernoulli*, qui coïncide, comme on le voit, avec celle de *Leibnitz*, et sur laquelle, parconséquent, on peut faire les mêmes observations.

D'abord on peut être étonné que *Bernoulli* n'ait pas remarqué que ce problème appartient essentiellement à la méthode inverse des tangentes, et que, parconséquent, la solution générale dépend d'une intégration qui doit nécessairement introduire une constante arbitraire dans l'équation entre x et y; et cela peut surprendre d'autant plus, qu'il avait donné auparavant, dans les mêmes leçons, les expressions différentielles de la normale et de la sous-normale, et que le problème ne consiste qu'à établir, entre ces quantités, une relation donnée.

Ensuite il est clair, par ce que nous avons vu plus haut, que la solution de *Bernoulli* dépend d'une équation intégrale ou primitive singulière; et pour le démontrer par sa propre analyse, il suffit de considérer qu'on aura directement l'équation en x et y, en substituant la valeur de b en a donnée par le problème dans les deux équations

$$\frac{db}{da} = \frac{a-x}{b};\ y^2 + (a-x)^2 = b^2,$$

et éliminant ensuite a.

Ainsi,

Ainsi, en supposant

$$b = \sqrt{(ka)},$$

ces deux équations deviennent

$$\frac{1}{2}\sqrt{\frac{k}{a}} = \frac{a-x}{\sqrt{(ka)}},\ y^2 + (a-x)^2 = ka;$$

la première donne

$$\frac{k}{2} = a - x;\ \text{donc}\ a = x + \frac{k}{2};$$

ce qui étant substitué dans la seconde, on a

$$y^2 + \frac{k^2}{4} = kx + \frac{k^2}{2};\ \text{d'où}\ \ y^2 = kx + \frac{k^2}{4},$$

comme on l'a trouvé.

Or, je remarque que l'équation différentielle

$$\frac{db}{da} = \frac{a-x}{b},\ \text{ou}\ bdb = (a-x)\,da$$

n'est autre chose que la différentielle de l'autre équation

$$y^2 + (a-x)^2 = b^2,$$

en faisant varier seulement a et b.

Ainsi, comme b est supposé fonction de a, la solution se réduit à faire varier a seul dans l'équation

$$y^2 + x^2 - 2ax + a^2 - b^2 = 0,$$

et à éliminer ensuite a au moyen de cette nouvelle équation, ce qui revient, comme l'on voit, au procédé de *Leibnitz*, puisque l'équation est la même que son équation au cercle : on voit aussi que ce procédé coïncide avec celui qui donne l'équation primitive singulière de l'équation dérivée ou différentielle, dont la même équation

$$y^2+x^2-2ax+a^2-b^2=0$$

serait l'équation primitive, a étant la constante arbitraire.

On aura donc cette équation dérivée, en éliminant a de l'équation primitive par le moyen de sa dérivée

$$yy'+x-a=0;$$

ou bien en déterminant a et b, par le moyen de ces deux équations, et substituant leurs valeurs dans celle qui renferme la relation entre les quantités a et b, donnée par les conditions du problême.

Or ces équations donnent

$$a=x+yy', b=y\sqrt{(1+y'^2)},$$

expressions qu'on voit être les mêmes que nous avons trouvées plus haut pour la normale b, et pour la partie de l'axe a qui répond à cette normale ; de sorte que si la relation entre ces deux quantités est représentée, en général, par

$$\Phi(a,b)=0,$$

l'équation dérivée qui répond à la primitive

$$y^2+x^2-2ax+a^2-b^2=0$$

sera

$$\Phi[x+yy', \sqrt{y(1+y'^2)}]=0.$$

C'est l'équation générale du problême de *Leibnitz* et de *Bernoulli*, dont ils ont trouvé l'un et l'autre, par des méthodes différentes, l'équation primitive singulière, sans se douter de l'espèce de contradiction que leurs solutions présentaient avec les principes mêmes du calcul différentiel.

Avant de quitter cette analyse, il est bon de montrer *à priori*, pourquoi les expressions des constantes a et b, tirées de l'équation au cercle

$$y^2+x^2-2ax+a^2-b^2=0,$$

et de sa dérivée

$$yy'+x-a=0,$$

sont les mêmes que celles qu'on trouve pour la normale et pour la partie correspondante de l'axe, dans une courbe quelconque rapportée aux coordonnées x, y.

Si l'on conçoit un cercle qui touche une courbe dans un point, il est clair que son rayon, dans ce point, deviendra la normale à la courbe. Or l'équation dont il s'agit, est, comme nous l'avons déjà vu, celle d'un cercle dont le centre est dans l'axe et répond à l'abscisse a, et dont le rayon est b; et pour que le cercle touche une courbe donnée, il faut premièrement qu'il ait un point commun avec elle, dans lequel, parconséquent, les coordonnées x, y seront les mêmes; il faut ensuite que la valeur de y' soit aussi la même dans le cercle et dans la courbe, comme nous l'avons démontré rigoureusement dans la seconde partie de la *Théorie des fonctions analytiques* : ainsi, pour que b devienne la normale à la courbe, et que a soit la partie de l'axe qui y répond, il faudra que l'équation

$$y^2+(x-a)^2-b^2=0,$$

et sa dérivée, prise en regardant a et b comme constantes,

$$yy'+x-a=0,$$

aient lieu en même temps, par rapport aux coordonnées x, y

de la courbe; d'où l'on tire, pour a et b, les valeurs données ci-dessus.

Les solutions de *Leibnitz* et de *Jean Bernoulli* offrent les premiers exemples des équations primitives singulières; mais *Tailor* est peut-être le premier qui ait trouvé directement une équation primitive singulière d'après l'équation dérivée.

Dans son ouvrage intitulé *Methodus incrementorum*, qui a paru en 1715, *Tailor* étant parvenu (*pag*. 27), pour la solution d'un problème, à cette équation différentielle (j'emploie ici, pour plus de commodité, la notation différentielle à la place de la notation fluxionnelle des Anglais, ces deux notations exprimant la même chose dans le fond),

$$1 = y^2 - 2zy\frac{dy}{dz} + (1+z^2)\frac{dy^2}{dz^2},$$

dans laquelle y est fonction de z, il la différencie, en faisant dz constant et il obtient l'équation,

$$\left[-2zy + 2(1+z^2)\frac{dy}{dz}\right]\frac{d^2y}{dz} = 0;$$

d'où il tire

$$d^2y = 0, \text{ ou } zy - (1+z^2)\frac{dy}{dz} = 0.$$

Cette dernière équation donne

$$\frac{dy}{dz} = \frac{zy}{1+z^2};$$

ce qui réduit la proposée à

$$1 = y^2 - \frac{2z^2y^2}{1+z^2} + \frac{z^2y^2}{1+z^2};$$

savoir,

$$1 + z^2 = y^2,$$

qui est, dit-il, *singularis quœdam solutio problematis*.

Considérons l'autre équation $d^2y = 0$, où dz est constant, en prenant successivement ses deux primitives ou intégrales, on a

$$y = a + bz$$

où a et b sont deux constantes arbitraires; mais la proposée n'étant que du premier ordre ne comporte qu'une seule arbitraire, il faut donc y substituer cette valeur de y pour avoir la relation qui doit avoir lieu entre a et b; et pour cela il suffit de supposer par tout $z = 0$, auquel cas on a

$$y = a, \quad \frac{dy}{dz} = b,$$

et l'équation devient

$$1 = y^2 + \frac{dy^2}{dz^2},$$

donc

$$1 = a^2 + b^2,$$

et parconséquent

$$b = \sqrt{(1 - a^2)}.$$

Il est évident, par ce que nous avons démontré dans les dernières leçons, que la solution que *Tailor* nomme *singulière*, n'est autre chose qu'une équation primitive singulière de l'équation du premier ordre

$$1 = y^2 - 2zyy' + (1 + z^2)y'^2,$$

dont

$$y = a + z\sqrt{(1 - a^2)}$$

est l'équation primitive complète; car la dérivée de cette équation du premier ordre étant, en faisant $z' = 1$,

$$[-2zy + 2(1 + z^2)y']y'' = 0,$$

le facteur du premier ordre $-2zy + 2(1 + z^2)y'$ donnera l'équation primitive singulière, et l'autre facteur y'' donnera l'équation primitive complète, comme nous l'avons montré dans la leçon seizième.

On peut aussi tirer la première de la seconde, par les principes exposés dans la leçon quinzième : car l'équation primitive complète étant

$$y = a + z\sqrt{(1 - a^2)}$$

sa dérivée relative à a sera

$$o = 1 - \frac{za}{\sqrt{(1-a^2)}};$$

éliminant a de ces deux équations, on a

$$1 + z^2 = y^2.$$

Long-temps après, en 1734, *Clairaut*, en résolvant quelques problêmes sur des courbes, fut conduit à une équation différentielle, dont il obtint aussi deux intégrales différentes par le moyen de la différenciation; il était parvenu à ces deux équations

$$(x-u)\,\Pi u = y - \Phi u,\ \text{et}\ dy = \Pi u dx,$$

Πu et Φu étant des fonctions données d'une variable u qu'il s'agissait d'éliminer.

L'élimination étant impossible en général, il eut l'idée heureuse de différencier la première, et d'y substituer la valeur de dy, tirée de la seconde; on a ainsi cette équation

$$(\Pi u - u\Pi' u - \Phi' u)\, du = o;$$

d'où l'on déduit deux valeurs de u, l'une donnée par l'équation

$$\Pi u - u\Pi' u - \Phi' u = o;$$

l'autre par l'équation

$$du = o,$$

laquelle donne par l'intégration

$$u = a,$$

a étant une constante arbitraire.

Ces deux valeurs de u, étant substituées dans la première équation

$$(x-u)\,\Pi u = y - \Phi u,$$

donneront deux intégrales en x et y, l'une sans constante arbitraire, l'autre avec la constante arbitraire a, et qui sera

$$(x-a)\,\Pi a = y - \Phi a,$$

laquelle ne représente, comme l'on voit, que des lignes droites.

Clairaut examine ensuite quelques cas particuliers du même problème, où il fait voir comment le calcul intégral ne donne jamais que les lignes droites exprimées par l'équation générale

$$x\Pi a - a\Pi a = y - \Phi a,$$

et comment les équations trouvées par la première méthode, échappent à l'intégration.

« J'ai été bien aise, dit-il, de montrer cette singularité de calcul, qui s'est présentée d'elle-même ; on pourrait l'énoncer, indépendamment du problème présent, de cette manière :

» Il y a des équations différentielles capables d'avoir deux solutions différentes l'une de l'autre, dont l'une (et même dans ce cas-ci la plus générale) n'a pas besoin du calcul intégral ; telles sont les équations

$$xdydx - dy^2 = ydx^2 - dydx,$$

à laquelle

$$4y = x^2 + 2x + 1, \text{ et } 2ax - 2x = -4y + 1 - a^2$$

satisfont également ; et

$$ady^2 + xdy^2 - ydydx = xdxdy - ydx^2,$$

qui donne pour solutions

$$\frac{x}{\sqrt{y}} - \sqrt{y} = \sqrt{4a}, \text{ et } b^2y - 2bx + 2by = -4a$$

» En général, $\frac{d\Phi(x, y)}{\Phi(x, y)}$ = à une fonction quelconque de x, y, dx, dy serait de cette nature ; intégrée, elle donnerait une équation ; et, sans aucune intégration,

$$\Phi(x, y) = 0$$

serait l'autre. »

Voyez les Mémoires de l'Académie des Sciences pour 1734, *p.* 213.

En rapprochant ces différentes solutions de notre théorie, il est évident que celles qui ne renferment point de constante arbitraire, ne sont que des équations primitives singulières, et que les autres, qui contiennent une constante arbitraire, sont les équations primitives complètes ; mais *Clairaut* a tort de regarder ces dernières comme moins générales, parcequ'elles ne représentent que des lignes droites.

A l'égard de l'équation différentielle

$$\frac{d.\Phi(x,y)}{\Phi(x,y)}=F\left(x,y,\frac{dy}{dx}\right)dx,$$

on ne peut pas dire, en général, avec *Clairaut*, que l'équation finie

$$\Phi(x,y)=0,$$

est de la même nature que les intégrales qu'il avait trouvées auparavant sans constante arbitraire ; car cette intégrale peut être une équation primitive singulière, ou simplement un cas particulier de l'équation primitive complète.

Car si on fait, pour abréger,

$$\Phi(x,y)=z,$$

et qu'on suppose qu'ayant tiré de cette équation la valeur de y en z, on la substitue dans la fonction $F\left(x,y,\frac{dy}{dx}\right)$, on aura une équation en x et z de la forme

$$\frac{dz}{z}=f\left(x,z,\frac{dz}{dx}\right)dx,$$

ou bien

$$z'=zf(x,z,z').$$

Pour que $z=0$ soit une équation primitive singulière, il faudra que $z=0$ donne

$$z''=\frac{0}{0},$$

comme nous l'avons vu dans la leçon seizième; or, en prenant la dérivée de l'équation précédente, on verra que cette condition ne peut avoir lieu que lorsque $z=0$ donnera

$$zf'(z')=1.$$

Dans les autres cas, l'équation $z=0$ ne pourra donc être qu'un cas particulier de l'équation primitive complète.

En effet, en regardant d'abord z comme très-petite, et négligeant z dans la fonction $f(x, z, z')$, on aura simplement

$$z'=zf(x);$$

d'où l'on tire

$$\frac{z'}{z}=f(x),$$

et prenant les fonctions primitives

$$lz=f_{,}(x)+k;$$

k étant une constante arbitraire.

Je dénote par $f_{,}$ avec un trait placé au bas de la caractéristique f, la fonction primitive dénotée par la simple caractéristique f; on pourra de même dénoter, dans l'occasion, par $y_{,}$ la fonction primitive de y; par $y_{,,}$ la fonction primitive de $y_{,}$, c'est-à-dire, la fonction primitive seconde de y, et ainsi des autres. Cette notation, que j'avais déjà proposée dans l'ouvrage sur la *Résolution des Equations numériques*, me paraît aussi propre pour désigner les fonctions primitives, que la notation ordinaire l'est pour les fonctions dérivées.

Maintenant il est clair que, dans l'équation

$$lz=f_{,}(x)+k,$$

on aura

$$z=0,$$

en faisant la constante k infinie, puisque

$$l0=-\infty.$$

Ainsi

$$z = 0$$

sera alors un cas particulier de l'équation primitive complète.

Euler avait aussi trouvé, dans sa *Mécanique*, différens exemples de cette duplicité d'intégrales ; il avait même donné des règles pour les découvrir dans quelques cas, comme on le voit dans les articles 268, 303, 335 du second tome de la *Mécanique;* mais ce n'est que plusieurs années après qu'il s'est occupé, *ex professo*, de cette partie du calcul intégral dans un Mémoire intitulé : *Exposition de quelques Paradoxes du calcul intégral*, et imprimé dans le *Recueil de l'Académie de Berlin pour* 1756.

Dans ce Mémoire, *Euler* se propose différens problèmes relatifs aux tangentes, qui conduisent naturellement à des équations différentielles, et il remarque qu'ils ont chacun deux solutions, dont l'une résulte de l'intégration, et admet, parconséquent, une constante arbitraire, et dont l'autre est indépendante de l'intégration, et peut se trouver même par la différenciation de l'équation.

Voici un de ces problêmes. On demande une courbe telle, que, tirant de deux points donnés des perpendiculaires sur une quelconque de ses tangentes, le produit de ces perpendiculaires soit une quantité constante.

Faisons passer l'axe des abscisses par les deux points donnés, et soient p et q les deux abscisses qui répondent à ces points, et t la sous-tangente à un point quelconque, c'est-à-dire, la partie de l'axe comprise entre la tangente et l'ordonnée y, on aura $t - x$ pour la partie comprise entre la tangente et l'origine des abscisses ; donc $t - x + p$ et $t - x + q$ seront les parties de l'axe comprises entre les deux points donnés et la tangente.

Ayant abaissé de ces points des perpendiculaires sur la tangente, on formera par là deux triangles rectangles semblables au triangle rectangle formé par la tangente, l'ordonnée y et la sous-tangente t; il est visible que, dans ces triangles, les lignes $t-x+p$, $t-x+q$ répondront à la tangente même qui est $\sqrt{(y^2+t^2)}$, et que les perpendiculaires dont il s'agit répondront à l'ordonnée y; de sorte qu'on aura pour ces perpendiculaires, les valeurs

$$\frac{(t-x+p)y}{\sqrt{(y^2+t^2)}}, \quad \frac{(t-x+q)y}{\sqrt{(y^2+t^2)}}$$

parconséquent l'équation du problême sera

$$\frac{(t-x+p)(t-x+q)y^2}{y^2+t^2}=k,$$

k étant une constante donnée.

Or, le rapport de l'ordonnée à la sous-tangente étant exprimé par la fonction prime y', on a

$$\frac{y}{t}=y',$$

parconséquent

$$t=\frac{y}{y'};$$

cette valeur étant substituée dans l'équation précédente, elle se réduit à

$$\frac{(y-y'x+py')(y-y'x+qy')}{1+y'^2}=k,$$

équation du premier ordre.

Cette équation, étant mise sous la forme différentielle, et multipliée par dx^2+dy^2, devient

$$(ydx-xdy+pdy)(ydx-xdy+qdy)-k(dx^2+dy^2)=0;$$

c'est l'équation donnée par les conditions du problême.

Euler remarque qu'il serait difficile d'intégrer cette équation directement; mais qu'on y peut parvenir facilement en la différenciant.

On a ainsi, en prenant dx pour constant,

$$(ydx - xdy + qdy)(p - x)d^2y$$
$$+ (ydx - xdy + pdy)(q - x)d^2y - 2kdyd^2y = 0,$$

équation toute divisible par d^2y.

En la divisant d'abord par d^2y, on a celle-ci,

$$(ydx - xdy + qdy).(p - x)$$
$$+ (ydx - xdy + pdy)(q - x) - 2kdy = 0,$$

qui n'est que du premier ordre, comme la proposée, et qui, étant combinée avec elle, donnera, par l'élimination de dy, une équation finie en x et y.

En effet, cette dernière équation étant multipliée par dy, et retranchée de la première multipliée par 2, on aura celle-ci,

$$2y^2dx^2 + ydydx(p + q - 2x) - 2kdx^2 = 0;$$

d'où l'on tire

$$\frac{dy}{dx} = \frac{2(k - y^2}{y(p + q - 2x)};$$

mais la même équation donne

$$\frac{dy}{dx} = \frac{y(p + q - 2x)}{2[k - (p - x)(q - x)]};$$

donc, comparant ces deux valeurs, et multipliant en croix, on aura celle-ci,

$$y^2(p + q - 2x)^2 = 4(k - y^2)[k - (p - x)(q - x)],$$

laquelle se réduit à

$$[(p - q)^2 + 4k]y^2 + 4k(p - x)(q - x) = 4k^2,$$

ou, plus simplement encore, à

$$y^2 + \frac{k}{k+\left(\frac{p-q}{2}\right)^2}\left(x-\frac{p+q}{2}\right)^2 = k,$$

équation à une ellipse dont le carré du petit axe est k, et le carré du grand axe est $k+\left(\frac{p-q}{2}\right)^2$; de sorte que $\frac{p-q}{2}$ sera la distance du centre au foyer; et comme le centre de l'ellipse répond à l'abscisse $\frac{p+q}{2}$, il s'ensuit que les deux foyers répondent aux abscisses p et q, et sont, parconséquent, dans les deux points donnés.

En effet, on sait, par la théorie des sections coniques, que le produit des perpendiculaires menées de chacun des foyers sur une tangente quelconque, est constant, et égal au carré du petit axe.

L'équation que nous venons de trouver ne renferme point de constante arbitraire, puisqu'elle provient de deux équations différentielles du premier ordre par l'élimination de $\frac{dy}{dx}$; mais on aura une autre équation, avec une constante arbitraire, par le moyen de l'autre facteur d^2y, lequel donne l'équation du second ordre

$$d^2y = 0;$$

d'où l'on tire

$$dy = adx,$$

a étant une constante arbitraire; cette équation étant combinée de nouveau avec la proposée, on aura celle-ci,

$$(y-ax+ap)(y-ax+aq) = k(1+a^2),$$

d'où l'on tire

$$y - ax + \frac{(p+q)a}{2} = \pm \sqrt{\left[(1+a^2)k + a^2\left(\frac{p-q}{2}\right)^2\right]},$$

équation à deux lignes droites.

Il est visible, en effet, que la ligne droite satisfait aussi au même problème, pourvu qu'elle soit placée de manière que le produit des deux perpendiculaires menées des deux points donnés sur cette ligne, soit égal à k.

Si, dans les expressions générales de ces perpendiculaires trouvées ci-dessus, on substitue pour t sa valeur $\frac{y}{y'}$, ou bien $\frac{ydx}{dy}$, suivant la notation du calcul différentiel, on a

$$\frac{y - xdy + pdy}{\sqrt{(dx^2 + dy^2)}} \text{ et } \frac{y - xdy + qdy}{\sqrt{(dx^2 + dy^2)}}.$$

Soit

$$y = ax + b$$

en général l'équation à la ligne droite, on aura

$$dy = adx;$$

substituant ces valeurs, les deux perpendiculaires deviendront

$$\frac{b + ap}{\sqrt{(1 + a^2)}} \text{ et } \frac{b + aq}{\sqrt{(1 + a^2)}}.$$

et l'on aura l'équation

$$(b + ap)(b + aq) = k(1 + a^2);$$

d'où l'on tire

$$b = -a\left(\frac{p+q}{2}\right) \pm \sqrt{\left[(1+a^2)k + a^2\left(\frac{p-q}{2}\right)^2\right]};$$

ce qui donne les mêmes lignes droites que nous venons de trouver.

Telle est l'analyse d'*Euler*, que j'ai rapportée en entier, et même avec un peu plus de détail, pour servir d'exemple dans une matière qui est encore peu traitée dans les ouvrages élémentaires.

On voit que ce problême admet réellement deux solutions très-différentes, puisque l'une donne des lignes droites, et l'autre donne une ellipse.

Euler n'a pas cherché à rapprocher ces deux solutions et à les faire dépendre l'une de l'autre ; il s'est contenté de donner cette duplicité de solutions comme un paradoxe de calcul intégral, par la raison que l'équation qui contient une constante arbitraire, et qu'on doit, parconséquent, regarder comme l'intégrale complète, ne renferme cependant pas l'autre équation finie, qui satisfait également à l'équation différentielle, ce qui paraît, en effet, contraire aux principes du calcul différentiel.

Euler regarde aussi comme un paradoxe, que la différenciation puisse suppléer à l'intégration, ce qui ne doit s'entendre cependant que de l'intégrale sans constante arbitraire, qui résulte immédiatement de la différentielle de l'équation proposée, combinée avec cette même équation ; car, pour l'autre intégrale qui dépend d'une intégration subséquente, elle est conforme aux principes généraux du calcul.

D'après la théorie que nous avons donnée sur les équations primitives singulières, on voit clairement que ces paradoxes d'*Euler* ne sont que des résultats particuliers de cette théorie.

Il est évident que l'équation à l'ellipse, qui est sans constante arbitraire, n'est que l'équation primitive singulière de l'équation du premier ordre, donnée par les conditions du problême, puisqu'elle résulte du facteur du même ordre qui multiplie la dérivée de la même équation ; et que l'équation à la ligne droite, qui vient de l'autre facteur du second ordre, est donnée par l'équation primitive complète, avec une constante arbitraire, conformément à la théorie développée dans la leçon seizième.

Si de l'équation à la ligne droite

$$y = ax + b,$$

et de sa dérivée

$$y' = a,$$

on tire les valeurs des constantes a et b, on a

$$a = y', \; b = y - xy';$$

et ces valeurs, substituées dans l'équation donnée par les conditions du problême; savoir,

$$(b + ap)(b + aq) = k(1 + a^2),$$

fournissent celle-ci,

$$(y - xy' + py')(y - xy' + qy') = k(1 + y'^2),$$

qui est, comme l'on voit, l'équation du premier ordre à laquelle le problême conduit directement. Ainsi cette équation appartient à la classe que nous avons examinée à la fin de la leçon précédente, dont la forme générale est

$$\Phi(a, b) = 0,$$

et qui est toujours susceptible d'une équation primitive singulière qu'on peut obtenir par l'élimination de y', au moyen de la dérivée relative à y', ce qui redonne le résultat que nous avons trouvé.

Si l'on voulait tirer l'équation primitive singulière de l'équation primitive complète, d'après la théorie de la leçon quinzième, il n'y aurait qu'à substituer d'abord dans l'équation de condition en a et b, la valeur de b tirée de l'équation

$$y = ax + b,$$

ce qui donnera celle-ci

$$(y - ax + ap)(y - ax + aq) = k(1 + a^2),$$

qui

qui est à deux lignes droites, et qu'on peut regarder comme l'équation primitive du problême, dans laquelle a est la constante arbitraire. Ainsi il n'y aura qu'à éliminer a au moyen de cette équation et de sa dérivée, et l'on aura encore le même résultat, puisque l'équation en y' a la même forme que l'équation en a; ce qui sert de plus en plus à rapprocher les différentes méthodes que nous avons données.

Nous avons démontré, à l'occasion du problême de *Leibnitz*, que toute équation primitive singulière représente la courbe formée par l'intersection continuelle des lignes représentées par l'équation primitive complète; ainsi on peut dire que l'ellipse qui résout le problême d'*Euler*, est formée par l'intersection continuelle de toutes les droites représentées par l'équation

$$(y-ax+ap)(y-ax+aq)=k(1+a^2),$$

en supposant que la constante a varie de l'une à l'autre.

Par cette considération, on pourrait donc aussi résoudre le problême d'*Euler*, comme *Leibnitz* avait résolu celui dont nous avons parlé au commencement de cette leçon, et parvenir directement à l'ellipse, qui n'est donnée par l'analyse que d'une manière indirecte.

Jusques là on n'avait considéré les équations primitives singulières que comme des solutions particulières qui se présentaient d'elles-mêmes et sans intégration, et on n'avait encore aucun moyen pour reconnaître, *à priori*, si une pareille solution pouvait être comprise ou non dans la solution générale donnée par l'intégrale complète de l'équation différentielle du problême. *Euler* a donné le premier une règle générale pour cet objet, dans le premier volume de son *Calcul intégral*; et *Laplace* a montré ensuite comment on peut déduire de l'équation différentielle, les solutions particulières qui échappent à l'intégrale complète, comme nous l'avons rapporté à la fin de la leçon quinzième.

Il restait à découvrir la liaison entre ces intégrales particulières et les intégrales complètes, ainsi qu'entre les courbes données par les unes et les autres, et à rappeler toute la théorie de ces différentes intégrales, aux premiers principes du calcul différentiel; c'est ce qu'on a fait dans un mémoire sur ce sujet, imprimé dans le Recueil de l'Académie de Berlin de 1774, et dans un autre mémoire imprimé dans le même Recueil pour 1779.

Comme ce point d'analyse est un des plus intéressans par ses différentes applications, j'ai cru devoir en développer toute la théorie dans ces leçons, en y joignant des considérations nouvelles et des détails historiques qui peuvent faire plaisir aux analystes et servir à l'histoire de cette partie des mathématiques.

LEÇON DIX-HUITIÈME.

Digression sur les équations aux différences finies, sur le passage de ces différences aux différentielles, et sur l'invention du calcul différentiel.

Les premiers auteurs du calcul différentiel, *Barrow* et *Leibnitz*, ont considéré les quantités variables comme croissant par des différences infiniment petites, et ont inventé les équations différentielles pour déterminer les rapports de ces différences. Comme la supposition des quantités infiniment petites répugne à la rigueur de l'analyse, on a considéré depuis les accroissemens des quantités variables comme finis, et on a formé, à l'imitation du calcul différentiel, un nouveau calcul pour les différences finies, dans lequel les résultats sont rigoureusement exacts. Ce calcul, dont *Tailor* avait donné la première idée dans son *Methodus incrementorum*, et dont on s'est beaucoup occupé dans ces derniers temps, sous le nom de *Calcul aux différences finies*, sert à trouver la loi des termes consécutifs d'une série ou progression dans laquelle on connaît l'expression ou la formation du terme général ; et réciproquement à trouver l'expression du terme général, d'après la loi des termes consécutifs.

Mais nous observerons que, dans ces recherches, la considération des différences n'est point nécessaire comme dans le calcul différentiel, et que leur emploi peut meme être plus incommode qu'utile, parceque la suppression des termes infiniment petits, qui produit la simplification du calcul différentiel, n'ayant point lieu dans les différences finies, il arrive souvent que les formules en différences, sont plus compliquées que si elles contenaient immédiatement les termes successifs eux-mêmes.

D'ailleurs l'analogie qu'on a cru pouvoir établir entre le calcul aux différences infiniment petites et le calcul aux différences finies, est plus apparente que réelle, malgré la conformité de quelques procédés et de quelques résultats ; car, dans celui-ci, on considère les différens termes de la progression, comme représentés par une même fonction de quantités différentes d'un terme à l'autre, et les équations aux différences finies ne sont que des équations entre ces mêmes fonctions : au lieu que les équations différentielles, ou aux différences infiniment petites, sont essentiellement entre des fonctions différentes de la même variable, mais dérivées les unes des autres par des règles fixes et uniformes.

Les équations aux différences finies, ne sont autre chose qu'une suite d'équations semblables entre différentes inconnues, par lesquelles on peut toujours déterminer successivement chacune de ces inconnues.

Mais la loi uniforme qui règne entre ces équations, fait qu'on peut regarder leurs inconnues comme formant une suite régulière et susceptible d'un terme général ; et l'expression de ce terme donne alors la résolution générale de toutes les équations.

Ainsi le calcul qu'on a nommé *aux différences finies*, n'est proprement que le calcul des suites, et ne peut être assimilé au calcul différentiel qui est essentiellement le calcul des fonctions dérivées.

Mais on a pensé que la considération des différences finies pouvait conduire à celle des différences infiniment petites, et que le calcul aux différences finies conserverait toute sa rigueur, en devenant calcul différentiel, par l'omission des termes infiniment petits. Et de là est née la méthode des limites dans laquelle on regarde le rapport des différences infiniment petites, comme la limite du rapport des différences finies, et les équations différentielles, comme les limites des équations aux différences finies.

Je ne disconviens pas qu'on ne puisse, de cette manière, démontrer la légitimité des résultats du calcul différentiel; mais, quoique cette marche paraisse directe et naturelle, le passage du fini à l'infini exige toujours une espèce de saut, plus ou moins forcé, qui rompt la loi de continuité, et change la forme des fonctions.

Ayant réduit, comme nous l'avons fait, le calcul différentiel à ses véritables élémens, les fonctions dérivées, et l'ayant ainsi entièrement séparé du calcul aux différences finies, nous avons cru devoir dire deux mots de la nature et des usages de celui-ci, qui n'est, à proprement parler, que l'analyse ordinaire appliquée à une suite de quantités qu'on suppose dépendre d'une même loi.

Soit une suite de quantités

$$\overset{0}{y}, \overset{1}{y}, \overset{2}{y}, \overset{3}{y}, \overset{4}{y}, \text{etc.}$$

qui répondent à ces quantités en progression arithmétique

$$0, i, 2i, 3i, 4i, \text{etc.}$$

Désignons, en général, un terme quelconque de la première suite, par y, et le terme correspondant de la seconde suite, par x; désignons de plus par y', y'', y''', etc., les termes qui, dans la première suite, suivent le terme y, et qui répondent aux termes

$$x+i, x+2i, x+3i, \text{etc.}$$

de la seconde.

Enfin, désignons, pour plus de simplicité, par les caractéristiques Δ, Δ^2, etc., les différences premières, secondes, etc. des termes de la première suite, de manière que l'on ait

$$\Delta y = y' - y, \ \Delta^2 y = y'' - 2y' + y, \text{etc.}$$

A l'égard de la seconde suite, il est clair qu'on aura

$$\Delta x = i \quad \text{et} \quad \Delta^2 x = 0, \text{ etc.}$$

Cela posé, supposons d'abord que la première suite soit formée de la seconde par cette loi très-simple

$$y = ax,$$

a étant un coefficient constant pour toute la suite.

On aura donc aussi, en changeant y en y' et x en $x+i$, l'équation

$$y' = a(x+i);$$

et comme les deux équations doivent avoir lieu en même temps, on pourra, si l'on veut, en éliminer la constante a.

Retranchant, pour cela, la première de la seconde, on aura

$$y' - y = ai; \quad \text{ou} \quad \Delta y = ai;$$

d'où l'on tire

$$a = \frac{\Delta y}{i};$$

donc, substituant cette valeur dans la première, elle deviendra

$$y = \frac{x\Delta y}{i}.$$

La première équation

$$y = ax$$

donne le terme général de la suite; l'autre équation

$$y = \frac{x\Delta y}{i}$$

donne la loi entre les termes successifs; car, puisque

$$\Delta y = y' - y,$$

on aura

$$y' = y + \frac{iy}{x}, \text{ ou } y' = \frac{x+i}{x} y.$$

Réciproquement, on voit que cette loi des termes étant donnée, le terme général sera nécessairement

$$y = ax$$

a étant une constante arbitraire ; et il est facile de se convaincre que cette expression de y en x est la plus générale qui puisse répondre à l'équation aux différences

$$\Delta y = \frac{iy}{x}.$$

Si la différence i de la progression arithmétique devenait infiniment petite, la différence correspondante Δy deviendrait infiniment petite aussi, et leur rapport $\frac{\Delta y}{i}$, que nous avons vu être égal à la constante arbitraire a, serait toujours le même. Dans l'infiniment petit, ce rapport devient égal à la fonction dérivée y', en regardant y comme fonction de x, et l'équation devient alors

$$y = xy'$$

qui est l'équation dérivée dont

$$y = ax$$

est l'équation primitive, a étant la constante arbitraire.

Supposons maintenant cette loi

$$y = ax + a^2,$$

qui n'est guère plus compliquée que la précédente.

On aura donc aussi, en changeant y en y' et x en $x+i$,

$$y' = ax + ai + a^2;$$

retranchant la première de celle-ci, et mettant Δy pour $y' - y$, on aura

$$\Delta y = ai;$$

d'où l'on tire

$$a = \frac{\Delta y}{i};$$

et substituant cette valeur à la place de a, on aura

$$y = \frac{x\Delta y}{i} + \frac{\Delta y^2}{i^2},$$

équation aux différences finies, et qui est indépendante de la constante a.

La première équation donne donc l'expression du terme général, et la seconde donne la loi entre les termes successifs, de manière que cette loi étant proposée, on aura, par la première, le terme général avec une constante arbitraire a.

L'analyse précédente suppose que la quantité a est indépendante de x, puisqu'elle demeure la même dans les deux équations successives; mais si elle dépendait de x, de manière que les deux équations eussent néanmoins la même forme que dans le cas où elle est constante, il est clair que l'équation aux différences qui résulte de ces deux équations par l'élimination de a, serait encore la même; parconséquent on aurait plus d'une équation en x et y pour la même équation aux différences : c'est le principe qui donne les équations primitives singulières, comme on l'a vu dans la leçon quatorzième.

Supposons donc, en général, que la quantité a, qui répond à x, devienne a', a'', etc., lorsque x devient $x+i$, $x+2i$, etc., les deux équations successives, dont l'une répond à x et l'autre à $x+i$, seront

$$y = ax + a^2,$$

$$y' = a'(x+i) + a'^2.$$

Or, si on suppose que les quantités a et a' soient telles que l'on ait

$$a'(x+i) + a'^2 = a(x+i) + a^2,$$

la seconde équation deviendra

$$y' = a(x+i) + a^2$$

comme dans le cas où a est supposé constante; parconséquent on aura également, par l'élimination de a, l'équation aux différences

$$y = \frac{x\Delta y}{i} + \frac{\Delta y^2}{i^2}.$$

Il s'agit donc de trouver le terme général de la série dont les termes consécutifs a et a', répondant à x et $x+i$, ont entre eux la relation déterminée par l'équation ci-dessus, qui se réduit à cette forme

$$a'^2 - a^2 + (x+i)(a'-a) = 0,$$

et qui est, comme on voit, du genre des équations aux différences.

Cette équation se réduit à

$$[a' + a + (x+i)](a'-a) = 0,$$

et se décompose, parconséquent, en ces deux-ci,

$$a' - a = 0, \quad a' + a + x + i = 0.$$

La première donne

$$a' = a,$$

et, parconséquent, a égal à une constante quelconque ; c'est le cas que nous avons supposé d'abord.

La seconde donne une relation entre a et a', d'après laquelle il faut trouver le terme général.

Pour simplifier cette équation, je suppose d'abord

$$a = u + mx + n,$$

m et n étant des constantes, et u une nouvelle variable ; j'ai

$$a' = u' + m(x + i) + n,$$

et l'équation devient, par ces substitutions,

$$u' + u + (2m + 1)x + 2n + (m + 1)i = 0,$$

où je peux faire disparaître les termes indépendans de u.

Je fais donc

$$2m + 1 = 0 \quad \text{et} \quad 2n + (m + 1)i = 0$$

ce qui donne

$$m = -\frac{1}{2}, n = -\frac{i}{4};$$

de sorte qu'en faisant

$$a = u - \frac{x}{2} - \frac{i}{4},$$

l'équation se réduit à cette forme plus simple ;

$$u' + u = 0.$$

J'observe maintenant qu'en supposant

$$u = br^x,$$

b et r étant des constantes, on a

$$u' = br^{x+i};$$

et la substitution donne

$$br^{x+i} + br^x = 0,$$

équation divisible par br^x, et qui donne

$$r^i + 1 = 0:$$

d'où l'on tire

$$r^i = -1 \quad \text{et} \quad r = (-1)^{\frac{1}{i}}.$$

Ainsi l'expression

$$u = b(-1)^{\frac{x}{i}}$$

satisfait à l'équation avec la constante arbitraire b. En effet, en supposant cette équation en u et x, pour faire disparaître la constante b, on prendra l'équation successive

$$u' = b(-1)^{\frac{x+i}{i}} = -b(-1)^{\frac{x}{i}},$$

et, éliminant b, on aura

$$u + u' = 0,$$

équation proposée.

Donc l'expression générale de a sera

$$a = b(-1)^{\frac{x}{i}} - \frac{x}{2} - \frac{i}{4};$$

et cette valeur, substituée dans l'expression de y, donnera un nouveau terme général avec une constante arbitraire b, qui satisfera également à la même équation aux différences

$$y = \frac{x\Delta y}{i} + \frac{\Delta y^2}{i^2}.$$

Pour faciliter cette substitution, je mets l'expression donnée de y sous cette forme

$$y=\left(a+\frac{x}{2}\right)^2-\frac{x^2}{4},$$

et j'y substitue, pour a, la valeur qu'on vient de trouver; il vient cette nouvelle expression de y

$$y=\left[b(-1)^{\frac{x}{i}}-\frac{i}{4}\right]^2-\frac{x^2}{4}.$$

Comme b est ici une constante arbitraire, on peut aussi la faire disparaître par l'équation successive, dans laquelle x devient $x+i$, et y' devient y ou $y+\Delta y$; on aura ainsi

$$y+\Delta y=\left[-b(-1)^{\frac{x}{i}}-\frac{i}{4}\right]^2-\frac{(x+i)^2}{4},$$

à cause de

$$(-1)^{\frac{x+i}{i}}=(-1)^{\frac{x}{i}+1}=-(-1)^{\frac{x}{i}}.$$

Retranchant de cette équation la précédente, et observant que la différence des deux carrés est le produit de la somme par la différence des racines, on aura tout de suite

$$\Delta y=ib(-1)^{\frac{x}{i}}-\frac{ix}{2}-\frac{i^2}{4};$$

d'où l'on tire

$$b(-1)^{\frac{x}{i}}=\frac{\Delta y}{i}+\frac{x}{2}+\frac{i}{4};$$

et cette valeur, substituée dans la première équation, donne l'équation aux différences

$$y=\left(\frac{\Delta y}{i}+\frac{x}{2}\right)^2-\frac{x^2}{4};$$

savoir,

$$y = \frac{x\Delta y}{i} + \frac{\Delta y^2}{i^2},$$

qui est la même qu'on avait trouvée dans le cas où a était la constante arbitraire.

Si maintenant on suppose que la différence i devienne infiniment petite, la différence correspondante Δy le deviendra aussi; mais leur rapport $\frac{\Delta y}{i}$ qui, dans le premier cas, est égal à a, et, dans le second, est égal à $b(-1)^{\frac{x}{i}} - \frac{x}{2} - \frac{i}{4}$, demeurera fini; ce rapport devient alors la fonction dérivée de y, regardée comme fonction de x; et l'équation aux différences devient, parconséquent,

$$y = xy' + y'^2,$$

qui est, en effet, l'équation dérivée dont la primitive est

$$y = ax + a^2,$$

a étant la constante arbitraire.

Car en prenant les fonctions dérivées, on a

$$y' = a;$$

et substituant cette valeur, il vient

$$y = xy' + y'^2.$$

Mais que devient alors la seconde expression de y qui contient la constante arbitraire b?

Suivant les principes des infiniment petits, le terme $-\frac{i}{4}$ doit être rejeté vis-à-vis du terme fini $b(-1)^{\frac{x}{i}}$; ainsi on aurait simplement

$$y = \left[b(-1)^{\frac{x}{i}}\right]^2 - \frac{x^2}{4} = b^2 - \frac{x^2}{4}$$

à cause de

$$(-1)^{\frac{2x}{i}} = 1^{\frac{x}{i}} = 1.$$

Mais cette valeur de y ne satisfait pas à l'équation dérivée, à moins qu'on ne suppose

$$b = 0;$$

car elle donne

$$y' = -\frac{x}{2}.$$

Faisant la substitution, on a

$$b^2 - \frac{x^2}{4} = -\frac{x^2}{2} + \frac{x^2}{4},$$

et parconséquent,

$$b = 0.$$

Ainsi il faut dire que le passage du fini à l'infiniment petit, anéantit non-seulement les quantités infiniment petites, mais encore la constante arbitraire.

Au reste, en faisant

$$b = 0,$$

l'expression

$$y = -\frac{x^2}{4}$$

devient une valeur singulière; car en prenant les fonctions dérivées relatives à a dans l'équation primitive

$$y = ax + a^2,$$

on a

$$x + 2a = 0;$$

d'où

$$a = -\frac{x}{2},$$

et de là

$$y = -\frac{x^2}{4}.$$

Ainsi on peut regarder aussi la seconde expression de y comme une valeur singulière du terme général ; mais comme elle conserve la constante b tant que les différences i sont finies, il est clair qu'elle a la même généralité que la première, ensorte qu'on peut supposer que la valeur de y soit donnée lorsque $x = 0$; ce qui n'a pas lieu pour les valeurs singulières des équations primitives ordinaires.

Feu *Charles*, de l'Académie des Sciences, est le premier qui ait fait cette remarque importante, qu'à une même équation aux différences finies, peuvent répondre deux équations intégrales ou sans différences, ayant chacune une constante arbitraire.

Voyez les Mémoires de cette Académie pour l'année 1783.

Mais les conséquences qu'il a voulu en tirer dans la suite (Mémoire de 1788), relativement aux intégrales des équations différentielles, sont tout-à-fait illusoires ; elles prouvent seulement qu'on ne peut pas appliquer immédiatement à l'infiniment petit proprement dit, les résultats trouvés dans la supposition du fini, et que, dans le passage du fini à l'infiniment petit, il faut supprimer entièrement tous les termes qui peuvent contenir l'infiniment petit, quoique ces termes puissent n'être pas eux-mêmes infiniment petits.

Ainsi, dans la formule

$$y = \left[b(-1)^{\frac{x}{i}} - \frac{i}{4}\right]^2 - \frac{x^2}{4},$$

le terme $b(-1)^{\frac{x}{i}}$ ne devient pas infiniment petit par la supposition de i infiniment petit ; néanmoins ce terme contenant la différence i, qui devient infiniment petite dans l'équation différentielle, doit être supprimé pour avoir un résultat exact. En effet, en effaçant tout ce qui contient i dans l'équation précedente, on a simplement

$$y = -\frac{x^2}{4},$$

comme cela doit être pour satisfaire à l'équation dérivée.

La raison en est que, dans le passage supposé du fini à l'infiniment petit, les fonctions changent réellement de nature, et que le $\frac{dy}{dx}$ qu'on emploie dans le calcul différentiel, est essentiellement une fonction différente de la fonction y, tandis que tant que la différence dx a une valeur quelconque, aussi petite qu'on voudra, cette quantité n'est que la différence de deux fonctions de la même forme ; d'où l'on voit que si le passage du fini à l'infiniment petit peut être admis comme moyen mécanique de calcul, il ne peut servir à faire connaître la nature des équations différentielles, qui consiste en ce qu'elles donnent des rapports entre les fonctions primitives et leurs dérivées.

On peut trouver d'une autre manière les mêmes expressions de y qui satisfont à l'équation aux différences

$$y = \frac{x\Delta y}{i} + \frac{\Delta y^2}{i^2}.$$

En prenant l'équation successive qui répond à $x+i$, on a aussi

$$y' = \frac{(x+i)\Delta y'}{i} + \frac{\Delta y'^2}{i^2},$$

mais

$$y' = y + \Delta y, \; \Delta y' = \Delta y + \Delta^2 y;$$

donc,

donc, retranchant la première équation de la seconde, on aura

$$\Delta y = x\,\frac{\Delta^2 y}{i} + \Delta y + \Delta^2 y + \frac{2\Delta y\Delta^2 y}{i^2} + \frac{\Delta^2 y^2}{i^2};$$

savoir, en multipliant par i et réduisant,

$$\left(x + i + \frac{2\Delta y}{i} + \frac{\Delta^2 y}{i}\right)\Delta^2 y = 0,$$

équation qui se décompose, comme l'on voit, en deux

$$\Delta^2 y = 0 \quad \text{et} \quad x + i + \frac{2\Delta y + \Delta^2 y}{i} = 0.$$

La première donne tout de suite

$$\Delta y = \textit{à une constante};$$

faisant cette constante $= ai$, on obtiendra

$$\Delta y = ai;$$

substituant cette valeur dans l'équation aux différences, on aura, comme plus haut,

$$y = ax + a^2.$$

Retenons maintenant la supposition

$$\Delta y = ai,$$

mais en regardant a comme une variable dépendante de x; on aura

$$\Delta y' = a'i \quad \text{et} \quad \Delta^2 y = (a' - a)\,i;$$

donc l'autre équation deviendra

$$x + i + a + a' = 0,$$

qui est la même que nous avons trouvée plus haut, et d'où nous avons tiré

$$a = b\,(-1)^{\frac{x}{i}} - \frac{x}{2} - \frac{i}{4}.$$

On aura donc

$$\Delta y = i\left[b\,(-1)^{\frac{x}{i}} - \frac{x}{2} - \frac{i}{4}\right];$$

et comme l'équation aux différences peut se mettre sous la forme

$$y = \left(\frac{x}{2} + \frac{\Delta y}{i}\right)^2 - \frac{x^2}{4},$$

la substitution de cette valeur de Δy donnera

$$y = \left[b\,(-1)^{\frac{x}{i}} - \frac{i}{4}\right]^2 - \frac{x^2}{4},$$

comme plus haut.

Cette manière de trouver la seconde expression de y, revient à la méthode que nous avons exposée dans la leçon seizième, pour les équations primitives singulières.

En supposant i infiniment petit, les valeurs de a et $\acute{a}$, qui répondent à x et $x+i$, ne doivent différer l'une de l'autre que d'une quantité infiniment petite; parconséquent, par le principe des infiniment petits, l'équation

$$\acute{a} + a + x + i = 0$$

se réduit à

$$2a + x = 0;$$

ce qui donne

$$a = -\frac{x}{2};$$

d'où l'on tire

$$y = -\frac{x^2}{2}$$

comme dans le cas de

$$b = 0.$$

En effet, l'expression de a

$$a = b(-1)^{\frac{x}{i}} - \frac{x}{2} - \frac{i}{4}$$

donne, relativement à $x+i$,

$$a' = -b(-1)^{\frac{x}{i}} - \frac{x+i}{2} - \frac{i}{4},$$

où l'on voit que, dans le cas de i infiniment petit, la différence entre a et a' demeure finie tant que la constante b n'est pas nulle.

En général, soit

$$F(x, y, a) = 0,$$

l'équation par laquelle le terme général y est déterminé en fonction de x, a étant une constante quelconque.

Cette équation est censée avoir lieu également pour les termes successifs y', y'', etc. qui répondent aux valeurs successives $x+i$, $x+2i$, etc., de x; ainsi on aura

$$F(x+i, y', a) = 0,$$

et on pourra, par la combinaison de ces deux équations, éliminer la constante a.

On aura, de cette manière, une équation sans a, mais qui sera en x, y et y'; et si, à la place de y', on substitue

$y + \Delta y$, l'équation sera en x, y et Δy; ce sera alors proprement une équation aux différences premières.

De même, si l'équation du terme général renferme deux constantes a et b, comme

$$F(x, y, a, b) = 0,$$

on pourra faire évanouir ces deux constantes par le moyen des deux équations successives

$$F(x + i, \overset{\prime}{y}, a, b) = 0, \qquad F(x + 2i, \overset{\prime\prime}{y}, a, b) = 0.$$

L'équation résultante sera alors entre x, y, $\overset{\prime}{y}$ et $\overset{\prime\prime}{y}$, ou bien entre les quantités x, y, Δy et $\Delta^2 y$, en substituant $y + \Delta y$ pour $\overset{\prime}{y}$, et $y + 2\Delta y + \Delta^2 y$ pour $\overset{\prime\prime}{y}$; ce sera donc une équation aux différences secondes, et ainsi de suite.

Donc, réciproquement, toute équation aux différences premières ou entre deux termes successifs, comportera une constante arbitraire dans l'équation du terme général; toute équation aux différences secondes, ou entre trois termes successifs, comportera deux constantes arbitraires dans l'équation du terme général, et ainsi de suite.

On peut, en effet, se convaincre que cela doit être, par la nature même de ces équations.

Considérons, par exemple, une équation quelconque aux différences premières entre x, y et $\overset{\prime}{y}$; et supposons qu'ayant tiré la valeur de $\overset{\prime}{y}$, on ait

$$\overset{\prime}{y} = f(x, y).$$

Comme la même équation doit avoir lieu dans toute l'étendue de la série, en faisant successivement

$$x = 0,\ i,\ 2i,\ 3i,\ \text{etc.},$$

la variable y deviendra $\overset{0}{y}, \overset{1}{y}, \overset{2}{y}, \overset{3}{y}$, etc. et $\overset{\prime}{y}$ deviendra en même temps $\overset{1}{y}, \overset{2}{y}, \overset{3}{y}, \overset{4}{y}$, etc.

Ainsi l'équation proposée donnera cette suite d'équations,

$$\overset{1}{y} = f(0, \overset{0}{y}), \quad \overset{2}{y} = f(i, \overset{1}{y}), \quad \overset{3}{y} = f(2i, \overset{2}{y}), \text{ etc.}$$

Donc, substituant successivement les valeurs précédentes, tous les termes $\overset{1}{y}, \overset{2}{y}, \overset{3}{y}$, etc. seront donnés par le premier terme $\overset{0}{y}$; e un terme quelconque y, répondant à x, sera donné en x et $\overset{0}{y}$.

Ainsi l'expression du terme général contiendra nécessairement la valeur arbitraire et constante du premier terme $\overset{0}{y}$.

Si l'équation proposée était aux différences secondes ou entre les termes successifs $y, \overset{\prime}{y}, \overset{\prime\prime}{y}$, on pourrait en tirer la valeur de $\overset{\prime\prime}{y}$, et l'on aurait

$$\overset{\prime\prime}{y} = f(x, y, \overset{\prime}{y}).$$

Donc, faisant successivement

$$x = 0, \ i, \ 2i, \ 3i, \text{ etc.},$$

on aurait

$$\overset{2}{y} = f(0, \overset{0}{y}, \overset{1}{y}), \quad \overset{3}{y} = f(i, \overset{1}{y}, \overset{2}{y}), \quad \overset{4}{y} = f(2i, \overset{2}{y}, \overset{3}{y}), \text{ etc.};$$

de sorte qu'en substituant toujours les valeurs précédentes, on aurait les termes $\overset{2}{y}, \overset{3}{y}, \overset{4}{y}$, etc. donnés en $\overset{0}{y}$ et $\overset{1}{y}$; parconséquent le terme général y répondant à x serait exprimé en $x, \overset{0}{y}$ et $\overset{1}{y}$, dans lequel $\overset{0}{y}$ et $\overset{1}{y}$ ont des valeurs arbitraires et constantes.

Et ainsi pour les équations aux différences plus hautes.

On voit par là que le nombre de constantes arbitraires qui doivent entrer dans l'expression complète du terme général, est nécessairement égal à l'exposant de la plus haute différence qui entre dans l'équation proposée; d'où l'on doit conclure que toute expression du terme général qui satisfera à une équation aux différences, et qui aura autant de constantes arbitraires que cette équation en admet en raison de l'ordre de ces différences, devra être regardée comme complète, de quelque manière qu'on y soit parvenu.

Mais la même équation pourra encore être susceptible d'une autre expression générale qui répondra à l'équation primitive singulière, et qu'on pourra trouver par les memes principes.

Car si

$$F(x, y, a) = 0$$

est l'équation qui donne l'expression générale de y en x avec la constante arbitraire a, on aura l'équation entre les termes successifs y et y', ou y et $y + \Delta y$, en éliminant a des deux équations

$$F(x, y, a) = 0, \quad F(x, y', a) = 0;$$

et le résultat de cette élimination, qui sera l'équation aux différences, sera le même, soit que la quantité a soit une constante ou une quantité dépendante de x, pourvu que, dans ce cas, elle soit telle que l'on ait

$$F(x + i, y', a) = F(x + i, y', a').$$

Cette équation étant délivrée des fractions et des radicaux, sera toujours divisible par $a' - a$, puisqu'en effet $a' = a$ satisfait; et il est clair que cette racine donne a égal à une constante, comme on l'avait supposé d'abord.

Si l'équation ne contient les quantités a et $\acute{a}$ qu'à la première dimension, le résultat de la division ne contiendra plus ces quantités; ainsi

$$\acute{a} - a = 0$$

sera la seule racine, et il n'y aura alors qu'une seule expression du terme général.

Mais si ces mêmes quantités forment plusieurs dimensions dans l'équation dont il s'agit, elles s'y trouveront encore après la division par $\acute{a} - a$, et l'on aura une nouvelle équation entre a et $\acute{a}$, qui sera, parconséquent, aux différences premières par rapport à la variable a, et qui pourra donner encore une ou plusieurs valeurs de a avec de nouvelles constantes arbitraires. C'est le cas de l'équation que nous avons considérée ci-dessus.

En regardant a comme une fonction de x, $\acute{a}$ qui répond à $x + i$, deviendra, par le développement,

$$\acute{a} = a + ia' + \frac{i^2}{2} a'' + \text{etc.}$$

et la fonction $F(x, y, \acute{a})$ deviendra aussi

$$F(x, y, a) + ia'F'(a) + \text{etc.};$$

parconséquent l'équation en a et $\acute{a}$ deviendra

$$ia'F'(a) + \text{etc.} = 0.$$

Lorsque i devient infiniment petit, les termes qui contiennent i^2, i^3, etc. devant être négligés vis-à-vis de ceux qui ne contiennent que i, l'équation précédente se réduit à

$$ia'F'(a) = 0,$$

laquelle donne

$$a' = 0,$$

et parconséquent a constante, ou

$$F'(a) = 0;$$

d'où l'on tire a en fonction de x ; c'est le cas des équations primitives singulières.

Dans ce cas donc, l'expression de a ne peut plus contenir de constante arbitraire ni dépendre de la quantité i ; parconséquent il faut que les termes qui renfermeraient i dans l'expression générale de a, tirée de l'équation en a et a', disparaissent absolument dans le cas de i infiniment petit, quand même ces termes ne deviendraient pas alors infiniment petits, comme nous l'avons vu dans l'exemple précédent.

La plupart des formules qu'on a trouvées par la considération des différences finies, et qu'on a ensuite traduites en calcul différentiel, présentent des difficultés analogues dans le passage du fini à l'infiniment petit, et qu'on ne peut lever que par le même principe de rejeter indistinctement des formules finies tous les termes qui contiendraient des différences infiniment petites, de quelque manière que ces différences s'y trouvent contenues.

Ainsi, par exemple, on a, en employant les différences successives,

$$y' = y + \Delta y, y'' = y + 2\Delta y + \Delta^2 y, y''' = y + 3\Delta y + 3\Delta^2 y + \Delta^3 y, \text{ etc.};$$

et en général,

$$y^{(m)} = y + m\Delta y + \frac{m(m-1)}{2}\Delta^2 y + \frac{m(m-1)(m-2)}{2.3}\Delta^3 y + \text{etc.};$$

c'est l'expression du terme $m.^{eme}$ qui répond au terme $x + mi$ de la série x, $x + i$, $x + 2i$, etc.

Si donc on fait

$$mi = \omega,$$

le terme répondant à $x+\omega$, sera, par la substitution de $\frac{\omega}{i}$ au lieu de m

$$y+\omega\frac{\Delta y}{i}+\frac{\omega(\omega-i)}{2}\cdot\frac{\Delta^2 y}{i^2}+\frac{\omega(\omega-i)(\omega-2i)}{2\ 3}\cdot\frac{\Delta^3 y}{i^3}+\text{etc.}$$

Cette formule, donnée d'abord par *Newton*, à la fin des *Principes*, pour l'interpolation des lieux des comètes, a été ensuite appliquée, par *Tailor*, au cas où les différences i devenant infiniment petites et égales à dx, les différences Δy, $\Delta^2 y$, etc. deviennent dy, d^2y, etc.

Alors, en négligeant les termes i, $2i$, $3i$, etc. vis-à-vis de ω, on a la formule

$$y+\omega\frac{dy}{dx}+\frac{\omega^2}{2}\cdot\frac{d^2y}{dx^2}+\frac{\omega^3}{2.3}\cdot\frac{d^3y}{dx^3}+\text{etc.}$$

qui exprime la valeur de ce que devient y lorsque x devient $x+\omega$.

C'est la formule connue sous le nom de *Théorème de Tailor*.

Cependant, comme les coefficiens de i dans les facteurs successifs de la première formule, vont en augmentant continuellement, il est visible que, quelque petit que soit i, il se trouvera à la fin multiplié par un coefficient si grand, que sa valeur pourra devenir comparable à celle de ω, et ne pourra plus être, sans erreur, négligée vis-à-vis de celle-ci. Mais la suppression de tous les multiples de i, quelque grands qu'ils soient, est néanmoins commandée par la nature de la chose, afin que les quantités $\frac{\Delta y}{i}$, $\frac{\Delta^2 y}{i^2}$, etc. cessent d'être exprimées par les différences finies des quantités y, $\acute{y}$, $\acute{\acute{y}}$, etc., qui sont des fonctions semblables de x, $x+i$, $x+2i$, etc., et deviennent simplement les fonctions dérivées y', y'', etc. de la même fonction y.

En effet, la quantité y étant regardée comme une fonction de x, la formule dont il s'agit doit donner la même fonction de $x+\omega$; et nous avons démontré, d'une manière directe et rigoureuse, que cette fonction, développée suivant les puissances de ω, est exactement égale à la série

$$y+\omega y'+\frac{\omega^2}{2}y''+\frac{\omega^3}{2.3}y'''+\text{etc.}$$

La formule des sinus des arcs multiples, s'applique de la même manière au développement des sinus par l'arc, et est sujette aux mêmes difficultés.

En effet on a, comme on l'a vu dans la leçon dixième,

$$\sin. mx=m\cos.^{m-1}x\sin. x-\frac{m(m-1)(m-2)}{2.3}\cos.^{m-1}x\sin^3. x$$

$$+\frac{m(m-1)(m-2)(m-3)(m-4)}{2.3.4.5}\cos.^{m-5}x\sin.^5 x-\text{etc.}$$

Supposons x infiniment petit et m infini, ensorte que mx ait une valeur finie z; donc $m=\frac{z}{x}$, et les coefficiens

$$m,\ \frac{m(m-1)(m-2)}{2.3},\ \frac{m(m-1)(m-2)(m-3)(m-4)}{2.3.4.5},\ \text{etc.}$$

deviendront, en rejetant vis-à-vis de z tous les multiples de x, quelque grands qu'ils puissent être,

$$\frac{z}{x},\ \frac{z^3}{2.3x^3},\ \frac{z^5}{2.3.4.5x^5},\ \text{etc.}$$

D'un autre côté, sin. x se réduit à x, et cos. x à 1; donc, faisant ces substitutions, on a

$$\sin. z = z - \frac{z^3}{2.3} + \frac{z^5}{2.3.4.5} - \text{etc.}$$

formule exacte et rigoureuse, comme nous l'avons trouvé par les méthodes directes.

Ce n'est pas seulement dans le passage des différences finies aux différentielles que les fonctions changent de forme, cela a lieu aussi dans plusieurs autres circonstances; et nous allons faire voir, par différens exemples, que l'analyse indique toujours et opère ce changement, par des expressions qui deviennent alors zéro divisé par zéro.

Considérons d'abord la différentielle $d.fx$. Suivant les principes rigoureux du calcul des différences, on a

$$d.fx = f(x + dx) - fx;$$

et parconséquent

$$\frac{d.fx}{dx} = \frac{f(x + dx) - fx}{dx}.$$

Cette valeur de $\frac{d.fx}{dx}$ devient $\frac{0}{0}$ lorsque $dx = 0$; pour savoir ce qu'elle doit être dans ce cas-là, on suivra la règle exposée à la fin de la leçon huitième, et que nous avons déduite de principes indépendans du calcul différentiel.

On prendra donc les fonctions dérivées du numérateur et du dénominateur, relatives à la variable dx, et on y fera ensuite

$$dx = 0.$$

On aura ainsi $f'(x + dx)$, et, faisant $dx = 0$, on trouvera

$f'x$ pour la valeur de $\frac{d.fx}{dx}$, lorsque

$$dx = 0.$$

Cette valeur est, comme l'on voit, la même que celle que donne le calcul différentiel, comme nous l'avons observé à la fin de la leçon deuxième.

Si l'on considère de même les différences secondes, on a d'abord rigoureusement

$$d^2.fx = f(x + 2dx) - 2f(x + dx) + fx;$$

donc

$$\frac{d^2.fx}{dx^2} = \frac{f(x + 2dx) - 2f(x + dx) + fx}{dx^2}.$$

En faisant

$$dx = 0,$$

cette valeur de $\frac{d^2.fx}{dx^2}$ devient $\frac{0}{0}$; on prendra donc alors les fonctions dérivées du numérateur et du dénominateur relativement à la variable dx, ce qui donnera

$$\frac{f'(x + 2dx) - f'(x + dx)}{dx}.$$

Cette expression devient de nouveau $\frac{0}{0}$, lorsqu'on y fait

$$dx = 0;$$

c'est pourquoi il faudra prendre encore les fonctions dérivées du numérateur et du dénominateur relativement à la même variable dx; on aura

$$2f''(x + 2dx) - f''(x + dx).$$

En faisant ici

$$dx = 0,$$

on a enfin $f''x$ pour la valeur de $\frac{d^2 . fx}{dx^2}$, lorsque

$$dx = 0.$$

C'est, en effet, la valeur de la différentielle seconde de fx, divisée par dx^2.

On doit conclure de là, en général, que les expressions $\frac{dy}{dx}$, $\frac{d^2y}{dx^2}$, etc. employées dans le calcul différentiel, ne peuvent être prises que pour des symboles des fonctions derivées y', y'', etc.

Nous avons observé plus haut, que *Tailor* n'était parvenu à la formule qui porte son nom, que d'une manière peu exacte. On peut, par les principes précédens, donner à son procédé toute la rigueur que l'analyse exige.

Si, dans la formule générale d'interpolation donnée ci-dessus, on fait

$$y = fx,$$

elle devient

$$f(x+\omega) = fx + \omega . \frac{\Delta . fx}{i} + \frac{\omega(\omega - i)}{2} . \frac{\Delta^2 . fx}{i^2}$$

$$+ \frac{\omega(\omega - i)(\omega - 2i)}{2.3} . \frac{\Delta^3 . fx}{i^3} + \text{etc.}$$

dans laquelle

$$\Delta . fx = f(x+i) - fx$$

$$\Delta^2 . fx = f(x+2i) - 2f(x+i) + fx,$$

etc.

Cette formule est générale quel que soit i ; mais en faisant

$$i = 0,$$

les valeurs des expressions $\frac{\Delta . fx}{i}$, $\frac{\Delta^2 . fx}{i^2}$, etc. deviennent $\frac{0}{0}$.

Or ces expressions sont les mêmes que celles que nous avons considérées ci-dessus, en changeant Δ en d, et i en dx.

Ainsi elles deviennent $f'x$, $f''x$, etc., dans le cas de

$$i = 0.$$

On a donc alors

$$f(x + \omega) = fx + \omega f'x + \frac{\omega^2}{2} f''x + \text{etc.}$$

comme nous l'avons trouvé dans la leçon deuxième, d'une manière rigoureuse et directe.

On peut conclure de ce que nous venons d'exposer, que ceux qui, d'après *Euler*, regardent les différentielles comme de véritables zéros, et parconséquent, leur rapport comme celui de zéro à zéro, sont dans toute la rigueur de l'analyse; parcequ'une fonction qui satisfait en général aux conditions d'une question, ne saurait changer de forme pour un cas particulier, qu'en passant par l'état de $\frac{0}{0}$; comme on peut le prouver par plusieurs exemples.

On sait que la somme des n premiers termes de la progression géométrique

$$1 + a + a^2 + a^3 + \text{etc.},$$

est exprimée par $\frac{1 - a^n}{1 - a}$.

En regardant cette expression comme une fonction de n, on voit que cette fonction est de la forme exponentielle.

Cependant, lorsque

$$a = 1,$$

la série devient

$$1 + 1 + 1 + \text{etc.},$$

et la somme de n termes est n.

Ainsi, dans ce cas, il faut que la fonction exponentielle change de forme et devienne une simple fonction algébrique, ce qui ne peut se faire que par une espèce de saut que l'analyse indique alors par l'expression $\frac{0}{0}$.

En effet, en faisant

$$a = 1,$$

la formule $\frac{1 - a^n}{1 - a}$ devient $\frac{0}{0}$: pour en trouver la valeur, il faut prendre les fonctions dérivées du numérateur et du dénominateur, relativement à la variable a, ce qui donne na^{n-1}, et parconséquent n, en faisant

$$a = 1.$$

La fonction primitive de x^n, ou l'intégrale de $x^n dx$, est, en général, $\frac{x^{n+1}}{n+1}$;

Pour qu'elle commence au point où

$$x = a,$$

il en faut retrancher la constante $\frac{a^{n+1}}{n+1}$; et l'on a alors la fonction

$$\frac{x^{n+1} - a^{n+1}}{n+1}.$$

Cette fonction de x est toujours algébrique ; mais dans le cas où

$$n = -1,$$

elle devient $\frac{0}{0}$; ce qui indique qu'elle doit alors changer de forme.

Pour trouver la nouvelle fonction, on prendra les fonctions dérivées du numérateur et du dénominateur de l'expression précédente, relativement à la variable n; l'on aura ainsi, par les formules données dans la leçon quatrième,

$$x^{n+1}lx - a^{n+1}la.$$

En faisant

$$n = -1,$$

on a $lx - la$ ou $l\frac{x}{a}$ pour la fonction primitive de $\frac{1}{x}$, comme on l'a trouvé dans la même leçon par d'autres principes.

La série

$$\cos^{n-1}x \sin x - \frac{(n-1)(n-2)}{2.3} \times \cos^{n-3}x \sin.^3 x$$

$$+ \frac{(n-1)(n-2)(n-3)(n-4)}{2.3.4.5} \times \cos^{n-5}x \sin^5 x - \text{etc.}$$

est représentée généralement par la fonction en sinus, $\frac{\sin nx}{n}$, comme on le voit par la formule rapportée plus haut.

Cette fonction devient $\frac{0}{0}$ lorsque

$$n = 0,$$

auquel cas la série se réduit à

$$\frac{\sin x}{\cos x} - \frac{\sin^3 x}{3\cos^3 x} + \frac{\sin^5 x}{5\cos^5 x} - \text{etc.}$$

Cela indique que la fonction doit changer de forme dans ce cas; en effet, si on prend, suivant la règle, les fonctions dérivées du numérateur et du dénominateur, relativement à la variable n, la fonction devient $x \cos nx$, et se réduit à la fonction circulaire x, en faisant

$$n = 0.$$

C'est,

C'est, comme l'on sait, la valeur rigoureuse de la série

$$\operatorname{tang} x - \frac{1}{3}\operatorname{tang}^3 x + \frac{1}{5}\operatorname{tang}^5 x - \text{etc.}$$

On voit clairement, par ces différens exemples, qu'il serait aisé de multiplier s'il était nécessaire, que l'expression $\frac{0}{0}$ est toujours le symptôme d'un changement de fonction, ce qu'il me semble qu'on n'avait pas encore remarqué.

C'est par les principes exposés dans cette leçon, qu'on peut résoudre, d'une manière satisfaisante, les difficultés qu'on a toujours rencontrées lorsqu'on a voulu appliquer à un nombre infini d'élémens, les formules qu'on avait trouvées pour un nombre fini quelconque. Le fameux problème des cordes vibrantes en fournit un exemple remarquable; et l'on peut voir dans les *Opuscules Mathématiques* (*tom. I* et *IV*), les objections que d'*Alembert* a faites contre la solution de ce problème, donnée dans le premier volume des Mémoires de l'*Académie de Turin*, et déduite de la formule générale du mouvement d'un fil chargé d'un nombre quelconque de poids, en supposant ce nombre infini, et chaque poids infiniment petit. Dans la réponse à ces objections, qu'on trouve dans le second volume des mêmes Mémoires, je me suis contenté de faire voir, par l'exactitude des résultats, la légitimité des suppositions que j'avais employées dans le passage du fini à l'infini; mais la vraie métaphysique de ces suppositions dépend des mêmes principes que celle du calcul des infiniment petits, sur laquelle il ne peut plus rester maintenant d'incertitude ni d'obscurité.

Nous allons terminer cette leçon par quelques remarques sur l'invention du calcul différentiel.

On peut regarder *Fermat* comme le premier inventeur des nouveaux calculs. Dans sa méthode *de maximis* et *minimis*, il égale l'expression de la quantité, dont on recherche le *maximum* ou le *minimum*, à l'expression de la même quantité dans laquelle l'inconnue est augmentée d'une quantité indéterminée. Il fait disparaître dans cette équation les radicaux et les fractions s'il y en a, et après avoir effacé les termes communs dans les deux membres, il divise tous les autres par la quantité indéterminée par laquelle ils se trouvent multipliés; ensuite il fait cette quantité nulle, et il a une équation qui sert à déterminer l'inconnue de la question. En voici un exemple très-simple, donné par *Fermat.*

Soit proposé de diviser une ligne donnée en deux parties, de manière que le rectangle de ces deux parties soit un *maximum.* Nommant a la longueur de la ligne donnée, et x une de ses parties, $a-x$ sera l'autre, et l'expression dont on cherche le *maximum* sera $ax-x^2$. Ajoutant la quantité arbitraire e à l'inconnue x, on aura cette nouvelle expression,

$$a(x+e)-(x+e)^2.$$

Egalant ces deux expressions, on a l'équation

$$ax-x^2=a(x+e)-(x+e)^2,$$

savoir en développant le quarré $(x+e)^2$,

$$ax-x^2=ax+ae-x^2-2xe-e^2.$$

Effaçant de part et d'autre les termes communs $ax-x^2$, et divisant les autres par e, on a

$$a-2x-e=0,$$

où il faut maintenant supposer e nul, ce qui réduit l'équation à

$$a-2x=0;$$

d'où l'on tire

$$x=\frac{a}{2},$$

ce qui montre que la ligne donnée doit être partagée par le milieu, comme on le sait d'ailleurs.

Il est facile de voir au premier coup-d'œil, que la règle déduite du calcul différentiel, qui consiste à égaler à zéro la différentielle de l'expression qu'on veut rendre un *maximum* ou un *minimum*, prise en faisant varier l'inconnue de cette expression, donne le même résultat, parceque le fond est le même, et que les termes qu'on néglige comme infiniment petits dans le calcul différentiel, sont ceux qu'on doit supprimer comme nuls dans la méthode de *Fermat*.

Sa méthode des tangentes dépend du même principe. Dans l'équation entre l'abscisse et l'ordonnée, que *Fermat* appelle la propriété spécifique de la courbe, il augmente ou diminue l'abscisse d'une quantité indéterminée, et il regarde la nouvelle ordonnée comme appartenant à-la-fois à la courbe et à la tangente, ce qui fournit une équation qu'il traite comme celle de la méthode *de maximis* et *minimis*.

Ainsi x étant l'abscisse et y l'ordonnée, si t est la soutangente au point de la courbe qui répond à x et y, il est facile de voir que les triangles semblables donnent $\frac{y(t+e)}{t}$ pour l'ordonnée à la tangente, relativement à l'abscisse $x+e$; et cette ordonnée doit être égalée à celle de la courbe pour la même abscisse $x+e$. On aura donc l'équation dont il s'agit, en mettant dans l'équation de la courbe, $x+e$ à la place de x, et $y+\frac{ye}{t}$ à la place de y. Cette équation, après les réductions, sera divisible par e; on divisera donc tous les termes par e, et on supprimera ensuite comme nuls tous ceux où l'indéterminée e se trouvera, parcequ'on doit supposer cette indéterminée nulle. L'équation restante donnera la valeur de t en x et y.

Ainsi dans la parabole, par exemple, dont l'équation est

$$y^2-ax=0,$$

en mettant $y+\frac{ye}{t}$ à la place de y, et $x+e$ à la place de x, l'équation devient

$$y^2 + \frac{2y^2e}{t} + \frac{y^2e^2}{t^2} - ax - ae = 0.$$

Mais

$$y^2 - ax = 0;$$

donc effaçant ces termes et divisant les autres par e, on aura

$$\frac{2y^2}{t} + \frac{y^2e}{t^2} - a = 0;$$

et effaçant encore le terme $\frac{y^2e}{t}$, qui s'évanouit en faisant e nul, on aura simplement l'équation

$$\frac{2y^2}{t} - a = 0;$$

d'où l'on tire

$$t = \frac{2y^2}{a} = 2x.$$

On voit encore ici l'analogie de la méthode de *Fermat* avec celle du calcul différentiel; car la quantité indéterminée dont on augmente l'abscisse x, répond à la différentielle dx, et la quantité $\frac{ye}{t}$, qui est l'augmentation correspondante de y, répond à sa différentielle dy.

Et il est même remarquable que, dans l'écrit qui contient la découverte du calcul différentiel, imprimé dans les *Actes de Leipsic du mois d'octobre* 1684, sous le titre : *Nova methodus pro maximis et minimis, etc. Leibnitz* appelle dy une ligne qui soit à la ligne arbitraire dx comme l'ordonnée y à la soutangente, ce qui rapproche l'analyse de *Leibnitz* de celle de *Fermat*.

On voit que Fermat a ouvert la carrière par une idée très-originale, mais un peu obscure, qui consiste à introduire dans l'équation une indéterminée qui doit être nulle par la nature de la question, mais qu'on ne fait évanouir qu'après avoir divisé toute l'équation par cette même quantité.

Cette idée est devenue le germe des nouveaux calculs qui ont fait faire tant de progrès à la géométrie et à la mécanique ; mais on peut dire qu'elle a porté aussi son obscurité sur les principes de ces calculs.

Maintenant qu'on a une métaphysique bien claire de ces principes, on voit que la quantité indéterminée que *Fermat* ajoutait à l'inconnue, ne servait qu'à former la fonction dérivée qui doit être nulle dans le cas du *maximum* ou *minimum*, et qui sert en général à déterminer la position des tangentes des courbes.

Mais les géomètres contemporains de *Fermat* ne saisirent point l'esprit de ce nouveau genre de calcul ; ils ne le regardèrent que comme un artifice particulier applicable seulement à quelques cas, et sujet à beaucoup de difficultés. On peut voir dans le troisième tome des Lettres de *Descartes*, sa longue dispute avec *Fermat* sur ce sujet. Aussi cette invention qui avait paru un peu avant la *Géométrie de Descartes*, demeura-t-elle stérile et presque dans l'oubli pendant près de quarante ans ; car si on excepte la règle de *Sluze*, pour trouver les tangentes, qui paraît déduite de la méthode de *Fermat*, et la méthode donnée par *Wallis* pour le même objet, laquelle n'est que celle de *Fermat*, présentée d'une manière moins abstraite, cet espace de temps n'offre rien qui ait rapport à la découverte de *Fermat*.

Enfin *Barrow* imagina de substituer aux quantités qui doivent être supposées nulles, suivant *Fermat*, des quantités réelles, mais infiniment petites, et il donna en 1674 sa Méthode des tangentes, qui n'est que la construction de celle de *Fermat*, par le moyen du triangle infiniment petit, formé des côtés e et $\frac{ey}{t}$, et du côté infiniment petit de la courbe, regardée comme un polygone. Il donna ainsi naissance au système des infiniment petits, et au calcul différentiel. Mais ce calcul n'était encore qu'ébauché, car il ne s'appliquait qu'aux expressions rationnelles, et exigeait le développement des termes, pour qu'on pût négliger ceux qui contiendraient le quarré, et les puissances supérieures des quantités infiniment petites.

Il restait donc à trouver un algorithme simple et général applicable à toutes sortes d'expressions, par lequel on pût passer directement et sans aucune réduction, des formules algébriques à leurs différentielles. C'est ce que *Leibnitz* a donné dix ans après, dans l'écrit cité ci-dessus, qui renferme les élémens du calcul différentiel proprement dit. Il parait que *Newton* était parvenu, dans le même temps, ou un peu auparavant, aux mêmes abrégés de calcul pour les différentiations. Mais c'est dans la formation des équations différentielles et dans leur intégration que consiste le grand mérite et la force principale des nouveaux calculs; et sur ce point, il me semble que la gloire de l'invention est presque uniquement due à *Leibnitz*, et surtout aux *Bernoulli*.

Mais tandis que cet édifice s'élevait à une hauteur immense, l'entrée en demeurait toujours mal éclairée. L'emploi de quantités qui doivent s'évanouir d'elles-mêmes, ou qui doivent être négligées en raison de leur petitesse, n'offre à l'esprit des commençans que des idées peu satisfaisantes, et parconséquent peu propres à servir de base à la partie la plus importante des mathématiques. Pour lever tous les scrupules et dissiper tous les nuages, il ne faut rien faire évanouir, ni rien négliger; c'est ce qu'on obtient par la considération des fonctions dérivées.

LEÇON DIX-NEUVIÈME.

Des Fonctions de deux ou plusieurs variables; de leurs Fonctions dérivées. Notation et formation de ces fonctions.

Nous n'avons encore traité que des fonctions d'une seule variable; car lorsque nous avons considéré des fonctions de deux ou de plusieurs variables, nous avons regardé ces variables elles-mêmes comme fonctions d'une seule et même variable. Or, si on considère une fonction de deux ou de plusieurs variables indépendantes, il est clair que cette fonction pourra avoir différentes fonctions dérivées relatives aux différentes variables, et qui naîtront de la fonction primitive par le simple développement, en attribuant à chaque variable un accroissement particulier.

Ainsi le calcul des fonctions dérivées relatives à une seule variable, conduit naturellement à celui des fonctions dérivées relatives à différentes variables, lequel n'est, comme l'on voit, qu'une généralisation du premier, et dépend des mêmes principes.

Si les inventeurs du calcul différentiel l'avaient regardé d'abord comme le calcul des fonctions dérivées, ils auraient été conduits naturellement et immédiatement au calcul des fonctions dérivées relatives à plusieurs variables; et il ne se serait pas passé un demi-siècle entre la découverte du calcul différentiel proprement dit, et celle du calcul aux différences partielles, qui répond au calcul des fonctions dérivées relatives à différentes variables. A plus forte raison, au lieu d'envisager ce dernier comme un nouveau calcul, on l'aurait seulement regardé comme une nouvelle application ou plutôt comme une extension du calcul différentiel, et on aurait, dès le commencement, embrassé sous un même point de vue et sous une même dénomination, les différentes branches du même calcul, qui ont été long-temps séparées et comme isolées.

Soit d'abord $f(x, y)$ une fonction quelconque de deux variables x et y, que nous regarderons comme indépendantes l'une de l'autre. Si dans cette fonction on substitue à-la-fois $x + i$ à la place de x, et $y + o$ à la place de y, les deux quantités i et o étant indéterminées, qu'ensuite on développe la fonction $f(x + i, y + o)$ suivant les puissances ascendantes de i et o, il est clair que le premier terme sans i ni o sera la fonction proposée $f(x, y)$, et que les autres termes seront de nouvelles fonctions de x et y, multipliées successivement par i, o, i^2, io, o^2, i^3, etc.

Ces fonctions seront aussi dérivées de la fonction primitive $f(x, y)$; et on trouvera la loi de leur dérivation, en considérant successivement les dérivées relatives à chacune des quantités i et o.

Pour cela, on commencera par supposer qu'il n'y ait que la variable x qui devienne $x + i$, la variable y demeurant la même, et on développera la fonction $f(x + i, y)$ comme une simple fonction de x. On supposera ensuite que, dans les fonctions dérivées relatives à x, la variable y devienne $y + o$, et on développera chacune de ces fonctions comme des fonctions de y, en regardant alors la variable x comme une constante.

Il naîtra ainsi du développement de $f(x + i, y + o)$, différentes fonctions dérivées de la fonction primitive $f(x, y)$, dont les unes seront relatives à la variable x, les autres seront relatives à la variable y, et d'autres enfin seront relatives en partie à la variable x et en partie à la variable y; la loi du développement étant toujours la même, mais appliquée successivement aux différentes variables.

Mais pour ne pas confondre, dans la notation, ces différentes fonctions dérivées, on pourra dénoter les fonctions dérivées relatives à la seule variable x, par des traits appliqués, comme à l'ordinaire, à la caractéristique de la fonction, et suivis d'une virgule; les fonctions dérivées relatives à la variable y, par des traits appliqués à la même caractéristique, mais précédés d'une virgule; enfin les fonctions dérivées relatives en partie à la variable x et en partie à la variable y, par des traits séparés par une virgule, de manière que ceux qui précèdent la virgule se rapportent à la variable x, et ceux qui la suivent se rapportent à la variable y.

Cette notation conserve mieux l'analogie qui doit régner entre les fonctions dérivées et la fonction primitive $f(x,y)$, dans laquelle la virgule sépare les deux variables indépendantes x et y, que celle que j'avais employée dans la théorie des fonctions, en appliquant au bas de la caractéristique f les traits relatifs aux fonctions dérivées par rapport à la seconde variable y.

D'ailleurs nous trouvons plus convenable d'employer, comme nous l'avons déjà fait dans la leçon dix-huitième, les traits inférieurs pour désigner les fonctions primitives d'une fonction donnée.

De cette manière on aura donc, en premier lieu,

$$f(x+i,y)=f(x,y)+if'^{,}(x,y)+\frac{i^2}{2}f''^{,}(x,y)+\frac{i^3}{2.3}f'''^{,}(x,y)$$
$$+\text{ etc.}$$

Substituant maintenant partout $y+o$ à la place de y, on aura

$$f(x+i,y+o)=f(x,y+o)+if'^{,}(x,y+o)$$
$$+\frac{i^2}{2}f''^{,}(x,y+o)+\frac{i^3}{2.3}f'''^{,}(x,y+o)+\text{ etc.}$$

Développons successivement les fonctions

$$f(x,y+o),\ f'^{,}(x,y+o),\ f''^{,}(x,y+o),\text{ etc.}$$

comme des fonctions de $y+o$, on aura pareillement

$$f(x,y+o)=f(x,y)+of^{,\prime}(x,y)+\frac{o^2}{2}f^{,\prime\prime}(x,y)+\frac{o^3}{2.3}f^{,\prime\prime\prime}(x,y)$$

$$+\text{ etc.}$$

$$f^{\prime,}(x,y+o)=f^{\prime,}(x,y)+of^{\prime,\prime}(x,y)+\frac{o^2}{2}f^{\prime,\prime\prime}(x,y)+\text{etc.}$$

$$f^{\prime\prime,}(x,y+o)=f^{\prime\prime,\prime}(x,y)+\text{etc.}$$

et ainsi de suite.

Faisant donc ces substitutions et ordonnant les termes par rapport aux puissances et aux produits de i et o, on aura ce développement complet

$$f(x+i,y+o)=f(x,y)+if^{\prime,}(x,y)+of^{,\prime}(x,y)$$

$$+\frac{i^2}{2}f^{\prime\prime,}(x,y)+iof^{\prime,\prime}(x,y)+\frac{o^2}{2}f^{,\prime\prime}(x,y)$$

$$+\frac{i^3}{2.3}f^{\prime\prime\prime,}(x,y)+\frac{i^2o}{2}f^{\prime\prime,\prime}(x,y)+\frac{io^2}{2}f^{\prime,\prime\prime}(x,y)+\frac{o^3}{2.3}f^{,\prime\prime\prime}(x,y)$$

$$+\text{ etc.}$$

dans lequel la forme générale des termes, est

$$\frac{i^m o^n}{(1.2.3\ldots m)(1.2.3\ldots n)}f^{m,n}(x,y),$$

Dans l'opération que nous venons de faire pour avoir le développement de $f(x+i,y+o)$, nous avons commencé par substituer, dans $f(x,y)$, $x+i$ pour x, et nous avons dévevelopppé suivant i; nous avons ensuite substitué, dans tous les termes de ce développement, $y+o$ pour y, et nous avons développé suivant o.

Or il est visible qu'on aurait identiquement le même résultat si on commençait l'opération par la substitution de $y+o$ à la place de y, et par le développement suivant o, et qu'on fît ensuite la substitution de $x+i$ pour x, et le développement suivant i.

De cette manière on aurait d'abord les fonctions primes, secondes, etc. relatives à y, c'est-à-dire, suivant la notation que nous venons d'employer les fonctions

$$f^{,\prime}(x,y),\ f^{,\prime\prime}(x,y),\ \text{etc.}$$

Ensuite on aurait les fonctions primes, secondes, etc. de celles-ci relatives à x, et qui seraient désignées par

$$f^{\prime,\prime}(x,y),\ f^{\prime\prime,\prime}(x,y),\ \text{etc.}$$

$$f^{\prime,\prime\prime}(x,y),\ f^{\prime\prime,\prime\prime}(x,y),\ \text{etc.}$$

et on obtiendrait ainsi la même formule que ci-dessus, comme cela doit être.

Mais il faut remarquer que, dans le premier procédé, la fonction $f^{\prime,\prime}(x,y)$, relative à-la-fois à x et à y, s'obtient en prenant d'abord la fonction prime de $f(x,y)$ relativement à x, ce qui donne $f^{\prime,}(x,y)$, et ensuite la fonction prime de celle-ci relativement à y; d'où résulte la fonction seconde $f^{\prime,\prime}(x,y)$; et, dans le second procédé, la même fonction s'obtient en prenant d'abord la fonction prime de $f(x,y)$ relativement à y, ce qui donne $f^{,\prime}(x,y)$, et ensuite la fonction prime de celle-ci relativement à x, ce qui donne également $f^{\prime,\prime}(x,y)$.

D'où il suit qu'il est indifférent dans quel ordre se fasse la double opération nécessaire pour passer de la fonction primitive $f(x,y)$ à la double dérivée $f^{\prime,\prime}(x,y)$.

Et, comme on doit dire la même chose des autres fonctions dérivées dénotées par des traits séparés par une virgule, on en peut conclure, en général, que les opérations indiquées par les traits placés avant et après la virgule, sont absolument indépendantes entre elles, et qu'elles conduisent aux mêmes résultats, quelque ordre qu'on suive en prenant les fonctions dérivées relativement à x et y, indiquées par les traits qui précèdent ou qui suivent la virgule.

Ainsi on aura également la valeur de la fonction dérivée triple $f^{\prime\prime,\prime}(x,y)$, en prenant la fonction seconde de $f(x,y)$ relativement à x, et ensuite la fonction prime de celle-ci relativement à y, ou en prenant d'abord la fonction prime de $f(x,y)$ relativement à y, et ensuite la fonction seconde de celle-ci relativement à x; ou bien encore en prenant la fonction prime de $f(x,y)$ relativement à x, ensuite la fonction prime de celle-ci relativement à y, et enfin la fonction prime de cette dernière relativement à x, et ainsi de suite.

Soit, par exemple,

$$f(x,y)=\frac{x^3}{y^2},$$

on aura les fonctions primes, relatives à x et y,

$$f^{\prime,}(x,y)=\frac{3x^2}{y^2},\ f^{,\prime}(x,y)=-\frac{2x^3}{y^3};$$

La première donnera, relativement à y, la dérivée

$$f^{\prime,\prime}(x,y)=-\frac{6x^2}{y^3};$$

et la seconde donnera également, relativement à x,

$$f^{\prime,\prime}(x,y)=-\frac{6x^2}{y^3};$$

ensuite on aura, relativement à x et à y seuls,

$$f^{\prime\prime,}(x,y)=\frac{6x}{y^2},\ f^{,\prime\prime}(x,y)=\frac{6x^3}{y^4};$$

La dérivée, relativement à y, de $f'',(x,y)$, sera

$$f'',{}'(x,y) = -\frac{12x}{y^3},$$

et la dérivée, relativement à x, de $f',{}'(x,y)$ sera aussi

$$f'',{}'(x,y) = -\frac{12x}{y^3},$$

et ainsi des autres.

A l'imitation de ce que nous avons fait sur les fonctions d'une variable, si on suppose que la variable z soit une fonction de deux variables x et y, soit explicite, soit donnée simplement par une équation quelconque entre x, y et z, on pourra désigner par

$$z',, \; z,{}', \; z'',, \; z',{}', \; z,{}'', \text{ etc.}$$

ses différentes fonctions dérivées, en appliquant à la lettre z les traits avec la virgule qu'on applique à la caractéristique f.

Ainsi x devenant $x+i$ et y devenant en même temps $y+o$, la valeur de z deviendra

$$z + iz', + oz,{}' + \frac{i^2}{2}z'', + ioz',{}' + \frac{o^2}{2}z,{}'' + \frac{i^3}{2.3}z''', + \frac{i^2 o}{2}z'',{}' + \text{etc.}$$

et le terme général de cette série sera

$$\frac{i^m o^n}{(1.2.3..m)(1.2.3...n)} z^{(m,n)}.$$

On voit que les fonctions de deux variables engendrent, par le développement, différentes sortes de fonctions dérivées dont la dérivation répond à chacune de ces variables; et que ces fonctions dérivées se forment de la même manière et par les mêmes règles que celles d'une seule variable, en considérant chaque variable séparément et successivement; d'où il suit que tout ce que nous avons démontré sur les fonctions d'une seule variable, pourra s'appliquer de même aux fonctions de deux variables, relativement à chacune d'elles.

On pourra donc aussi étendre la théorie des fonctions dérivées aux fonctions de trois variables ou d'un plus grand nombre; car il ne s'agira que de répéter séparément, pour chaque variable, les mêmes opérations, et de les désigner par une notation semblable.

Dans les leçons précédentes, où nous ne considérions que les fonctions dérivées relativement à une seule variable, lorsqu'il s'est présenté des fonctions de plusieurs variables, nous nous sommes contentés de renfermer, sous la caractéristique des fonctions dérivées, la variable par rapport à laquelle nous voulions avoir la fonction dérivée.

Ainsi, pour ne pas anticiper sur ce qui regarde les fonctions dérivées relatives à plusieurs variables, nous avons dénoté jusqu'ici par $f'(x)$, $f''(x)$, etc. les fonctions dérivées de $f(x, y)$, relatives à la seule variable x, qui, suivant la notation précédente, seraient $f'^{,}(x, y)$, $f''^{,}(x, y)$, etc.

Cette manière de noter les fonctions dérivées relativement à une seule variable, nous suffisait alors; et nous pourrons l'employer encore quelquefois, pour plus de commodité, pourvu qu'on soit prévenu de son identité avec la notation que nous venons d'établir.

Quoique dans les fonctions de deux variables que nous considérons ici, les deux variables soient censées indépendantes, et que ce soit même cette indépendance qui produise les différentes espèces de fonctions dérivées dont nous venons de parler, rien n'empêche cependant qu'on ne puisse regarder ces variables elles-mêmes comme des fonctions d'une autre variable quelconque, mais fonctions indéterminées et arbitraires.

Par cette considération, on peut ramener, en quelque manière, la théorie des fonctions de deux variables à celle des fonctions d'une seule, et appliquer, surtout au développement des fonctions de deux ou de plusieurs variables, ce que nous avons démontré dans la leçon dix-huitième, sur le développement des fonctions d'une seule variable.

Soit z une fonction de deux variables x et y; supposons que chacune de ces variables soit elle-même une fonction d'une autre variable t, de manière que z devienne une simple fonction de t; sous ce point de vue, lorsque t devient $t+i$, z deviendra, par la formule générale (leçon deuxième),

$$z + iz' + \frac{i^2}{2}z'' + \frac{i^3}{2.3}z''' + \text{etc.}$$

Et si, dans ce développement, on veut s'arrêter au terme $\mu^{\text{ème}}$ (leçon neuvième), on aura les limites du reste par le terme qui suivra, savoir,

$$\frac{i^\mu}{1.2.3\ldots\mu}z^{(\mu)},$$

en mettant $t+i$ à la place de t dans la fonction $z^{(\mu)}$, et prenant la plus grande et la plus petite valeur de cette fonction depuis $i=0$ jusqu'à la valeur donnée de i, ou des valeurs quelconques plus grandes et plus petites que celle-ci.

Or x et y étant supposées fonctions de t, lorsque t devient $t+i$, x et y deviennent, par la même formule générale,

$$x + ix' + \frac{i^2}{2}x'' + \text{etc.}$$

et

$$y + iy' + \frac{i^2}{2}y'' + \text{etc.};$$

et on trouvera les valeurs des fonctions dérivées z', z'', etc. en x, y, x', y', x'', y'', etc., par les procédés exposés dans la leçon sixième.

Si on ne veut avoir le développement de z que par rapport aux accroissemens ix' et iy' de x et y, il n'y aura qu'à supposer x' et y' constans, parconséquent

$$x''=0,\quad y''=0,\ \text{etc.};$$

et x' et y' pourront être des coefficiens quelconques.

Si, dans les accroissemens de x et y, on voulait considérer les deux termes

$$ix' + \frac{i^2}{2}x'', \quad \text{et} \quad iy' + \frac{i^2}{2}y'',$$

on ne ferait alors que

$$x''' = 0, \quad y''' = 0, \text{ etc.};$$

et x', x'', y', y'' pourrraient être prises pour des constantes quelconques, et ainsi de suite.

Soit, par exemple,

$$z = (x^2 + y^2)^m,$$

on aura, en prenant les dérivées d'après la leçon sixième, et supposant x', y' constantes,

$$z' = 2m(xx' + yy')(x^2+y^2)^{m-1}$$

$$z'' = 2m(x'^2 + y'^2)(x^2+y^2)^{m-1}$$
$$+ 4m(m-1)(xx' + yy')^2 (x^2+y^2)^{m-2}$$

$$z''' = 12m(m-1)(x'^2+y'^2)(xx'+yy')(x^2+y^2)^{m-2}$$
$$+ 8m(m-1)(m-2)^3(xx'+yy')^3(x^2+y^2)^{m-3}$$

et ainsi de suite.

Donc, lorsque x et y deviennent $x + ix'$, $y + iy'$, on aura

$$[(x+ix')^2 + (y+iy')^2]^m = (x^2+y^2)^m$$
$$+ 2m(xx'+yy')(x^2+y^2)^{m-1}i + [2m(x'^2+y'^2)(x^2+y^2)^{m-1}$$
$$+ 4m(m-1)(xx'+yy')^2(x^2+y^2)^{m-2}]\frac{i^2}{2} + \text{etc.}$$

Si l'on veut s'arrêter à ces trois premiers termes, alors le terme

terme suivant étant $\frac{i^3}{2.3}z^{iv}$, on aura les limites du reste en substituant $x+ix'$, $y+iy'$ au lieu de x, et de y, dans l'expression de z''', et prenant la plus grande et la plus petite valeur de cette expression depuis $i=0$.

Si $m-3$ est un nombre positif, et que x' et y' soient aussi des quantités positives, il est facile de voir que la plus petite valeur de z''' sera

$$12m(m-1)(x'^2+y'^2)(xx'+yy')(x^2+y^2)^{m-2}$$
$$+8m(m-1)(m+2)(xx'+yy')^3(x^2+y^2)^{m-3},$$

qui répond à $i=0$, et que la plus grande sera cette même quantité, en y mettant $x+ix'$ et $y+iy'$ à la place de x et y.

Si on voulait avoir le développement de z répondant à $x+i$, et $y+o$, comme dans le commencement de cette leçon, il est clair qu'il n'y aurait qu'à faire

$$x'=1, \qquad \text{et} \qquad iy'=0,$$

on trouverait des résultats semblables.

Car en désignant par des traits sans virgule, les fonctions dérivées par rapport à la variable principale t, et par des traits séparés par une virgule, les fonctions dérivées relativement à chacune des variables x et y, comme nous l'avons fait ci-dessus, on aura, suivant ce qu'on a vu dans la leçon sixième sur les dérivées des fonctions composées d'autres fonctions,

$$z'=x'z'{,}+y'z{,}';$$

de là, en prenant les fonctions dérivées par rapport à la variable principale t,

$$z''=x''z'{,}+y''z{,}'+x'(z'{,})'+y'(z{,}')'.$$

Mais $z'{,}$ et $z{,}'$ étant aussi regardées comme des fonctions de

x et y, leurs dérivées relatives à t, seront

$$(z^{\prime,})' = x'z^{\prime\prime,} + y'z^{\prime,\prime}, \quad (z^{,\prime})' = x'z^{\prime,\prime} + y'z^{,\prime\prime};$$

Donc substituant

$$z'' = x''z^{\prime,} + y''z^{,\prime} + x'^2z^{\prime\prime,} + 2x'y'z^{\prime,\prime} + y'^2z^{,\prime\prime};$$

et ainsi de suite.

Si les fonctions dérivées x' et y', relativement à t, sont constantes, ensorte que $x'' = 0$, $y'' = 0$, $x''' = 0$, etc., on aura simplement

$$z' = x'z^{\prime,} + y'z^{,\prime}$$

$$z'' = x'^2z^{\prime\prime,} + 2x'y'z^{\prime,\prime} + y'^2z^{,\prime\prime}$$

$$z''' = x'^3z^{\prime\prime\prime,} + 3x'^2y'z^{\prime\prime,\prime} + 3x'y'^2z^{\prime,\prime\prime} + y'^3z^{,\prime\prime\prime}$$

. . . .

$$z^{(m)} = x'^m z^{(m)\prime\prime} + mx'^{m-1}y'z^{(m-1),\prime} + \frac{m(m-1)}{2}x'^{m-2}y'^3z^{(m-2),\prime\prime}$$,

$+$ etc.

Ces valeurs, substituées dans la formule générale

$$z + iz' + \frac{i^2}{2}z'' + \frac{i^3}{2.3}z''' + \text{etc.},$$

donnent

$$z + i\,(x'z^{\prime,} + y'z^{,\prime})$$

$$+ \frac{i^2}{2}(x'^2z^{\prime\prime,} + 2x'y'z^{\prime,\prime} + y'^2z^{,\prime\prime})$$

$$+ \frac{i^3}{2.3}(x'^3z^{\prime\prime\prime,} + 3x'^2y'z^{\prime\prime,\prime} + 3xy'^2z^{\prime,\prime\prime} + y'^3z^{,\prime\prime\prime})$$

etc.

Et si on fait

$$x' = 1,\; iy' = 0,$$

on aura la même formule trouvée plus haut pour le développement de z, suivant les puissances de i et o.

Les expressions des fonctions z', z'', etc. que nous venons de trouver, donnent la composition des fonctions dérivées de fonctions quelconques des deux variables x, y.

Ainsi, en faisant

$$x' = 1,$$

ce qui revient à prendre x pour variable principale, c'est-à-dire à regarder y comme fonction de x, si on veut que

$$\psi(x,y) + y'\varphi(x,y)$$

soit une fonction dérivée d'une fonction de x et y; en la comparant à l'expression de z', il faudra que l'on ait

$$\psi(x,y) = z', \ \varphi(x,y) = z_{\prime}.$$

Pour éliminer z de ces deux équations, il n'y a qu'à prendre leurs dérivées par rapport à y pour la première, et par rapport à x pour la seconde, on aura ainsi

$$\psi'(y) = z'_{\prime} \quad \text{et} \quad \varphi'(x) = z'_{\prime};$$

d'où l'on tire

$$\psi'(y) = \varphi'(x).$$

C'est l'équation de condition connue pour que la formule $\psi(x,y) + y'\varphi(x,y)$ puisse être une dérivée exacte d'une fonction de x et y, indépendamment d'aucune relation entre x et y.

Ainsi sans cette condition il serait illusoire de supposer l'équation

$$z' = x'\psi(x,y) + y'\varphi(x,y)$$

à moins d'admettre en même tems une relation quelconque entre x et y, ou entre x, y, z.

2

En général, si on avait l'équation

$$z' = x'\psi(x, y, z) + y'\varphi(x, y, z)$$

on trouverait, par les mêmes principes, la condition nécessaire pour qu'elle pût avoir une équation primitive indépendamment d'aucune relation particulière entre x, y, z.

Car en comparant cette expression de z' avec l'expression générale de z' donnée ci-dessus, on a pareillement

$$\psi(x, y, z) = z' \quad \text{et} \quad \varphi(x, y, z) = z_{\prime}.$$

Pour que ces deux équations s'accordent, il faudra que la dérivée de $\psi(x, y, z)$ par rapport à y, soit égale à la dérivée de $\varphi(x, y, z)$ par rapport à x, puisque l'une et l'autre deviennent $z'_{\prime}$.

Or z étant censée fonction de x, y, (puisque si l'équation proposée a une primitive, la valeur de z sera déterminée par cette primitive en fonction de x et y); il faudra la regarder comme telle dans les fonctions $\psi(x, y, z)$ et $\varphi(x, y, z)$; et, d'après notre notation, il est clair que la dérivée de $\psi(x, y, z)$ par rapport à y, sera exprimée par

$$\psi'(y) + \psi'(z) z_{\prime}$$

et que la dérivée de $\varphi(x, y, z)$ par rapport à x sera

$$\varphi'(x) + \varphi'(z) z'.$$

On aura donc l'équation de condition

$$\psi'(y) + \psi'(z) z_{\prime} = \varphi'(x) + \varphi'(z) z',$$

savoir en substituant pour z' et $z_{\prime}$ leurs valeurs

$$\psi'(y) + \psi'(z) \times \varphi(x, y, z) = \varphi'(x) + \varphi'(z) \times \psi(x, y, z)$$

et cette équation devra avoir lieu d'elle-même, c'est-a-dire, être identique pour que la variable z puisse être une fonction de x et y, et que parconséquent la proposée ait une primitive en x, y et z. Dans ce cas, on trouvera facilement cette primitive au moyen de l'une ou de l'autre des deux équations

$$z'' = \psi(x, y, z), \quad x'' = \varphi(x, y, z).$$

Car prenant, par exemple, l'équation

$$z'' = \psi(x, y, z)$$

dans laquelle z'' est la dérivée de z en y regardant y comme constant, on pourra la traiter comme une équation du premier ordre entre x et z, l'autre variable y étant supposée constante; et ayant trouvé sa primitive dans cette supposition, il faudra regarder la constante arbitraire comme une fonction inconnue de y, qu'on déterminera ensuite par le moyen de l'autre équation

$$z' = \varphi(x, y, z).$$

Mais lorsque l'équation de condition que nous venons de trouver, n'aura pas lieu d'elle-même, l'équation proposée ne pourra pas subsister, à moins qu'on ne suppose une relation quelconque entre x, y, z, de manière que deux de ces variables deviennent fonctions de la troisième.

Ainsi, dans ce cas, en supposant

$$z = f(x, y),$$

on aura

$$z' = f'(x) + y'f'(y);$$

et substituant ces valeurs dans l'équation ci-dessus, on aura alors une équation en x, y et y', par laquelle on pourra trouver la valeur de y en x; et l'on aura y et z en fonctions données de x, la fonction $f(x, y)$ demeurant indéterminée.

Mais comme on pourrait avoir ainsi une équation du premier ordre en x et y, dont il serait difficile et peut-être impossible de trouver l'équation primitive, on a cherché les moyens de donner à la fonction arbitraire une forme telle que l'on ait immédiatement pour la détermination de y et z en x, deux équations entre ces variables.

Pour en donner un exemple très-simple, supposons l'équation

$$z' = xy(x + yy'),$$

on aura ici

$$\psi(x, y) = x^2y, \quad \varphi(x, y) = xy^2;$$

donc

$$\psi'(y) = x^2, \quad \varphi'(x) = y^2.$$

Ainsi il est impossible que z soit une fonction de x et y, regardées comme indépendantes entre elles.

On fera donc

$$y = fx,$$

et l'on aura

$$y' = f'x;$$

donc

$$z' = x^2fx + xf^2x \times f'x;$$

parconséquent z sera égal à la fonction primitive de

$$x^2fx + xf^2x \times f'x.$$

Mais on peut éviter la recherche de cette fonction primitive, en mettant le terme $x\,y^2\,y'$ de l'expression de z', sous la forme $\left(\frac{xy^3}{3}\right)' - \frac{y^3}{3}$; ce qui réduit l'équation à cette forme

$$z' = \left(\frac{xy^3}{3}\right)' + yx^2 - \frac{y^3}{3};$$

et supposant ensuite

$$yx^2 - \frac{y^3}{3} = f'x,$$

moyennant quoi elle devient

$$z' = \left(\frac{xy^3}{3}\right)' + f'x,$$

dont la primitive est

$$z = \frac{xy^3}{3} + fx.$$

Ainsi ces deux équations remplacent conjointement l'équation proposée, la fonction fx demeurant arbitraire.

On doit dire, à plus forte raison, la même chose des équations que l'on pourrait supposer entre x, y, z, et y', z', dans lesquelles les fonctions dérivées y', z' monteraient à des puissances quelconques.

Qu'on suppose, par exemple, l'équation

$$z'^2 = 1 + y'^2,$$

en faisant

$$y = fx,$$

on aurait

$$z' = \sqrt{(1 + f'^2 . x)}.$$

Et il faudrait, pour avoir z en x, trouver la fonction primitive de $\sqrt{(1 + f'x^2)}$; ce qui est impossible tant que la fonction fx demeurera indéterminée, à moins d'employer les séries.

Mais en introduisant une troisième variable, on peut avoir des expressions finies de x, y, z, en fonctions de cette même variable.

Pour cela, il faut rétablir la fonction prime x' qui est $= 1$ lorsque x est la variable principale, et substituer parconséquent $\frac{y'}{x'}$ et $\frac{z'}{x'}$ à la place de y' et z', conformément aux principes établis dans la leçon septième. Ainsi l'équation sera

$$z'^2 = x'^2 + y'^2.$$

Pour résoudre cette équation de la manière la plus générale, nous emploîrons un principe dont nous ferons, dans la suite, un plus grand usage, et qui consiste à trouver d'abord des expressions de x, y, z, qui y satisfassent avec des constantes arbitraires, et à rendre ensuite ces constantes variables, de manière que les expressions des dérivées x', y', z' restent les mêmes.

Prenons un angle arbitraire ω; puisque

$$\sin^2 \omega + \cos^2 \omega = 1,$$

en multipliant le second membre de l'équation proposée par $\sin^2 \omega + \cos^2 \omega$, le premier ne changera pas.

Or le produit de $x'^2 + y'^2$ par $\sin^2 \omega + \cos^2 \omega$, peut se mettre sous la forme

$$(y' \cos \omega - x' \sin \omega')^2 + (y' \sin \omega + x' \cos \omega)^2;$$

de sorte que l'équation proposée deviendra

$$z'^2 = (y' \cos \omega - x' \sin \omega)^2 + (y' \sin \omega + x' \cos \omega)^2.$$

Supposons

$$y' \sin \omega + x' \cos \omega = 0,$$

ce qui est permis à cause de l'indéterminée ω; on aura, en extrayant la racine quarrée des deux membres,

$$z' = y' \cos \omega - x' \sin \omega.$$

Regardons d'abord l'angle ω comme constant ; les deux équations que nous venons de trouver auront pour primitives ces deux-ci,

$$z = y \cos \omega - x \sin \omega + a,$$

$$y \sin \omega + x \cos \omega = b,$$

a et b étant les deux constantes arbitraires.

Ainsi ces deux équations donnent des valeurs de y et z en x, qui satisfont à l'équation proposée, quelles que soient les valeurs des trois constantes a, b et ω, comme on peut s'en assurer par la substitution.

Or il est facile de concevoir que ces mêmes valeurs satisferont encore à la proposée, en supposant que les quantités a,

b et ω soient variables, pourvu que les dérivées x', y', z' restent les mêmes ; ce qui aura lieu si, en prenant les dérivées des deux équations précédentes, les termes dus aux dérivées de a, b et ω se détruisent.

Il n'y aura donc qu'à prendre les dérivées des mêmes équations par rapport à a, b et ω, et déterminer, par leur moyen, les variables a et b.

Regardons dans ces dérivées la variable ω comme la principale, nous ferons

$$\omega' = 1,$$

et l'on aura

$$-y \sin \omega - x \cos \omega + a' = 0,$$

$$y \cos \omega - x \sin \omega = b'.$$

Mais nous avons déjà

$$y \sin \omega + x \cos \omega = b;$$

donc on aura

$$-b + a' = 0,$$

ce qui donne

$$b = a',$$

et, parconséquent,

$$b' = a''.$$

Ainsi on aura ces trois équations

$$z = y \cos \omega - x \sin \omega + a,$$

$$y \sin \omega + x \cos \omega = a',$$

$$y \cos \omega - x \sin \omega = a'',$$

Mais a étant une fonction quelconque de ω, si on la dénote par $f\omega$, on aura

$$a' = f'\omega,\ a'' = f''\omega;$$

et les trois équations précédentes fourniront ces expressions de x, y, z en ω,

$$x = \cos\omega \times f'\omega - \sin\omega \times f''\omega$$
$$y = \sin\omega \times f'\omega + \cos\omega \times f''\omega$$
$$z = f\omega + f''\omega,$$

la fonction $f\omega$ demeurant arbitraire.

Ces formules pourraient servir à trouver des courbes rectifiables; car si x et y sont les coordonnées rectangles d'une courbe plane, et z l'arc correspondant, on sait, par le calcul différentiel, et je l'ai démontré rigoureusement dans la *Théorie des Fonctions*, que l'on a

$$z' = \sqrt{(x'^2 + y'^2)},$$

en regardant x et y comme fonctions d'une même variable quelconque.

Si on fait $f'\omega = m$, on a $f''\omega = o$ et $f\omega = m\omega + n$, les formules précédentes donneront

$$x = m\cos\omega,\ y = m\sin\omega,\ z = m\omega + n;$$

ce qui est le cas du cercle.

En prenant pour $f\omega$ des fonctions quelconques de $\sin\omega$ et $\cos\omega$, on aura autant de courbes algébriques qu'on voudra, dont la rectification sera algébrique aussi; problême sur lequel les géomètres se sont autrefois beaucoup exercés, et dont on peut voir différentes solutions dans le tome V *des Nouveaux Commentaires de Pétersbourg*.

Les équations dont nous venons de nous occuper, sont connues sous le nom d'*équations qui ne satisfont pas aux conditions d'intégrabilité*. On trouve des solutions élégantes de plusieurs de ces équations dans un Mémoire de *Monge*, imprimé dans le Recueil de l'Académie des Sciences pour l'année 1784.

La notation que nous avons employée pour désigner les fonctions dérivées de z par rapport à x et y, par des traits séparés par une virgule, est, comme l'on voit, très-simple et conforme à la nature de la chose ; mais elle ne met pas en évidence les variables auxquelles chaque groupe de traits doit se rapporter ; et si l'on avait des fonctions de plus de deux variables, la multitude des virgules pourrait rendre la notation incommode, et causer de la confusion par rapport aux variables auxquelles les différentes fonctions dérivées répondraient.

On pourrait, dans ces cas, employer avec avantage la notation que j'ai déjà proposée dans l'ouvrage sur la Résolution des Équations numériques (*pag.* 210), et qui dérive aussi de la nature de ce calcul.

En effet, la formule donnée plus haut,

$$z' = x'z^{\prime,} + y'z^{,\prime}$$

fait voir que si on veut considérer à part les dérivées relatives à x et y, on a, par rapport à x,

$$z' = x'z^{\prime,} ;$$

donc

$$z^{\prime,} = \frac{z'}{x'} ;$$

ici z' ne doit être pris que par rapport à la variable t en tant qu'elle est renfermée dans la fonction x ; et pour indiquer ce point de vue, il n'y a qu'à enfermer l'expression $\frac{z'}{x'}$ entre deux crochets ; ce qui donnera

$$z^{\prime,} = \left(\frac{z'}{x'}\right).$$

On aura pareillement, par rapport à y,

$$z' = y'z^{,\prime} ;$$

donc

$$z'' = \frac{z'}{y};$$

en renfermant l'expression $\frac{z'}{y'}$ entre deux crochets, pour indiquer qu'ici la dérivée z' n'est relative à la variable t qu'autant qu'elle est renfermée dans y, on aura

$$z'' = \left(\frac{z'}{y'}\right).$$

De cette manière, l'expression de la dérivée z' prendra cette forme

$$z' = x'\left(\frac{z'}{x'}\right) + y'\left(\frac{z'}{y'}\right);$$

où l'on voit que $\left(\frac{z'}{x'}\right)$, $\left(\frac{z'}{y'}\right)$ ne sont proprement que les coefficiens de x' et de y' dans l'expression de la dérivée z'.

Comme la variable t, dont on suppose que x et y sont fonctions, demeure indéterminée, en prenant x pour t, on aurait

$$x' = 1;$$

l'expression $\left(\frac{z'}{x'}\right)$ deviendrait alors simplement (z'), et indiquerait, comme elle le doit, la fonction dérivée de z par rapport à la variable principale x; de même, en prenant y pour t, on aurait

$$y' = 1,$$

et l'expression $\left(\frac{z'}{y'}\right)$ deviendrait aussi (z'), et indiquerait la fonction dérivée de z par rapport à la variable principale y.

Mais, pour distinguer ces fonctions l'une de l'autre, nous retiendrons toujours les lettres x' et y' sous z', et nous entendrons simplement par $\left(\frac{z'}{x'}\right)$, $\left(\frac{z'}{y'}\right)$, les fonctions dérivées de z par rapport à x et y.

D'ailleurs cette manière d'exprimer les fonctions dérivées a l'avantage de faciliter la transformation de ces fonctions, lorsqu'on veut les rapporter à d'autres variables.

Ainsi, comme l'expression $\left(\frac{z'}{x'}\right)$ indique que z est regardé comme fonction de x, l'expression réciproque $\left(\frac{x'}{z'}\right)$ indiquerait que x serait regardé comme fonction de z; et il est facile de se convaincre, par la nature de ces expressions, que l'on a en effet

$$\left(\frac{z'}{x'}\right) \times \left(\frac{x'}{z'}\right) = 1,$$

comme si les parenthèses n'existaient pas, de sorte que l'on aura

$$\left(\frac{z'}{x'}\right) = \frac{1}{\left(\frac{x'}{z'}\right)}.$$

Si donc, au lieu de regarder z comme fonction de x et y, on voulait regarder x comme fonction de z et y, on substituerait d'abord $\frac{1}{\left(\frac{x'}{z'}\right)}$ à la place de $\left(\frac{z'}{x'}\right)$.

Ensuite, pour avoir la valeur de l'autre fonction dérivée $\left(\frac{z'}{y'}\right)$, on remarquerait qu'ici la variable x est censée constante, puisque z n'est regardée que comme fonction de y.

Or, x étant supposée fonction de y et z, on aura, en général,

$$x' = \left(\frac{x'}{y'}\right)y' + \left(\frac{x'}{z'}\right)z';$$

donc, pour que x soit constante, x' devra être zéro, ce qui donnera l'équation

$$\left(\frac{x'}{y'}\right)y' + \left(\frac{x'}{z'}\right)z' = 0;$$

d'où l'on tire

$$\frac{z'}{y'} = -\frac{\left(\frac{x'}{y'}\right)}{\left(\frac{x'}{z'}\right)};$$

et cette valeur de $\frac{z'}{y'}$, tirée de la supposition de x constante, sera parconséquent, la même que celle de $\left(\frac{z'}{y'}\right)$.

D'où il suit que l'on aura ces transformées

$$\left(\frac{z'}{x'}\right) = \frac{1}{\left(\frac{x'}{z'}\right)}, \quad \left(\frac{z'}{y'}\right) = -\frac{\left(\frac{x'}{z'}\right)}{\left(\frac{x'}{z'}\right)}.$$

De sorte que si l'on a une équation qui contienne x, y, z avec les fonctions dérivées $\left(\frac{z'}{x'}\right)$, $\left(\frac{z'}{y'}\right)$, elle ne changera pas essentiellement par les substitutions précédentes; seulement, au lieu de supposer z fonction de x et y, ce sera x qui sera fonction de y et z, et ainsi pour les cas semblables.

Maintenant, puisque $\left(\frac{z'}{x'}\right)$ est une fonction de x et y, on aura de même, en prenant sa dérivée relativement à t,

$$\left(\frac{z'}{x'}\right)' = x'\left(\frac{\left(\frac{z'}{x'}\right)'}{x'}\right) + y'\left(\frac{\left(\frac{z'}{x'}\right)'}{y'}\right);$$

mais comme x' et y' entre les parenthèses, n'ont qu'une signification de convention, on peut, sans inconvénient, écrire

$\left(\frac{z''}{x'^2}\right)$, $\left(\frac{z''}{x'y'}\right)$ à la place de $\left(\frac{\left(\frac{z'}{x'}\right)'}{x'}\right)$, $\left(\frac{\left(\frac{z'}{x'}\right)'}{y'}\right)$; et parconséquent ;

$$\left(\frac{z'}{x'}\right)' = x'\left(\frac{z''}{x'^2}\right) + y'\left(\frac{z''}{x'y'}\right).$$

On aura de même

$$\left(\frac{z'}{y'}\right)' = x'\left(\frac{z''}{x'y'}\right) + y'\left(\frac{z''}{y'^2}\right);$$

où l'on voit que les symboles

$$\left(\frac{z''}{x'^2}\right), \quad \left(\frac{z''}{x'y'}\right), \quad \left(\frac{z''}{y'^2}\right)$$

expriment ici ce que nous avions dénoté plus haut par les signes

$$z''{}_{,}, \; z'{}_{,}{}', \; z_{,}{}''.$$

Donc la dérivée seconde de z, c'est-à-dire, la valeur de z'' que nous avons donnée plus haut, sera représentée ainsi

$$z'' = x''\left(\frac{z'}{x'}\right) + y''\left(\frac{z'}{y'}\right) + x'^2\left(\frac{z''}{x'^2}\right) + 2x'y'\left(\frac{z''}{x'y'}\right) + y'^2\left(\frac{z''}{y'^2}\right).$$

On voit ici que $\left(\frac{z''}{x'^2}\right)$ et $\left(\frac{z''}{y'^2}\right)$ sont aussi les coefficiens de x'^2 et y'^2 dans l'expression complète de z'', mais que $\left(\frac{z''}{x'y'}\right)$ n'est plus le simple coefficient de $x'y'$ dans la même expression, comme on serait porté à le supposer d'après sa notation.

En général l'expression $\left(\frac{z^{(m+n)}}{x'^m y'^n}\right)$ dénotera ce que nous avions dénoté par $z^{(m,n)}$, c'est-à-dire, la fonction dérivée de z de l'ordre $(n+m)^{eme}$, prise m fois relativement à x, et n fois relativement à y.

Cette dernière notation se rapproche, comme l'on voit, de celle qui est depuis long-temps en usage chez les analystes pour désigner les différences qu'on appelle partielles.

En effet, il est visible que les fonctions dérivées que nous désignons ici par

$$\left(\frac{z'}{x'}\right), \left(\frac{z'}{y'}\right), \left(\frac{z''}{x'^2}\right), \left(\frac{z''}{x'y'}\right), \text{etc.},$$

ne sont autre chose que les quantités

$$\frac{dz}{dx}, \frac{dz}{dy}, \frac{d^2z}{dx^2}, \frac{d^2z}{dxdy}, \text{etc.},$$

que plusieurs géomètres, à l'exemple d'*Euler*, renferment aussi entre deux parenthèses.

Ainsi on aura, en général, ces notations correspondantes

$$z^{(m,n)} = \left(\frac{z^{(m+n)}}{x'^m y'^n}\right) = \left(\frac{d^{(m+n)}z}{dx^m dy^n}\right).$$

Après avoir donné la manière de former et de noter les fonctions dérivées relativement à différentes variables, nous allons considérer les équations qui contiennent des fonctions de ce genre, et qu'on peut appeler *Equations dérivées à plusieurs variables*.

LEÇON

LEÇON VINGTIÈME.

Equations dérivées à plusieurs variables. Théorie de ces Equations. Méthodes générales pour trouver les Equations primitives des Equations du premier ordre à plusieurs variables.

Considérons d'abord une équation quelconque entre les trois variables x, y et z, par laquelle z soit une fonction déterminée de x et y.

Représentons cette équation par

$$F(x, y, z) = 0,$$

et supposons, pour un moment, que x et y soient des fonctions données d'une même variable t, alors z sera aussi une fonction de t dépendante de l'équation proposée ; et par la théorie des équations dérivées exposées dans les leçons précédentes, non-seulement la fonction $F(x, y, z)$ sera nulle, mais encore ses dérivées $F'(x, y, z)$, $F''(x, y, z)$, etc., prises relativement à t, seront nulles.

Or, en conservant la notation de la leçon sixième, on a

$$F'(x, y, z) = x'F'(x) + y'F'(y) + z'F'(z);$$

dans cette formule x', y', z', sont les fonctions dérivées de x, y, z, par rapport à t, et $F'(x)$, $F'(y)$, $F'(z)$, sont les fonctions dérivées de $F(x, y, z)$, prises par rapport à chacune des variables x, y, z en particulier.

Ainsi l'équation

$$F(x, y, z) = 0$$

donnera celle-ci,

$$x'F'(x) + y'F'(y) + z'F'(z) = 0.$$

Mais en considérant z comme fonction de x et y, on a

$$z' = x'z^{\prime ,} + y'z^{,\prime};$$

donc, substituant, on aura

$$x'[F'(x) + z^{\prime ,}F'(z)] + y'[F'(y) + z^{,\prime}F'(z)] = 0.$$

Pour que les fonctions x et y de t, demeurent indéterminées, il faudra que leurs fonctions dérivées x' et y' disparaissent de l'équation précédente ; ce qui ne peut avoir lieu qu'en faisant les deux équations séparées

$$F'(x) + z^{\prime ,}F'(z) = 0, \quad F'(y) + z^{,\prime}F'(z) = 0.$$

Il est visible que ces deux équations ne sont autre chose que les dérivées de l'équation primitive

$$F(x, y, z) = 0,$$

prises séparément par rapport à x et par rapport à y.

En effet, puisque dans cette équation les deux variables x et y sont essentiellement indépendantes entre elles, ses dérivées par rapport à x et par rapport à y auront lieu chacune en particulier. Or, la variable z étant, par cette équation, une fonction de x et y, dont les fonctions dérivées sont $z^{\prime ,}$ par rapport à x seul, et $z^{,\prime}$ par rapport à y seul, il est clair que la dérivée de $F(x, y, z)$ sera $F'(x) + z^{\prime ,}F'(z)$ par rapport à x, et qu'elle sera $F'(y) + z^{,\prime}F'(z)$ par rapport à y ; de sorte que l'équation primitive

$$F(x, y, z) = 0$$

donnera ces deux dérivées indépendantes,

$$F'(x) + z^{\prime ,}F'(z) = 0, \quad F'(y) + z^{,\prime}F'(z) = 0,$$

lesquelles serviront à trouver les valeurs des fonctions $z'{}_{,}$ et $z_{,}{}'$, et l'on aura

$$z'{}_{,} = -\frac{F'(x)}{F'(y)}, \quad z_{,}{}' = -\frac{F'(y)}{F'(z)}.$$

Ayant ainsi les valeurs des deux premières fonctions dérivées de z, on en déduira celle des fonctions secondes $z''{}_{,}$, $z'{}_{,}{}'$, $z_{,}{}''$, en prenant les dérivées de $z'{}_{,}$ et $z_{,}{}'$ par rapport à x et y; et ainsi de suite.

Il suit de là que l'équation primitive

$$F(x, y, z) = 0$$

ayant lieu, ses deux dérivées

$$F'(x) + z'{}_{,}F'(z) = 0, \quad \text{et} \quad F'(y) + z_{,}{}'F'(z) = 0$$

auront lieu aussi en même temps; parconséquent une combinaison quelconque de ces trois équations aura lieu aussi, et pourra tenir lieu de l'équation dérivée.

Ainsi une équation entre x, y, z, et les deux dérivées $z'{}_{,}$, $z_{,}{}'$, ou $\left(\frac{z'}{x'}\right)$, $\left(\frac{z'}{y'}\right)$ par rapport à x et y, sera une équation du premier ordre à trois variables, à laquelle répondra nécessairement une équation primitive en x, y, z.

Soit, par exemple, l'équation

$$z'{}_{,} + Mz_{,}{}' = N,$$

M et N étant des quantités constantes.

Son équation primitive sera

$$z - Nx = \varphi(y - Mx),$$

la caractéristique φ dénotant une fonction quelconque.

En effet, si on prend les fonctions dérivées par rapport à x, on a

$$z'_{,} - N = - M\varphi'(y - Mx);$$

et si on prend ces fonctions par rapport à y, on a

$$z_{,}' = \varphi'(y - Mx);$$

de sorte qu'en éliminant la fonction dérivée φ', on a l'équation dérivée proposée

$$z'_{,} + Mz_{,}' - N = 0.$$

Considérons l'équation générale de la même forme, dans laquelle M et N soient des fonctions quelconques données de x, y, z.

Supposons que

$$F(x, y, z) = 0$$

soit son équation primitive, on aura, par ce qu'on a vu ci-dessus,

$$z'_{,} = -\frac{F'(x)}{F'(z)},\quad z_{,}' = -\frac{F'(y)}{F'(z)};$$

donc, substituant ces valeurs dans l'équation proposée, et multipliant tous les termes par $F'(z)$, on aura, en changeant les signes,

$$F'(x) + MF'(y) + NF'(z) = 0.$$

Or on a, en général, comme on l'a vu,

$$F'(x, y, z) = x'F'(x) + y'F'(y) + z'F'(z),$$

en regardant x, y, z comme des fonctions quelconques d'une autre variable t; donc, substituant dans cette formule, à la place de $F'(x)$, sa valeur tirée de l'équation précédente, savoir, $-MF'(y) - NF'(z)$, on aura

$$F'(x, y, z) = (y' - x'M)F'(y) + (z' - x'N)F'(z).$$

On voit, par cette expression de la fonction dérivée $F'(x, y, z)$, que cette fonction deviendra nulle si on établit entre les trois variables x, y, z des relations telles, que l'on ait ces deux équations particulières

$$y' - Mx' = 0, \quad z' - Nx' = 0.$$

Ces équations étant entre les trois variables x, y, z, serviront à déterminer les valeurs de ces variables en fonctions de la troisième ; de sorte que, par la substitution de ces valeurs, la fonction $F(x, y, z)$ deviendra aussi une fonction de cette troisième variable. Donc, puisque sa fonction dérivée doit alors devenir nulle, il s'ensuit que la variable doit disparaître d'elle-même, et que la fonction $F(x, y, z)$ ne pourra contenir, après cette substitution, que des constantes.

Or, les deux équations

$$y' - Mx' = 0, \quad z' - Ny' = 0,$$

étant du premier ordre, leurs équations primitives contiendront deux constantes arbitraires que nous désignerons par a et b. En effet, si de ces deux équations on veut éliminer, par exemple, la variable z, on tombera dans une équation du second ordre en x et y, dans laquelle on pourra faire

$$x' = 1, \quad \text{ou} \quad y' = 1,$$

suivant qu'on voudra regarder y comme fonction de x, ou x comme fonction de y ; et cette équation aura pour équation primitive, une équation en x et y, avec deux constantes arbitraires.

Ensuite, on aura aussi z en fonction de x et y par l'une des deux équations proposées.

Il suit de là qu'après la substitution des valeurs de y et z en x, tirées des deux équations du premier ordre dont il s'agit, la fonction $F(x, y, z)$ ne contiendra plus que les constantes

a et b avec celles qui se trouvent dans les quantités M et N; de sorte qu'elle deviendra simplement une fonction de a et b, que nous designerons par $\Phi(a, b)$.

Parconséquent l'équation primitive

$$F(x, y, z) = 0$$

se réduira à

$$\Phi(a, b) = 0,$$

par laquelle on voit que l'une des constantes a et b sera fonction de l'autre.

Mais à la place des constantes a et b, on peut mettre leurs valeurs en x, y, z, tirées des deux équations primitives, où elles entrent comme arbitraires. Donc, si on désigne par P et Q ces valeurs de a et b, l'équation primitive de la proposée deviendra

$$\Phi(P, Q) = 0,$$

la fonction désignée par Φ étant arbitraire.

Il résulte de là une méthode générale pour trouver l'équation primitive d'une équation quelconque du premier ordre, à trois variables x, y, z, dans laquelle les deux fonctions dérivées de la variable, qui est censée fonction des deux autres, ne se trouvent qu'à la première dimension, telle que

$$z'_{,} + Mz'_{;} + N,$$

ou, ce qui est la même chose,

$$\left(\frac{z'}{x'}\right) + M\left(\frac{z'}{y'}\right) = N,$$

M et N étant des fonctions quelconques de x, y, z. On fera ces deux équations

$$y' - Mx' = 0, \quad z' - Nx' = 0,$$

dans lesquelles on peut supposer l'une des trois fonctions dérivées x', y', z' égales à l'unité suivant la variable qu'on voudra regarder comme principale, et dont les deux autres seront censées des fonctions; et ayant trouvé, s'il est possible, les deux équations primitives de ces équations, on en déduira les valeurs P et Q des deux constantes arbitraires a et b qu'elles doivent renfermer : on aura alors

$$\Phi(P, Q) = 0$$

pour l'équation primitive cherchée; d'où résulte

$$Q = \varphi P,$$

la caractéristique φ désignant une fonction quelconque de Q.

L'analyse précédente est plus simple et plus directe que celle que j'ai donnée dans la *Théorie des fonctions* (n° 101); c'est ce qui m'a engagé à la mettre ici, d'autant qu'elle s'applique avec la même facilité aux équations semblables entre un plus grand nombre de variables. Dans les mémoires de Berlin de 1779, je m'étais contenté de prouver, *à posteriori*, la légitimité et la généralité de cette méthode.

Considérons de la même manière l'équation à quatre variables t, x, y, z, de la forme

$$\left(\frac{z'}{t'}\right) + L\left(\frac{z'}{x'}\right) + M\left(\frac{z'}{y'}\right) = N,$$

L, M, N, étant des fonctions quelconques de t, x, y, z.

Si on représente son équation primitive par

$$F(t, x, y, z) = 0,$$

sa fonction dérivée $F'(t, x, y, z)$ sera, en général,

$$t'F'(t) + x'F'(x) + y'F'(y) + z'F'(z),$$

et l'on aura, relativement à chacune des variables t, x, y

en particulier, les équations

$$F'(t)+\left(\frac{z'}{t'}\right)F'(z)=0,$$

$$F'(x)+\left(\frac{z'}{x'}\right)F'(z)=0,$$

$$F'(y)+\left(\frac{z'}{y'}\right)F'(z)=0.$$

Tirant de ces équations les valeurs des fonctions $\left(\frac{z'}{t'}\right)$, $\left(\frac{z'}{x'}\right)$, $\left(\frac{z'}{y'}\right)$, et les substituant dans l'équation proposée, elle deviendra, après la multiplication par $F'(z)$, et le changement des signes,

$$F'(t)+LF'(x)+MF'(y)+NF'(z)=0;$$

d'où l'on tire

$$F'(t)=-LF'(x)-MF'(y)-NF'(z).$$

Cette valeur de $F'(t)$ étant substituée dans celle de $F'(t,x,y,z)$, on aura

$$F'(t,x,y,z)=(x'-t'L)F'(x)+(y'-t'M)F'(y)$$
$$+(z'-t'N)F'(z).$$

Si donc on introduit entre les quatre variables t, x, y, z les relations déterminées par les trois équations

$$x'-t'L=0,\quad y'-t'M=0,\quad z'-t'N=0,$$

la fonction dérivée $F'(t, x, y, z)$ deviendra nulle; parconséquent la fonction primitive $F(t, x, y, z)$ ne pourra contenir que des constantes.

Or les trois équations dont il s'agit étant du premier ordre, auront trois équations primitives qui contiendront trois constantes arbitraires a, b, c, et par lesquelles trois des variables t, x, y, z pourront être déterminées en fonctions de la quatrième. Donc, si dans la fonction $F(t, x, y, z)$ on substitue les valeurs de ces variables, il faudra que la variable restante disparaisse d'elle-même, et la fonction ne pourra plus contenir que les mêmes constantes a, b, c, avec celles qui entreront dans les expressions de L, M, N. De sorte qu'après cette substitution, la fonction $F(t, x, y, z)$ deviendra nécessairement de la forme $\Phi(a, b, c)$.

Or les trois équations primitives dont il s'agit, déterminent les valeurs de a, b, c, en fonctions des variables t, x, y, z; de sorte qu'en désignant ces fonctions par P, Q, R, on peut mettre ces équations sous la forme

$$a = P, b = Q, c = R.$$

Donc la fonction $F(t, x, y, z)$ devra être de la forme $\Phi(P, Q, R)$, puisqu'il n'y a que cette forme qui puisse devenir fonction de a, b, c, en vertu des trois équations primitives

$$P = a, Q = b, R = c.$$

Donc l'équation primitive

$$F(t, x, y, z) = 0$$

deviendra

$$\Phi(P, Q, R) = 0,$$

par laquelle on aura

$$R = \varphi(P, Q),$$

la caractéristique φ désignant une fonction quelconque de P et Q.

Ainsi 1°. l'équation du premier ordre à trois variables

$$\left(\frac{z'}{x'}\right) + M\left(\frac{z'}{y'}\right) = N,$$

dépend des deux équations du premier ordre entre les mêmes variables

$$y' - Mx' = 0, \quad z' - Nx' = 0;$$

et si

$$P = a, Q = b,$$

sont les équations primitives de celles-ci, a et b étant les constantes arbitraires, l'équation primitive de la proposée sera

$$Q = \varphi P$$

φP étant une fonction quelconque de P,

2°. L'équation du premier ordre à quatre variables

$$\left(\frac{z'}{t'}\right) + L\left(\frac{z'}{x'}\right) + M\left(\frac{z'}{y'}\right) = N,$$

dépend de ces trois équations entre les mêmes variables,

$$x' - t'L = 0, \quad y' - t'M = 0, \quad z' - t'N = 0.$$

Et si

$$P = a, \; Q = b, \; R = c$$

sont les trois équations primitives de celles-ci, a, b, c étant les constantes arbitraires, l'équation primitive de la proposée sera

$$R = \varphi(P, Q),$$

$\varphi(P, Q)$ désignant une fonction quelconque de P et Q; et ainsi de suite.

De cette manière la recherche des équations primitives des équations du premier ordre, par lesquelles une variable est fonction de deux ou de plusieurs autres, est réduite à la recherche des équations primitives d'équations du même ordre, dans lesquelles toutes les variables sont fonctions d'une seule et même variable. Or, en analyse, on regarde la solution d'un probléme comme connue, lorsqu'elle est réduite à celle d'un problême d'un genre inférieur, quoique celle-ci puisse être sujette encore à beaucoup de difficultés.

Supposons, pour donner des exemples très-simples, que les quantités L, M, N soient constantes ; les deux équations

$$y' - x' M = 0 \quad z' - x' N = 0$$

auront ces primitives

$$y - Mx = a, \quad z - Nx = b;$$

donc l'équation

$$\left(\frac{z'}{x'}\right) + M\left(\frac{z'}{y'}\right) = N$$

aura cette primitive

$$z - Nx = \varphi(y - Mx),$$

comme nous l'avons déjà vu plus haut.

Les trois équations

$$x' - t' L = 0, \quad y' - t' M = 0, \quad z' - t' N = 0,$$

auront ces primitives.

$$x - Lt = a, \quad y - Mt = b, \quad z - Nt = c;$$

et l'équation

$$\left(\frac{z'}{t'}\right) + L\left(\frac{z'}{x'}\right) + M\left(\frac{z'}{y'}\right) = N,$$

aura cette primitive

$$z - Nt = \varphi(x - Lt, y - Mt).$$

Il est bon de remarquer que les équations

$$P = a, \quad Q = b, \quad R = c, \text{ etc.},$$

où a, b, c, etc. sont des constantes arbitraires, donnent chacune une solution particulière de l'équation proposée; ce qui est évident par la forme même de la solution générale

$$\Phi(P, Q)=0 \text{ ou } \Phi(P, Q, R)=0;$$

car, puisque la fonction désignée par Φ est arbitraire, on peut toujours réduire ces équations à

$$P-a=0, \text{ ou } Q-b=0, \text{ ou } R-c=0, \text{ etc.}$$

Ainsi il est facile de voir que l'équation

$$z-Nx=b$$

satisfait à l'équation dérivée

$$\left(\frac{z'}{x'}\right)+M\left(\frac{z'}{y'}\right)=N;$$

car elle donne

$$z=Nx+b;$$

donc

$$\left(\frac{z'}{x'}\right)=N, \left(\frac{z'}{y'}\right)=0.$$

Mais si on prenait l'autre équation

$$y-Mx=a,$$

on ne verrait pas d'abord comment elle y peut satisfaire, puisque la variable z n'y entre pas. Comme cette équation ne donne qu'un rapport entre x et y, par lequel x est fonction de y, ou y fonction de x, il faudra changer l'équation dérivée de manière qu'au lieu des fonctions dérivées de z, par rapport à x et y, elles contiennent les fonctions dérivées de x par rapport à y et z, ou de y par rapport à x et z; ce qu'on obtiendra par les substitutions que nous avons indiquées plus haut.

Nous allons donner ici cette transformation pour servir d'exemple dans les cas semblables.

On mettra donc à la place de $\left(\frac{z'}{x'}\right)$ et $\left(\frac{z'}{y'}\right)$, les quantités $\frac{1}{\left(\frac{x'}{z'}\right)}$, $-\frac{\left(\frac{x'}{y'}\right)}{\left(\frac{x'}{z'}\right)}$, et l'équation dérivée ci-dessus, deviendra, en multipliant tous les termes par $\left(\frac{x'}{z'}\right)$,

$$1 - M\left(\frac{x'}{y'}\right) = N\left(\frac{x'}{z'}\right),$$

dans laquelle x est maintenant censée fonction de y et z.

Or l'équation

$$y - Mx = a$$

donne

$$x = \frac{y + a}{M};$$

d'où l'on tire

$$\left(\frac{x'}{y'}\right) = \frac{1}{M}, \quad \left(\frac{x'}{z'}\right) = 0,$$

valeurs qui satisfont évidemment à l'équation précédente.

Nous venons de voir, dans les exemples précédens, que l'équation primitive renferme, dans le cas de trois variables, une fonction arbitraire d'une quantité composée de ces variables, et, dans le cas de quatre variables, une fonction arbitraire de deux quantités composées de ces variables.

Nous allons démontrer que cette proposition est générale, quelle que soit la forme de l'équation dérivée du premier ordre.

En appliquant aux équations à trois variables, la théorie

que nous avons donnée dans la leçon douzième, sur les équations dérivées à deux variables, il est aisé de voir que, puisqu'une équation à trois variables a deux équations dérivées, on pourra, par le moyen de ces trois équations, qui ont lieu simultanément, éliminer deux constantes à volonté, et parvenir ainsi à une équation du premier ordre, qui contiendra deux constantes de moins que l'équation primitive.

D'où il suit réciproquement que l'équation primitive d'une équation du premier ordre à trois variables, doit contenir deux constantes de plus que l'équation du premier ordre, et que ces constantes seront nécessairement arbitraires.

Prenons pour équation primitive, l'équation à trois variables

$$z = ax + by;$$

en regardant z comme fonction de x et y, on aura ces deux dérivées, l'une relative à x et l'autre relative à y,

$$\left(\frac{z'}{x'}\right) = a, \quad \text{et} \left(\frac{z'}{y'}\right) = b.$$

Éliminant, par le moyen de ces trois équations, les constantes a et b, on aura l'équation du premier ordre

$$z = x\left(\frac{z'}{x'}\right) + y\left(\frac{z'}{y'}\right),$$

à laquelle répondra l'équation primitive

$$z = ax + by;$$

les constantes a et b demeurant arbitraires.

Mais il n'en est pas ici comme dans les équations à deux variables, où dès qu'on a trouvé une équation primitive avec une constante arbitraire, on est assuré qu'elle a toute la généralité que l'équation du premier ordre peut comporter;

car on peut trouver une infinité d'équations à trois variables, qui, par l'élimination de deux constantes au moyen de leurs dérivées, donnent la même équation du premier ordre.

Par exemple, l'équation

$$z = ay + \frac{bx^2}{y}$$

donne ces deux dérivées

$$\left(\frac{z'}{x'}\right) = \frac{2bx}{y}, \quad \left(\frac{z'}{y'}\right) = a - \frac{bx^2}{y^2};$$

d'où l'on tire, par l'élimination de a et b, la même équation

$$z = x\left(\frac{z'}{x'}\right) + y\left(\frac{z'}{y'}\right).$$

On pourra trouver autant d'autres équations primitives qu'on voudra qui redonneront la même équation du premier ordre; mais dès qu'on en a une avec deux constantes arbitraires, on peut en déduire la formule générale de toutes les autres par des principes analogues à ceux qui nous ont conduits aux équations primitives singulières, et que nous avons exposés dans la leçon quinzième.

En effet, si l'on considère une équation primitive à trois variables, telle que

$$F(x, y, z, a, b) = 0,$$

dans laquelle il y a deux constantes a et b, qu'on se propose de faire disparaître au moyen de ses deux dérivées, il est visible que le résultat de l'élimination de ces constantes sera toujours le même, soit que les constantes a et b soient constantes ou non, pourvu que les deux dérivées soient les mêmes; ce qui aura nécessairement lieu lorsqu'en regardant les quantités a et b comme variables, les termes provenant de leur variation, dans les deux équations dérivées, seront nuls.

Or, tant que a et b sont constans, l'équation

$$F(x, y, z, a, b) = 0$$

donne, comme on l'a vu plus haut, ces deux dérivées, l'une par rapport à x et l'autre par rapport à y,

$$F'(x) + \left(\frac{z'}{x'}\right) F'(z) = 0,$$

$$F'(y) + \left(\frac{z'}{y'}\right) F'(z) = 0.$$

Mais en regardant a et b comme fonctions de x et y, ces dérivées deviendront

$$F'(x) + \left(\frac{z'}{x'}\right) F'(z) + \left(\frac{a'}{x'}\right) F'(a) + \left(\frac{b'}{x'}\right) F'(b) = 0,$$

$$F'(y) + \left(\frac{z'}{y'}\right) F'(z) + \left(\frac{a'}{y'}\right) F'(a) + \left(\frac{b'}{y'}\right) F'(b) = 0.$$

Et il est clair qu'elles se réduiront aux précédentes, en déterminant a et b de manière que l'on ait les deux équations

$$\left(\frac{a'}{x'}\right) F'(a) + \left(\frac{b'}{x'}\right) F'(b) = 0,$$

$$\left(\frac{a'}{y'}\right) F'(a) + \left(\frac{b'}{y'}\right) F'(b) = 0.$$

Il est d'abord visible qu'on peut satisfaire à ces deux conditions, en faisant

$$F'(a) = 0, \quad \text{et} \quad F'(b) = 0;$$

ce qui donne deux équations, par lesquelles on pourra déterminer a et b en fonctions de x, y, z.

Cette solution répond évidemment à celle qui donne les équations

équations primitives singulières des équations à deux variables, comme nous l'avons vu dans la leçon quinzième.

Ainsi on pourra appeler aussi *équation primitive singulière*, l'équation

$$F(x, y, z, a, b) = 0,$$

dans laquelle on aura substitué pour a et b, les valeurs tirées des deux équations

$$F'(a) = 0, \quad F'(b) = 0.$$

Mais il y a une manière plus générale de satisfaire aux mêmes conditions.

Supposons que b soit une fonction quelconque de a, que nous désignerons par φa, alors b' deviendra $\varphi'(a) \times a'$, parconséquent $\left(\frac{b'}{x'}\right)$ deviendra $\varphi'(a) \times \left(\frac{a'}{x'}\right)$, et $\left(\frac{b'}{y'}\right)$ deviendra $\varphi'(a) \times \left(\frac{a'}{y'}\right)$.

Faisant ces substitutions dans les deux équations de condition, elles deviendront

$$[F'(a) + F'(b) \times \varphi' a] \left(\frac{a'}{x'}\right) = 0,$$

$$[F'(a) + F'(b) \times \varphi' a] \left(\frac{a'}{y'}\right) = 0,$$

et on y satisfera par cette équation unique

$$F'(a) + F'(b) \times \varphi' a = 0;$$

laquelle servira à déterminer la valeur de a, et la fonction φa demeurera arbitraire.

En effet, si dans l'équation primitive

$$F(x, y, z, a, b) = 0,$$

on fait

$$b=\varphi a,$$

elle deviendra

$$F(x,y,z,a,\varphi a)=0;$$

et si on désigne par $F'(a,\varphi a)$, la fonction dérivée de $F(x,y,z,a,\varphi a)$, prise relativement à a seul, il est facile de voir qu'en faisant

$$F'(a,\varphi a)=0,$$

les équations dérivées de la proposée, prises relativement à x et à y, seront les mêmes, a étant variable, que si elle ne variait pas; que, parconséquent, l'équation du premier ordre, déduite de celle-ci par l'élimination de a et φa, sera encore la même.

Il est visible que l'équation

$$F'(a,\varphi a)=0,$$

n'est autre chose que l'équation ci-dessus

$$F'(a)+F'(b)\times\varphi' a=0,$$

en faisant

$$b=\varphi a.$$

De cette manière on aura donc aussi une espèce d'équations primitives singulières, mais plus générales que l'équation primitive proposée, à raison de la fonction arbitraire qu'elles contiendront.

Si donc on a une équation du premier ordre à trois variables, telle que

$$F\left(x,y,z,\left(\frac{z'}{x'}\right),\left(\frac{z'}{y'}\right)\right)=0,$$

on peut supposer qu'elle ait pour équation primitive

$$F(x,y,z,a,b)=0,$$

où a et b soient deux constantes arbitraires.

Nous appellerons celle-ci *équation primitive complète*, à raison des deux constantes arbitraires qu'elle contient, et qui ne peuvent disparaître que par le moyen de ses deux dérivées. S'il arrivait que les deux constantes s'en allassent à-la-fois au moyen d'une seule de ces dérivées, elles ne pourraient alors tenir lieu que d'une seule constante, et l'équation primitive ne serait pas complète.

Dès qu'on aura trouvé une équation primitive complète, on en pourra déduire une autre plus générale, et qui contiendra une fonction arbitraire.

Car il n'y aura qu'à faire

$$b = \varphi a,$$

et déterminer ensuite a par la condition

$$F'(a, \varphi a) = 0.$$

Nous nommerons celle-ci *équation primitive générale*, pour la distinguer de la précédente.

Enfin, la même équation primitive complète donnera encore *l'équation primitive singulière*, en déterminant a et b en fonction de x, y, z par les deux conditions

$$F'(a) = 0, \quad F'(b) = 0.$$

Par exemple, nous avons vu plus haut que l'équation du premier ordre

$$z = x\left(\frac{z'}{x'}\right) + y\left(\frac{z'}{y'}\right)$$

a pour équation primitive complète

$$z = ax + by.$$

Pour en déduire l'équation primitive générale, on fera

$$b = \varphi a,$$

et on prendra les fonctions dérivées par rapport à a seul, on aura les deux équations

$$z = ax + y\varphi a,\ x + y\varphi' a = 0;$$

d'où il faudra éliminer a : comme la fonction φa est arbitraire, on peut, en lui donnant différentes formes, en déduire une infinité d'équations primitives complètes, différentes, avec deux constantes arbitraires.

Soit, par exemple,

$$\varphi a = A - \frac{a^2}{4B},$$

les deux équations deviendront

$$z = ax + y\left(A - \frac{a^2}{4B}\right),\ x - \frac{ya}{2B} = 0;$$

la seconde donne

$$a = \frac{2Bx}{y};$$

et cette valeur, substituée dans la première, la réduit à

$$z = Ay + \frac{Bx^2}{y},$$

qui est l'autre forme d'équation primitive que nous avions trouvée.

On pourra, de la même manière, en trouver tant d'autres qu'on voudra ; mais il est remarquable que la première équation primitive complète, d'où l'équation primitive générale a été déduite, n'y est jamais comprise.

Ainsi, il est impossible de déterminer la fonction φa de manière que les deux équations

$$z = ax + y\varphi a,\ x + y\varphi' a = 0,$$

donnent celle-ci,

$$z = Ax + By,$$

A et B étant des constantes arbitraires;

Car supposons la chose possible; en substituant dans la première la valeur de z, on aura à satisfaire à ces deux équations

$$Ax + By = ax + y\varphi a,\quad x + y\varphi' a = 0.$$

La seconde donne

$$x = -y\varphi' a;$$

cette valeur substituée dans la première, la rend divisible par y, et il en résulte

$$B - A\varphi' a = \varphi a - a\varphi' a;$$

d'où l'on tire

$$\varphi' a = \frac{\varphi a - B}{a - A};$$

divisant par $\varphi a - B$, on a l'équation

$$\frac{\varphi' a}{\varphi a - B} = \frac{1}{a - A},$$

dont chaque membre est une fonction dérivée exacte.

La fonction primitive du premier membre est $l(\varphi a - B)$, et celle du second membre, est $l(a - A)$, la caractéristique l dénotant le logarithme hyperbolique (leçon quatrième); donc, prenant les fonctions primitives et ajoutant la constante arbitraire lk, on aura

$$l(\varphi a - B) = l(a - A) + lk;$$

d'où l'on tire

$$\varphi a - B = k(a - A),$$

et parconséquent

$$\varphi a = B + k(a - A)$$

Telle devrait donc être la forme de la fonction φa; d'où l'on déduit

$$\varphi' a = k.$$

Ces valeurs étant maintenant substituées dans les deux équations ci-dessus, elles deviendront

$$(a - A)(x + ky) = 0, \; x + ky = 0,$$

auxquelles on ne peut satisfaire qu'en faisant

$$x + ky = 0;$$

ce qui ne donne rien.

Jusqu'à présent on avait cru que toute équation primitive qui satisfait à une équation du premier ordre à trois variables, avec une fonction arbitraire, est aussi générale que celle-ci peut le comporter. L'exemple précédent met cette proposition en défaut, et nous prouverons plus bas la même chose, d'une manière générale et directe.

Il est vrai que, dans le cas que nous venons d'examiner, on peut donner à l'équation primitive une forme plus simple et plus générale.

Car, en considérant les deux équations

$$z = ax + y\varphi a, \; x + y\varphi' a = 0,$$

on voit que la seconde donne

$$\varphi' a = -\frac{x}{y};$$

d'où il résulte que a est une fonction de $\frac{x}{y}$.

Faisons donc

$$a = \psi\left(\frac{x}{y}\right),$$

nous aurons

$$\varphi a = \Phi\left(\frac{x}{y}\right);$$

mais il faudra qu'il y ait entre les fonctions $\psi\left(\frac{x}{y}\right)$ et $\Phi\left(\frac{x}{y}\right)$ une relation dépendante de l'équation

$$\varphi' a = -\frac{x}{y}.$$

En effet, si en regardant a comme une variable, on prend les fonctions dérivées relativement à la quantité $\frac{x}{y}$, les équations

$$a = \psi\left(\frac{x}{y}\right) \text{ et } \varphi a = \Phi\left(\frac{x}{y}\right)$$

donneront

$$a' = \psi'\left(\frac{x}{y}\right), \quad a'\varphi' a = \Phi'\left(\frac{x}{y}\right);$$

donc, substituant dans la seconde, pour a' et pour $\varphi' a$, leurs valeurs, on aura l'équation de condition

$$\frac{x}{y}\psi'\left(\frac{x}{y}\right) + \Phi'\left(\frac{x}{y}\right) = 0.$$

Maintenant la première équation devient, par la substitution des valeurs de a et de φa,

$$z = x\psi\left(\frac{x}{y}\right) + y\Phi\left(\frac{x}{y}\right);$$

et si l'on met cette équation sous la forme

$$z = x\left[\psi\left(\frac{x}{y}\right) + \frac{y}{x}\Phi\left(\frac{x}{y}\right)\right],$$

il est visible qu'elle se réduit à celle-ci;

$$z = x\Psi\left(\frac{y}{x}\right).$$

La fonction $\Psi\left(\frac{y}{x}\right)$ demeure absolument arbitraire, puisque les deux fonctions $\psi\left(\frac{x}{y}\right)$ et $\frac{y}{x}\,\Phi\left(\frac{x}{y}\right)$ ne forment qu'une fonction de $\frac{y}{x}$; ensorte que la relation trouvée entre ces fonctions, devient ici inutile.

Et il est bon de remarquer que cette dernière solution est précisément celle que l'on trouve directement par la méthode générale exposée plus haut pour les équations du premier ordre de la forme

$$\left(\frac{z'}{x'}\right) + M\left(\frac{z'}{y'}\right) = N;$$

Car l'équation proposée

$$z = x\left(\frac{z'}{x'}\right) + y\left(\frac{z'}{y'}\right),$$

étant divisée par x et comparée à la formule précédente, donne

$$M = \frac{y}{x},\ N = \frac{z}{x};$$

de sorte que les deux équations particulières

$$y' - Mx' = 0, \quad \text{et} \quad z' - Nx' = 0,$$

deviennent

$$y' - \frac{yx'}{x} = 0, \quad z' - \frac{zx'}{x} = 0.$$

Chacune de ces deux équations étant divisée par x, devient une dérivée exacte, et on a les deux primitives

$$\frac{y}{x}=a,\ \frac{z}{x}=b.$$

On a ainsi

$$P=\frac{y}{x},\quad \text{et}\quad Q=\frac{z}{x};$$

d'où résulte l'équation primitive

$$\frac{z}{x}=\varphi\left(\frac{y}{x}\right),$$

qui s'accorde avec celle que nous venons de trouver.

On voit aussi que cette forme renferme l'équation complète

$$z=ax+by;$$

car il n'y a qu'à supposer

$$\varphi\left(\frac{y}{x}\right)=a+b\,\frac{y}{x}.$$

Si l'on avait l'équation du premier ordre

$$z=x\left(\frac{z'}{x'}\right)+y\left(\frac{z'}{y'}\right)+f\left[\left(\frac{z'}{x'}\right),\left(\frac{z'}{y'}\right)\right],$$

la caractéristique f dénotant une fonction quelconque donnée des deux fonctions dérivées $\left(\frac{z'}{x'}\right)$, $\left(\frac{z'}{y'}\right)$, on trouverait aisément pour son équation primitive complète, l'équation

$$z=ax+by+f(a,b),$$

a et b étant deux constantes arbitraires.

En effet, en prenant les deux dérivées de cette équation par rapport à x et à y, on a

$$\left(\frac{z'}{x'}\right)=a,\ \left(\frac{z'}{y'}\right)=b;$$

et substituant ces valeurs de a et b, il vient l'équation proposée.

Maintenant, pour trouver l'équation primitive générale, il n'y aura qu'à faire

$$b=\varphi a,$$

et déterminer ensuite a par la dérivée, prise relativement à a seul.

Ainsi on aura le système des deux équations

$$z=ax+y\varphi a+f(a,\varphi a),\ x+y\varphi' a+f'(a,\varphi a)=0.$$

Enfin, pour avoir l'équation primitive singulière, on éliminera a et b au moyen des deux dérivées, l'une par rapport à a, et l'autre par rapport à b. Ces dérivées sont

$$x+f'(a)=0,\ y+f'(b)=0.$$

Comme l'élimination de a et b est impossible tant qu'on ne particularise pas la fonction $f(a, b)$; si à la place des variables x et y, on introduit les deux variables a et b, on aura

$$x=-f'(a),\ y=-f'(b);$$

et de là

$$z=f(a,b)-af'(a)-bf'(b)$$

pour l'équation primitive singulière.

Si on considère ces trois espèces d'équations primitives, il est facile de voir qu'elles sont essentiellement distinctes l'une de l'autre, et que chacune d'elles ne peut être renfermée dans aucune des deux autres, ni les renfermer; car, dans la première, les quantités a et b sont constantes, au lieu qu'elles deviennent, dans la seconde et dans la troisième, des fonctions différentes des variables x, y, z.

Mais on peut s'en convaincre d'une manière plus sensible, par la considération des surfaces représentées par ces différentes équations primitives. Pour cela, je considère d'abord l'équation générale du plan

$$z = ax + by + c,$$

dont la position par rapport aux trois plans rectangulaires des x, y, des x, z, et des y, z, est déterminée par les constantes a, b, c.

Car il est facile de prouver que a est la tangente de l'angle que l'intersection de ce plan avec le plan des x et z fait avec l'axe des x; que b est la tangente de l'angle que l'intersection du même plan avec l'autre plan des y et z fait avec l'axe de y; enfin que ce plan passe par le point de l'axe des z, qui est éloigné de l'origine commune des trois axes de la quantité c. Ainsi on peut regarder a, b, c comme les élémens du plan, puisque sa position par rapport aux axes des x, y, z, en dépend entièrement.

Si on combine l'équation du plan avec ses deux dérivées prises séparément par rapport à x et y, on peut déterminer les valeurs des trois élémens a, b, c en fonctions de x, y, z, et l'on trouve

$$a = \left(\frac{z'}{x'}\right), b = \left(\frac{z'}{y'}\right), c = z - x\left(\frac{z'}{x'}\right) - y\left(\frac{z'}{y'}\right).$$

Or nous avons démontré rigoureusement, dans la *Théorie des Fonctions analytiques*, que, par rapport à une surface quelconque dont on a l'équation en x, y, z, les expressions précédentes des quantités a, b, c donnent également les élémens du plan tangent de la surface dans le point qui répond aux coordonnées x, y, z; d'où il suit que deux surfaces, qui, pour les mêmes coordonnées, auront aussi les mêmes valeurs des fonctions dérivées $\left(\frac{z'}{x'}\right)$ et $\left(\frac{z'}{y'}\right)$, se toucheront nécessairement dans le point qui répond à ces coordonnées, puisqu'elles auront l'une et l'autre le même plan tangent.

Cela posé, l'équation primitive complète

$$F(x, y, z, a, b) = 0,$$

dans laquelle a et b sont des constantes arbitraires, représente une surface dont la nature et la position dépendent de ces constantes; ensorte qu'en faisant varier ces constantes, la surface variera aussi successivement.

Or, si on fait

$$b = \varphi a$$

et qu'on détermine a en fonction de x, y, z, de manière que les deux équations dérivées restent les mêmes que si a ne variait pas, ce qui donne l'équation primitive générale, il est visible que cette équation représentera une surface tout-à-fait différente, mais qui aura, dans chaque point, le même plan tangent que si la quantité a demeurait constante, puisque les expressions des quantités $\left(\frac{z'}{x'}\right)$ et $\left(\frac{z'}{y'}\right)$ restent les mêmes. Donc cette surface sera touchée dans chaque point par la surface de l'équation primitive complète qui répond à

$$b = \varphi a,$$

et où a aura une valeur constante déterminée par l'équation

$$F'(a, \varphi a) = 0,$$

qui est la condition de l'équation primitive générale : les valeurs de x, y, z, dont a devient fonction, répondant au point de contact des deux surfaces, et étant censées constantes par rapport aux surfaces touchantes.

Mais en regardant a comme constante, l'équation

$$F'(a, \varphi a) = 0$$

représente aussi une surface; et son intersection avec la surface, représentée par

$$F(x, y, z, a, \varphi a), = 0$$

sera une ligne tracée sur cette même surface, dont chaque point sera, par conséquent, un point de contact des deux surfaces dont il s'agit.

D'où l'on peut conclure que la surface représentée par l'équation primitive générale, sera touchée, dans toute l'étendue d'une ligne, par une des surfaces représentées par l'équation primitive complète, dans laquelle on supposera l'une des constantes

$$b = \varphi a.$$

De manière que l'équation primitive complète

$$F(x, y, z, a, \varphi a) = 0,$$

où a est constante, donnera, en faisant varier successivement la valeur de a, une infinité de surfaces successives dont chacune aura une ligne d'attouchement avec la surface représentée par l'équation primitive générale; et il est aisé de concevoir que ces lignes ne pourront être que les intersections mutuelles des mêmes surfaces; que, par conséquent, la surface représentée par l'équation primitive générale, ne sera formée elle-même que par toutes ses intersections successives.

Maintenant il est évident que la nature de cette surface est subordonnée à la fonction φa, et qu'elle n'a de contact qu'avec celles des surfaces de l'équation primitive complète

$$F(x, y, z, a, b) = 0,$$

pour lesquelles

$$b = \varphi a.$$

Mais si, en regardant a et b comme variables, on les détermine par les deux équations

$$F'(a) = 0, \; F'(b) = 0,$$

ce qui donne alors l'équation primitive singulière, la surface représentée par cette dernière équation sera aussi touchée par la surface de l'équation primitive complète, dans laquelle a et b auront des valeurs constantes, puisque les valeurs des expressions $\left(\frac{z'}{x'}\right)$ et $\left(\frac{z'}{y'}\right)$ sont encore les mêmes, soit que a et b soient constantes ou variables; et les points d'attouchement pour des valeurs données de a et b, seront déterminés par les deux équations

$$F'(a) = 0, \quad F'(b) = 0,$$

combinées avec l'équation primitive

$$F(x, y, z, a, b) = 0;$$

de sorte que, pour chaque valeur de a et b, il n'y aura qu'un point de contact déterminé; d'où il est aisé de conclure que la surface représentée par l'équation primitive singulière, ne sera touchée dans chacun de ses points que par une des surfaces de l'équation primitive complète

$$F(x, y, z, a, b) = 0;$$

mais qu'elle sera touchée par toutes celles qui peuvent être représentées par cette équation, en donnant à a et b des valeurs constantes quelconques; de sorte qu'on pourra regarder cette même surface comme formée par l'intersection mutuelle et continuelle de toutes les surfaces dont nous parlons, en faisant varier successivement les valeurs des constantes a et b.

Cette théorie n'est, comme l'on voit, qu'une généralisation de celle que nous avons donnée dans la leçon dix-huitième, sur les courbes représentées par les équations primitives ordinaires ou singulières des équations du premier ordre à deux variables.

L'équation primitive complète

$$z = ax + by + f(a, b)$$

que nous avons traitée plus haut, représente, comme l'on voit, un plan dont la position dépend des deux constantes a et b.

Si on fait

$$b = \varphi a,$$

et qu'on détermine a par l'équation

$$x + y\varphi' a + f'(a, \varphi a) = 0$$

pour avoir l'équation primitive générale, la surface représentée par cette équation sera touchée et formée par l'intersection mutuelle et successive de tous les plans représentés par l'équation

$$z = ax + y\varphi a + f(a, \varphi a),$$

en donnant successivement à a toutes les valeurs possibles; et cette surface sera développable dans le sens le plus étendu.

Mais si l'on détermine a et b par les deux équations

$$x + f'(a) = 0, \quad y + f'(b) = 0,$$

ce qui donne l'équation primitive singulière, la surface représentée par cette dernière équation sera formée et touchée par tous les plans qui peuvent être représentés par l'équation

$$z = ax + by + f(a, b),$$

en donnant successivement à a et b toutes les valeurs successives possibles.

Et toutes ces différentes surfaces seront représentées à-la-fois par l'équation du premier ordre

$$z = x\left(\frac{z'}{x'}\right) + y\left(\frac{z'}{y'}\right) + f\left[\left(\frac{z'}{x'}\right), \left(\frac{z'}{y'}\right)\right].$$

On peut voir, dans les écrits de *Monge*, la théorie de la génération des surfaces et des équations qui peuvent les représenter, développée dans toute son étendue, et avec des considérations particulières et ingénieuses qui lui appartiennent.

Lorsque l'équation du premier ordre renfermera plus de trois variables, on pourra aussi la supposer déduite d'une équation entre ces mêmes variables, et autant de constantes arbitraires qu'il y aura de variables moins une; car alors cette équation fournira autant d'équations dérivées qu'il y aura de constantes, par lesquelles on pourra, en éliminant ces constantes, parvenir à l'équation du premier ordre.

L'équation avec les constantes arbitraires sera donc l'équation primitive complète de l'équation du premier ordre; et on en pourra déduire des équations primitives plus ou moins générales par la variation de ces constantes, en supposant l'une, ou quelques-unes d'entre elles, fonctions de toutes les autres, et les déterminant par les équations dérivées prises par rapport à chacune de celle-ci.

Enfin si, sans établir aucun rapport entre ces constantes, on les détermine toutes par les équations dérivées prises par rapport à chacune d'elles en particulier, on aura l'équation primitive singulière; car, par ces déterminations, les équations dérivées resteront les mêmes, et le résultat de l'élimination sera, parconséquent, le même que si les variables étaient demeurées constantes.

Ainsi l'équation entre quatre variables t, x, y, z, et trois constantes a, b, c,

$$F(t, x, y, z, a, b, c) = 0$$

sera la primitive complète de l'équation du premier ordre entre t, x, y, z, et les trois fonctions dérivées $\left(\frac{z'}{t'}\right)$, $\left(\frac{z'}{x'}\right)$, $\left(\frac{z'}{y'}\right)$, déduites des trois dérivées prises par rapport à t, x, y,

$$F'(t) + \left(\frac{z'}{t'}\right) F'(z) = 0, \quad F'(x) + \left(\frac{z'}{x'}\right) F'(z) = 0,$$

$$F'(y) + \left(\frac{z'}{y'}\right) F'(z) = 0,$$

en éliminant, par leur moyen, les trois constantes a, b, c.

De

De là, en regardant a, b, c comme variables, et faisant

$$c = \varphi(a, b),$$

on aura l'équation primitive générale par les deux équations dérivées relatives à a et b,

$$F'(a) + \varphi'(a) \times F'(c) = 0, \quad F'(b) + \varphi'(b) \times F'(c) = 0;$$

et si on fait à-la-fois

$$c = \varphi a, \; b = \psi a,$$

on aura une autre équation primitive moins générale, en déterminant a par l'équation relative à a

$$F'(a) + \psi' a \times F'(b) + \varphi' a \times F'(c) = 0.$$

Enfin on aura l'équation primitive singulière par les trois équations dérivées relatives à a, b, c,

$$F'(a) = 0, \quad F'(b) = 0, \quad F'(c) = 0.$$

On voit par là qu'en général toute équation du premier ordre entre trois variables, dont une est censée fonction des deux autres, peut avoir pour équation primitive une équation entre ces mêmes variables, contenant une fonction arbitraire; que toute équation du premier ordre entre quatre variables, dont une sera censée fonction des trois autres, pourra avoir pour équation primitive une équation entre ces quatre variable, contenant une fonction arbitraire de deux quantités formées de ces variables, et ainsi de suite : l'introduction de ces fonctions arbitraires dans les équations primitives, et leur évanouissement dans les équations dérivées, est le vrai caractère qui distingue les équations dérivées à plusieurs variables, de celles qui n'ont que deux variables, et où l'équation primitive n'admet que des constantes arbitraires.

Nous avons donné plus haut une méthode directe pour trouver l'équation primitive de toute équation du premier ordre à un nombre quelconque de variables, lorsque les fonctions dérivées n'y passent pas le premier degré. On peut, par une considération fort simple, que j'ai proposée il y a long-temps (*Mémoires de Berlin de* 1772), rendre toute équation du premier ordre à trois variables, susceptible de cette méthode. Mais il se présente alors, dans l'application de la même méthode, des difficultés qui ont échappé à ceux qui ont déjà fait cette application, et que je n'ai pas cherché à résoudre dans la *Théorie des Fonctions*, en traitant le même sujet (*art* 104), parceque je n'avais encore rien trouvé de satisfaisant. C'est ce qui m'engage à revenir sur cet objet pour n'y plus rien laisser à desirer.

Faisons, pour plus de simplicité,

$$\left(\frac{z'}{x'}\right)=p, \quad \left(\frac{z'}{y'}\right)=q;$$

toute équation du premier ordre à trois variables sera représentée par

$$F(x,y,z,p,q)=0,$$

et l'on aura la formule

$$z'=px'+qy',$$

à laquelle il faudra satisfaire par le moyen de l'une des indéterminées p et q, l'autre étant donnée par l'équation du premier ordre.

Comme les quantités p et q ne peuvent être que des fonctions de x, y, z, si on suppose

$$p=\psi(x,y,z), \quad q=\varphi(x,y,z),$$

on aura l'équation

$$z'=x'\psi(x,y,z)+y'\varphi(x,y,z)$$

qui ne peut avoir une équation primitive qu'autant que les fonctions désignées par ψ et φ satisferont à la condition

$$\psi'(y)+\psi'(z)\times\varphi(x,y,z)=\varphi'(x)+\varphi'(z)\times\psi(x,y,z),$$

comme nous l'avons vu dans la leçon précédente.

Or, puisque

$$\psi(x,y,z)=p, \quad \text{et} \quad \varphi(x,y,z)=q,$$

ou aura

$$\psi'(y)=\left(\frac{p'}{y'}\right), \qquad \psi'(z)=\left(\frac{p'}{z'}\right),$$

$$\varphi'(x)=\left(\frac{q'}{x'}\right), \qquad \varphi'(z)=\left(\frac{q'}{z'}\right);$$

donc, faisant ces substitutions, on aura pour l'équation de condition, celle-ci du premier ordre,

$$\left(\frac{p'}{y'}\right)+\left(\frac{p'}{z'}\right)q=\left(\frac{q'}{x'}\right)+\left(\frac{p'}{z'}\right)p,$$

ou bien

$$\left(\frac{q'}{x'}\right)-\left(\frac{p'}{y'}\right)+\left(\frac{q'}{z'}\right)p-\left(\frac{p'}{z'}\right)q=0.$$

L'équation donnée

$$F(x,y,z,p,q)=0,$$

fournit ces trois dérivées relatives à x, y, z,

$$F'(x)+F'(p)\times\left(\frac{p'}{x'}\right)+F'(q)\times\left(\frac{q'}{x'}\right)=0,$$

$$F'(y)+F'(p)\times\left(\frac{p'}{y'}\right)+F'(q)\times\left(\frac{q'}{y'}\right)=0,$$

$$F'(z)+F'(p)\times\left(\frac{p'}{z'}\right)+F'(q)\times\left(\frac{q'}{z'}\right)=0;$$

par le moyen desquelles on pourra éliminer les fonctions dérivées de p ou de q.

Eliminons celles de q, on aura, par la première et la troisième,

$$\left(\frac{q'}{x'}\right) = -\frac{F'(x)}{F'(q)} - \frac{F'(p)}{F'(q)} \times \left(\frac{p'}{x'}\right)$$

$$\left(\frac{q'}{z'}\right) = -\frac{F'(z)}{F'(q)} - \frac{F'(p)}{F'(q)} \times \left(\frac{p'}{z'}\right);$$

et substituant ces valeurs dans l'équation ci-dessus du premier ordre, elle deviendra

$$F'(x) + pF'(z) + F'(p) \times \left(\frac{p'}{x'}\right) + F'(q) \times \left(\frac{p'}{y'}\right)$$

$$+ [pF'(p) + qF'(q)] \left(\frac{p'}{z'}\right) = 0;$$

où l'on voit que les fonctions dérivées de l'inconnue p, ne sont qu'à la première dimension, la quantité q étant d'ailleurs une fonction de p, x, y, z, donnée par l'équation

$$F(x, y, z, p, q) = 0.$$

Lorsqu'on aura déterminé, par ces équations, les fonctions p et q, l'équation

$$z' = px' + qy'$$

aura nécessairement une équation primitive qui sera en même temps l'équation primitive de la proposée du premier ordre

$$F\left[x, y, z, \left(\frac{z'}{x'}\right), \left(\frac{z'}{y'}\right)\right] = 0.$$

Comparons maintenant l'équation ci-dessus, qui contient les fonctions dérivées de p, relativement aux trois variables x, y, z, avec la formule

$$\left(\frac{z'}{t'}\right) + L\left(\frac{z'}{x'}\right) + M\left(\frac{z'}{y'}\right) = N;$$

que nous avons déjà traitée dans cette leçon, et dont nous avons vu que l'équation primitive dépend des trois équations particulières

$$x' - t'L = 0, \quad y' - t'M = 0, \quad z' - t'N = 0,$$

nous aurons, en prenant respectivement les variables x, y, z, p à la place des variables t, x, y, z, les valeurs

$$L = \frac{F'(q)}{F'(p)}, M = \frac{pF'(p) + qF'(q)}{F'(p)}, N = -\frac{F'(x) + pF'(z)}{F'(p)};$$

de sorte que les trois équations particulières deviendront

$$y' F'(p) - x'F'(q) = 0,$$

$$z'F'(p) - x'[pF'(p) + qF'(q)] = 0,$$

$$p'F'(p) + x'[F'(x) + pF'(z)] = 0.$$

Comme ces trois équations ne renferment que quatre variables x, y, z, p, on pourra les réduire à une seule entre deux variables; ainsi la difficulté est rabaissée aux équations de ce genre.

Supposons donc qu'on ait trouvé leurs équations primitives qui renfermeront nécessairement trois constantes arbitraires a, b, c; on pourra en tirer les valeurs de ces trois constantes en x, y, z et p; et si on dénote ces valeurs par P, Q, R, on aura sur-le-champ, comme nous l'avons démontré, l'équation

$$R = \varphi(P, Q)$$

pour l'équation primitive de l'équation du premier ordre en x, y, z et p, la fonction $\varphi(P, Q)$ étant une fonction arbitraire quelconque de P et de Q.

Cette équation, combinée avec l'équation donnée

$$F(x, y, z, p, q) = 0,$$

donnera les valeurs de p et q en x, y, z, qui, étant substituées dans l'équation

$$z' = px' + qy',$$

la rendront susceptible d'une équation en x, y, z, qui sera l'équation cherchée.

Comme jusqu'ici rien ne limite la fonction $\varphi(P, Q)$, il s'ensuivrait que l'équation primitive d'une équation du premier ordre à trois variables pourrait renfermer une fonction arbitraire de deux quantités, tandis que, dans les cas que nous avons examinés, nous n'avons jamais trouvé que des fonctions arbitraires d'une seule quantité; il est d'ailleurs facile de se convaincre qu'il est impossible de faire disparaître d'une équation à trois variables, une fonction arbitraire de deux quantités, par le moyen de ses deux équations dérivées.

Cette difficulté, je l'avoue, m'a long-temps tourmenté; enfin je suis parvenu à la résoudre par les considérations suivantes.

Je remarque d'abord que, comme les trois équations

$$P = a, \quad Q = b, \quad R = c$$

satisfont par l'hypothèse, aux trois équations du premier ordre

$$y'F'(p) - x'F'(q) = 0,$$
$$z'F'(p) - x'[pF'(p) + qF'(q)] = 0,$$
$$p'F'(p) + x'[F'(x) + pF'(z)] = 0,$$

avec les constantes arbitraires a, b, c, si on tire de ces mêmes équations

$$P = a, \; Q = b, \; R = c,$$

les valeurs de x, y, z en fonction de p, et qu'on les substitue dans les équations précédentes, elles deviendront nécessairement identiques; de sorte que, par ces substitutions, les premiers membres des équations dont il s'agit, deviendront identiquement nuls, quelles que soient les valeurs de p, a, b, c. En général, comme les variables x, y, z, p sont regardées comme indépendantes, il sera indifférent de substituer les valeurs de trois de ces variables exprimées en fonctions de a, b, c et de la quatrième variable.

Or le premier membre de la première étant multiplié par q, et retranché du premier membre de la seconde des mêmes équations, donne

$$F'(p) \times (z' - px' - qy').$$

Donc, si dans la formule $z' - px' - qy'$, on fait les mêmes substitutions des valeurs de x, y, z en p, le résultat sera encore identiquement nul.

A la place des variables x, y, z on peut, sans nuire à la généralité, introduire les quantités a, b, c, regardées comme variables, en conservant les mêmes expressions de x, y, z en a, b, c. Alors, dans la formule $z' - px' - qy'$, les termes provenant de la variabilité de p, se détruiront mutuellement, puisque ces mêmes expressions rendent cette formule nulle dans le cas où a, b, c sont constantes : elle deviendra donc de la forme $Aa' + Bb' + Cc'$, dans laquelle A, B, C seront des fonctions de p, a, b, c.

Donc l'équation

$$z' - px' - qy' = 0$$

deviendra

$$Aa' + Bb' + Cc' = 0;$$

et la condition qui doit la rendre susceptible d'une équation primitive, sera, par ce que nous avons trouvé,

$$c = \varphi(a, b),$$

puisque la substitution des valeurs de x, y, z en p, a, b, c, donne

$$P = a,\ Q = b,\ R = c,$$

d'où ces valeurs sont supposées tirées.

Or, en prenant les fonctions dérivées, on a

$$c' = a'\varphi'(a) + b'\varphi'(b)$$

4

Donc, faisant ces substitutions, l'équation

$$[A + C\varphi'(a)]a' + [B + C\varphi'(b)]b' = 0,$$

aura nécessairement une équation primitive, ce qui ne peut avoir lieu qu'autant que la variable p disparaîtra d'elle-meme de l'equation, puisque sa fonction derivée p' a déjà disparu.

Alors l'équation sera entre les deux seules variables a et b, et aura toujours une équation primitive, par laquelle b deviendra fonction de a seul ; et cette fonction sera arbitraire, à cause de la fonction arbitraire $\varphi(a, b)$.

Ainsi les deux quantités b et c seront nécessairement, l'une et l'autre, fonction de a seul, mais il faudra qu'elles satisfassent à l'équation

$$Aa' + Bb' + Cc' = 0.$$

Soit donc

$$b = \psi a, \quad c = \varphi a,$$

en les substituant dans cette équation, on aura

$$A + B\psi'a + C\varphi'a = 0;$$

ce qui donne une relation entre les deux fonctions φa et ψa, et il en restera une d'arbitraire.

Maintenant, si on remet pour a, b, c leurs valeurs P, Q, R, on aura, pour l'équation primitive cherchée, le système des deux équations

$$Q = \psi P, \quad R = \varphi P;$$

d'où, en éliminant p, on aura une équation en x, y, z, avec une fonction arbitraire.

Telle est la solution directe et complète du problême ; mais nous verrons qu'on peut la simplifier dans plusieurs cas.

Prenons pour exemple l'équation du premier ordre

$$z = \left(\frac{z'}{x'}\right) \times \left(\frac{z'}{y'}\right).$$

On aura ici

$$F(x, y, z, p, q) = z - pq = 0;$$

donc

$$F'(x) = 0, F'(y) = 0, F'(z) = 1, F'(p) = -q, F'(q) = -p.$$

Et les trois équations du premier ordre en x, y, z, p deviendront

$$-qy' + px' = 0, -qz' + 2pqx' = 0, -qp' + px' = 0.$$

Or l'équation

$$z = pq,$$

donne

$$q = \frac{z}{p};$$

donc les trois équations dont il s'agit deviendront

$$zy' - p^2x' = 0, \quad z' - 2px' = 0, \quad zp' - p^2x' = 0,$$

et l'on pourrait faire l'une des fonctions dérivées x', y', z', p', égale à l'unité.

La première et la dernière donnent

$$y' = p';$$

d'où l'on tire l'équation primitive

$$y = p + a,$$

a étant une constante arbitraire.

Ensuite la seconde et la troisième donnent

$$pz' = 2zp';$$

savoir,

$$\frac{z'}{z} = \frac{2p'}{p};$$

les fonctions primitives logarithmiques sont

$$l.z = l.p^2 + l.b;$$

d'où l'on tire

$$z = bp^2,$$

b étant une constante arbitraire.

Enfin, si dans la première on substitue p' pour y', et bp^2 pour z, on a, en divisant par p^2,

$$bp' - x' = 0;$$

d'où l'on déduit, en prenant les fonctions primitives,

$$x = bp + c,$$

c étant la troisième constante arbitraire.

Ainsi on aura, en dégageant les valeurs de ces constantes,

$$a = y - p = P,\ b = \frac{z}{p^2} = Q,\ c = x - \frac{z}{p} = R.$$

Maintenant, si dans l'équation

$$z' - px' - qy' = 0,$$

on substitue pour q la valeur $\frac{z}{p}$, elle devient

$$z' - px' - \frac{zy'}{p} = 0.$$

Et si, à la place de x, y, z, on y met les expressions trouvées ci-dessus en p, a, b, c, en regardant les quantités a, b, c comme variables, on a la transformée

$$p^2b' + 2bpp' - p^2b' - bpp' - pc' - bpp' - bpa' = 0,$$

qui, en effaçant ce qui se détruit, et divisant ensuite par p, se réduit à

$$c' + ba' = 0.$$

Donc, faisant

$$b = \psi a, \quad c = \varphi a,$$

on aura

$$\varphi' a + \psi a = 0;$$

ce qui donne

$$\psi a = - \varphi' a.$$

Ainsi on aura le système de ces deux équations

$$R = \varphi P, \quad Q = - \varphi' P;$$

savoir,

$$x - \frac{z}{p} = \varphi(y - p), \quad \frac{z}{p^2} = - \varphi'(y - p);$$

d'où il faudra éliminer p; et la fonction $\varphi(y - p)$ demeurera arbitraire.

Nous ferons ici une remarque importante : lorsqu'on a trouvé deux équations primitives renfermant deux constantes arbitraires, comme

$$y = p + a, \text{ et } z = bp^2,$$

on pourrait croire qu'en éliminant p, on aurait une équation primitive avec deux constantes arbitraires, qui serait, parconséquent, l'équation primitive complète de la proposée, et d'où l'on pourrait ensuite tirer l'équation primitive générale avec une fonction arbitraire.

On aurait, de cette manière l'équation

$$z = b\,(y - a)^2;$$

Mais il est facile de se convaincre qu'elle ne satisfait pas à la proposée

$$z = \left(\frac{z'}{x'}\right) \times \left(\frac{z'}{y'}\right);$$

car elle donne

$$\left(\frac{z'}{x'}\right) = 0.$$

Il en serait de même si on employait, pour chasser p, la seconde et la troisième équation, on aurait alors

$$c = x - \sqrt{(bz)},$$

savoir,

$$z = \frac{(x - c)^2}{b};$$

ce qui donnerait

$$\left(\frac{z'}{y'}\right) = 0.$$

Mais si on employait la première et la dernière, on aurait, par l'élimination de p,

$$c = x - \frac{z}{y - a};$$

d'où l'on tire

$$z = (x - c)\,(y - a);$$

cette expression donne

$$\left(\frac{z'}{y'}\right) = y - a, \quad \left(\frac{z'}{x'}\right) = x - c;$$

valeurs qui satisfont à la proposée.

La raison de cette espèce de bizarrerie se trouve dans l'équation donnée plus haut,

$$c' + ba' = 0.$$

Elle fait voir que les deux quantités a et c peuvent être constantes ensemble; que, parconséquent, les deux équations

$$P = a, \text{ et } R = c$$

ont lieu à-la-fois, de sorte qu'en éliminant p on a une équation en x, y, z, et les deux constantes arbitraires a, c, qui sera, parconséquent, l'équation primitive complète de la proposée. Mais l'équation ne serait pas satisfaite par la simple supposition de a et b, ou de b et c, constantes ensemble; d'où il suit que les deux équations

$$P = a \quad \text{et} \quad Q = b, \quad \text{ou} \quad Q = b \quad \text{et} \quad R = c,$$

prises ensemble, ne satisfont pas à la proposée.

Au reste, on peut trouver l'équation primitive complète, au moyen d'une seule de ces équations; car elle donne une valeur de p en x, y, z, et une constante arbitraire; et comme cette valeur satisfait à l'équation du premier ordre en x, y, z et p, elle rendra l'équation

$$z' - px' - qy' = 0$$

susceptible d'une équation primitive : ainsi il n'y aura qu'à chercher cette équation en y ajoutant une constante arbitraire, et l'on aura l'équation primitive complète avec les deux constantes.

Ou bien on tirera de l'équation trouvée la valeur de p en x, y, z; et comme

$$p = \left(\frac{z'}{x'}\right),$$

on cherchera l'équation primitive, en ne regardant que z et x

comme variables. Cette équation pourra alors renfermer une fonction arbitraire de y, qu'on déterminera aisément par l'équation proposée ; et comme celle-ci est du premier ordre, la fonction de y renfermera au moins une constante arbitraire ; de sorte qu'on aura de nouveau une équation primitive complète avec les deux constantes.

Prenons dans l'exemple précédent la première équation $P = a$, savoir,

$$y - p = a.$$

Elle donne

$$p = y - a\,;$$

et comme on a

$$q = \frac{z}{p},$$

on aura

$$q = \frac{z}{y - a}.$$

Ces deux valeurs étant substituées dans l'équation

$$z' - px' - qy' = 0,$$

donnent

$$z' - (y - a)\,x' - \frac{zy'}{y - a} = 0,$$

équation qui, étant divisée par $y - a$, a pour primitive

$$\frac{z}{y - a} - x + c = 0\,;$$

où c est la nouvelle constante arbitraire.

Or cette équation est la même que nous avons trouvée ci-dessus par l'élimination de p.

La même équation

$$p = y - a,$$

devient, en substituant pour p sa valeur $\left(\frac{z'}{x'}\right)$,

$$\left(\frac{z'}{x'}\right)=y-a.$$

Comme il n'y a ici que la fonction dérivée de z relativement à x, on peut ôter les parenthèses et mettre l'équation sous la forme

$$z'=(y-a)\,x'$$

dont l'équation primitive, en regardant y comme constante, est

$$z=(y-a)\,(x-Y),$$

Y étant une fonction quelconque de y.

Cette valeur donne, en prenant les fonctions dérivées par rapport à x et y,

$$\left(\frac{z'}{x'}\right)=y-a,\quad \left(\frac{z'}{y'}\right)=x-Y-(y-a)\,Y'.$$

Substituant ces expressions dans la proposée

$$z=\left(\frac{z'}{x'}\right)\times\left(\frac{z'}{y'}\right),$$

on a

$$(y-a)\,(x-Y)=(y-a)\,(x-Y)-(y-a)^2Y';$$

d'où l'on tire

$$Y'=0;$$

et parconséquent

$$Y=c,$$

en prenant c pour une constante arbitraire.

Ainsi l'équation primitive devient, comme ci-dessus,

$$z=(y-a)\,(x-c).$$

Ayant cette équation primitive complète, pour en tirer

l'équation primitive générale, on fera

$$c = \varphi a,$$

et on prendra la dérivée par rapport à a seul ; on aura ainsi le système des deux équations

$$z = (y-a)(x-\varphi a),\ x-\varphi a+(y-a)\varphi' a = 0;$$

d'où il faudra éliminer a.

Pour les comparer aux équations trouvées ci-dessus par la méthode générale, il n'y a qu'à les mettre sous la forme

$$x - \frac{z}{y-a} = \varphi a,\ \frac{z}{(y-a)^2} = \varphi' a.$$

Comme la quantité a doit être éliminée, on peut metrre à sa place une quantité quelconque. Si on y met sa valeur $y-p$, en a les mêmes équations déjà trouvées, d'où il faut ensuite éliminer p.

La théorie des équations à plusieurs variables des ordres supérieurs au premier, est encore très-imparfaite.

Lorsque ces équations admettent une équation primitive de l'ordre immédiatement inférieur, on peut les regarder comme provenant d'une équation primitive complète de ce dernier ordre avec deux constantes arbitraires, ainsi que nous l'avons démontré pour les équations du premier ordre ; et lorsqu'on connaît, d'une manière quelconque, cette équation primitive, on peut, par les mêmes principes, en tirer les équations primitives générales et singulières ; mais on sait que, dès le second ordre, il y a une infinité d'équations qui ne sont point susceptibles d'une équation primitive du premier ordre, et qui admettent néanmoins une équation primitive absolue sans fonctions dérivées. Nous n'entrerons point ici dans ce détail qui nous mènerait trop loin, et nous renvoyons, pour ce qui regarde les équations de ce genre, aux traités connus de *calcul différentiel*.

LEÇON VINGT-UNIÈME.

Des équations de condition par lesquelles on peut reconnaître si une fonction d'un ordre quelconque de plusieurs variables, est une fonction dérivée exacte. Analogie de ces équations avec celles du problême des Isoperimètres. *Histoire de ce problême. Méthode des variations.*

TOUTE fonction d'une seule variable peut toujours être regardée comme une dérivée exacte; car si elle n'a pas naturellement une fonction primitive, on peut toujours en trouver une par les séries, soit en résolvant la fonction donnée en série de puissances de la variable, et prenant ensuite la fonction primitive de chaque terme, soit en employant la série générale donnée dans la leçon douzième.

Il n'en est pas de même pour les fonctions de plus d'une variable; et quoiqu'on puisse toujours s'assurer, par les règles de la dérivation des fonctions, si une fonction composée de différentes fonctions dérivées résulte d'une fonction primitive donnée, comme nous l'avons vu dans la leçon dix-neuvième, il est souvent difficile de juger si elle est une dérivée exacte d'une fonction quelconque inconnue. Cet objet a occupé les géomètres presque dès la naissance du calcul différentiel; ils ont cherché des caractères généraux pour reconnaître si une fonction d'un ordre quelconque peut être la dérivée exacte d'une fonction de l'ordre immédiatement inférieur, ou même d'un ordre inférieur quelconque. Ce sont ces caractères qu'on connaît dans le calcul différentiel, sous les noms de *conditions d'intégrabilité*, et qu'*Euler* et *Condorcet* ont réduits à des formules générales et élégantes, qui méritent d'être connues.

Pour trouver ces formules de la manière la plus simple, je commence par considérer une fonction V de différentes variables x, y, z, etc. et de leurs dérivées, dans laquelle une de ces variables z et ses dérivées z', z'', etc., ne se trouvent partout qu'à la première dimension ; il est clair que la fonction V sera de cette forme

$$V = Nz + Pz' + Qz'' + Rz''' + \text{etc.},$$

N, P, Q, etc. étant des fonctions de x, y, etc. et de leurs dérivées sans z.

Rien n'est plus facile que de trouver les conditions nécessaires pour qu'une fonction de cette forme soit une dérivée exacte, indépendamment d'aucune relation entre la variable z et les autres.

En effet, si on considère les fonctions dérivées du produit de deux quantités quelconques, et qu'on dénote, comme nous l'avons proposé à la fin de la leçon deuxième, par des traits appliqués aux parenthèses, les fonctions dérivées des quantités renfermées dans ces parenthèses, on a

$$(Pz)' = Pz' + P'z ;$$

donc

$$Pz' = (Pz)' - P'z.$$

On a de la même manière

$$Qz'' = (Qz')' - Q'z'$$
$$Q'z' = (Q'z)' - Q''z ;$$

donc

$$Qz'' = (Qz')' - (Q'z)' + Q''z.$$

On trouvera pareillement

$$Rz''' = (Rz'')' - (R'z')' + (R''z)' - R'''z$$

et ainsi de suite.

Faisant ces substitutions dans l'expression de V, elle devient, en ordonnant les termes

$$\begin{aligned} V = {} & (N - P' + Q'' - R''' + \text{etc.})z \\ & + (Pz)' - (Q'z)' + (R''z)' - \text{etc.} \\ & + (Qz')' - (R'z')' + \text{etc.} \\ & + (Rz'')' - \text{etc.} \\ & \text{etc.} \end{aligned}$$

Comme tous les termes de cette formule, à l'exception de ceux de la première ligne qui se trouvent multipliés par z, sont déjà des fonctions dérivées exactes, il faudra, pour que la fonction V soit une dérivée exacte, que les termes multipliés par z, savoir :

$$(N - P' + Q'' - R''' + \text{etc.})z$$

forment ensemble une fonction dérivée exacte.

Or il est facile de se convaincre que cela est impossible tant qu'on n'établit aucune relation entre z et les autres variables. Donc il faudra que ces termes disparaissent d'eux-mêmes de l'expression de V, ce qui donnera l'équation de condition

$$N - P' + Q'' - R''' + \text{etc.} = 0$$

laquelle devra parconséquent être identique pour que la fonction V puisse avoir en général une fonction primitive. Lorsque cette condition aura lieu, la fonction primitive de V sera évidemment

$$(P - Q' + R'' - \text{etc.})z + (Q - R' + \text{etc.})z' + (R - \text{etc.})z'' + \text{etc.}$$

En général, quel que soit le nombre des variables contenues dans la fonction V, si l'une d'elles ainsi que ses dérivées sont linéaires, on aura toujours, relativement à cette variable, la même équation de condition, pour que la fonction V devienne une fonction dérivée exacte, indépendamment d'aucune relation entre ces variables.

Après avoir résolu le cas des fonctions linéaires par rapport à l'une des variables, nous allons réduire à ce cas très-simple la recherche des équations de condition pour les fonctions d'une forme quelconque.

Supposons qu'une fonction V de x, y, y', y'', etc. d'un ordre quelconque, soit la fonction dérivée exacte de la fonction U de l'ordre immédiatement inférieur, indépendamment d'aucune relation particulière entre x et y; il est clair que si dans ces deux fonctions on substitue à-la-fois $y + \omega$ à la place de y, et conséquemment $y' + \omega'$, $y'' + \omega''$, etc., à la place de y', y'', etc., en supposant ω une fonction indéterminée de x, ces fonctions continueront à être l'une la fonction dérivée exacte de l'autre, puisque cette dérivation ne dépend point de la valeur de y. Donc elles le seront encore si, après ces substitutions, on les développe suivant les puissances et les produits de ω, ω', ω'', etc.

Dénotons par $\overset{1}{U}$ la totalité des termes du développement de U, où les quantités ω, ω', ω'', etc. ne se trouveront qu'à la première dimension; par $\overset{2}{U}$ la totalité des termes où ces quantités formeront deux dimensions, etc.

Dénotons de même par $\overset{1}{V}$ la totalité des termes du développement de V, où les mêmes quantités ω, ω', ω'', etc. se trouveront à la première dimension; par $\overset{2}{V}$ la totalité des termes où ces quantités formeront deux dimensions, etc.

On aura $U + \overset{1}{U} + \overset{2}{U} + \overset{3}{U} +$ etc., pour le développement de U, et $V + \overset{1}{V} + \overset{2}{V} + \overset{3}{V} +$ etc., pour le développement de V.

Cette dernière série sera donc la fonction dérivée exacte de la première ; et il est facile de voir que chaque terme de l'une devra être la fonction dérivée de l'autre, tant que les quantités $\omega, \omega', \omega''$, etc. demeureront indéterminées ; car ces quantités n'étant qu'à la première dimension dans la fonction $\overset{1}{V}$, sa fonction primitive ne pourra contenir aussi que les premières dimensions des mêmes quantités ; parconséquent il n'y aura que le terme $\overset{1}{U}$ qui puisse être sa fonction primitive. Il en est de même des termes correspondans $\overset{2}{V}$ et $\overset{2}{U}$, où ces quantités montent à la seconde dimension ; et ainsi de suite.

Il faut donc d'abord que la fonction $\overset{1}{V}$ soit une dérivée exacte, indépendamment d'aucune relation entre x, y et ω. Or, puisque $\overset{1}{V}$ est la partie du développement de V qui ne contient que les premières dimensions de ω, ω', ω'', etc., il est clair que cette fonction ne peut être que de la forme

$$\overset{1}{V} = N\omega + P\omega' + Q\omega'' + R\omega''' + \text{etc.},$$

les coefficiens N, P, Q, etc. étant des fonctions de x, y, y', y'', etc., sans ω. Ainsi tout se réduit à trouver les conditions nécessaires pour qu'une fonction de cette forme soit, généralement parlant, une dérivée exacte.

On a donc ici le cas que nous venons de résoudre, et il est visible qu'en prenant la variable ω à la place de z, et conservant les autres dénominations, on aura l'équation de condition

$$N - P' + Q'' - R''' + \text{etc.} = 0,$$

laquelle devant avoir lieu d'elle-même indépendamment d'aucune relation particulière entre x et y, devra être entièrement identique.

Cette équation ayant lieu, on aura pour la fonction primitive de $\overset{1}{V}$

$$(P-Q'+R''-\text{etc.})\omega+(Q-R'+\text{etc.})\omega'+(R-\text{etc.})\omega''+\text{etc.}$$

C'est parconséquent la valeur de la fonction $\overset{1}{U}$.

Ayant ainsi la valeur du premier terme $\overset{1}{U}$ du développement de la fonction primitive U, on pourra en déduire les valeurs de tous les termes suivans $\overset{2}{U}$, $\overset{3}{U}$, etc. par les principes exposés dans la leçon dix-neuvième, en regardant les quantités y, y', y'', etc. comme autant de variables indépendantes ; car si on représente la quantité U par la fonction

$$F(x, y, y', y'', \text{etc.}),$$

la fonction

$$F(x, y+\omega, y'+\omega', y''+\omega'', \text{etc.})$$

développée suivant les puissances et les produits des quantités ω, ω', ω'', etc. deviendra

$$\begin{aligned}
&F(x, y, y', y'', \text{etc.}) + \omega F'(y) + \omega' F'(y') + \omega'' F'(y'') + \text{etc.} \\
&\quad + \tfrac{1}{2}\omega^2 F''(y) + \omega\omega' F''(y, y') + \tfrac{1}{2}\omega'^2 F''(y') + \text{etc.} \\
&\quad + \tfrac{1}{2\cdot 3}\omega^3 F'''(y) + \tfrac{1}{2}\omega^2\omega' F'''(y, y') + \text{etc.} \\
&\qquad \text{etc.}
\end{aligned}$$

Je ne renferme ici entre les crochets, pour plus de simplicité, que les quantités par rapport auxquelles il faut prendre les fonctions dérivées indiquées par les accens.

On aura donc ainsi

$$\begin{aligned}
\overset{1}{U} &= \omega F'(y) + \omega' F'(y') + \omega'' F(y'') + \text{etc.} \\
\overset{2}{U} &= \tfrac{1}{2}\omega^2 F''(y) + \omega\omega' F''(y, y') + \tfrac{1}{2}\omega'^2 F''(y') + \text{etc.} \\
\overset{3}{U} &= \tfrac{1}{2\cdot 3}\omega^3 F'''(y) + \tfrac{2}{2}\omega^2\omega' F'''(y, y') + \text{etc.} \\
&\qquad \text{etc.}
\end{aligned}$$

Or ayant trouvé ci-dessus la valeur de $\overset{1}{U}$, la comparaison des termes multipliés par ω, ω', ω'', etc. donnera

$$F'(y) = P - Q' + R'' - \text{etc.}$$
$$F'(y') = Q - R' + \text{etc.}$$
$$F'(y'') = R - \text{etc.},$$
$$\text{etc.}$$

Ayant ainsi les fonctions dérivées du premier ordre par rapport à chacune des quantités y, y', y'', etc., on en déduira, par les règles données, les fonctions dérivées du second ordre et des suivans, par rapport à chacune des mêmes quantités; on aura parconséquent les valeurs des termes suivans $\overset{2}{U}$, $\overset{3}{U}$, etc. du développement de U. Or on suppose

$$F(x, y, y', y'', \text{etc.}) = U,$$

et

$$F(x, y+\omega, y'+\omega', y''+\omega'', \text{etc.}) = U + \overset{1}{U} + \overset{2}{U} + \overset{3}{U}, \text{etc.}$$

Ainsi on aura

$$F(x, y+\omega, y'+\omega', y''+\omega'', \text{etc.}) - F(x, y, y', y'', \text{etc.})$$
$$= \overset{1}{U} + \overset{2}{U} + \overset{3}{U} + \text{etc.}$$

Parconséquent la différence des deux fonctions......... $F(x, y+\omega, y'+\omega', \text{etc.})$ et $F(x, y, y', \text{etc.})$ sera donnée au moins par les séries.

Représentons maintenant par

$$f(x, y, y', y'', \text{etc.})$$

la fonction proposée V dont on a supposé que U ou......... $F(x, y, y', y'', \text{etc.})$ est la fonction primitive, on aura $F(x, y+\omega, y', +\omega', y''+\omega'', \text{etc.})$ pour la fonction primitive de $f(x, y+\omega, y'+\omega, y''+\omega'', \text{etc.})$, donc la fonction primitive de..

$f(x, y+\omega, y'+\omega', y''+\omega'', \text{etc.})-f(x, y, y', y'', \text{etc.})$

sera donnée.

De ce que nous venons de démontrer, il suit :

1°. Qu'une fonction quelconque de la forme $f(x, y, y, y'', \text{etc.})$ ne peut avoir une fonction primitive, indépendamment d'aucune relation entre x et y, à moins que l'équation de condition

$$N-P'+Q''-R'''+\text{etc.}=0,$$

trouvée ci-dessus, n'ait lieu d'elle-même.

2°. Que toutes les fois que cette équation aura lieu, la fonction

$$f(x, y+\omega, y'+\omega', y''+\omega'', \text{etc.})-f(x, y, y', y'', \text{etc.})$$

aura nécessairement une fonction primitive, quelle que soit la valeur de ω.

Faisons maintenant $\omega=-y$, la fonction .... $f(x, y+\omega, y'+\omega', y''+\omega'', \text{etc.})$ se réduira à $f(x)$, et aura parconséquent toujours une fonction primitive, puisqu'elle ne contiendra plus qu'une variable. Donc aussi la fonction $f(x, y, y', y'', \text{etc.})$ aura nécessairement une fonction primitive.

Or ayant supposé que

$$N\omega+P\omega'+Q\omega''+R\omega'''+\text{etc.}$$

sont les premiers termes du développement de la fonction proposée V, lorsqu'on y augmente y de ω, y' de ω', y'' de ω'', etc., c'est-à-dire de la fonction $f(x, y+\omega, y'+\omega', y''+\omega'', \text{etc.})$, il est visible qu'on aura, en conservant la notation adoptée,

$$N=f'(y),\ P=f'(y'),\ Q=f'(y''),\ R=f'(y''') \text{ etc.}$$

Desorte que l'équation de condition deviendra

$$f'(y)-[f'(y')]'+[f'(y'')]''-[f'(y''')]'''+\text{etc.}=0.$$

Cette formule est la même, à la notation près, que celle qu'*Euler* avait trouvée d'abord par une méthode indirecte, tirée de la considération de *maximis* et *minimis*, et que *Condorcet* a ensuite démontrée dans son *Calcul intégral.* Nous venons de prouver non-seulement que la fonction proposée ne peut être une fonction dérivée exacte, à moins que l'équation de condition n'ait lieu, comme *Euler* et *Condorcet* l'avaient trouvée, mais encore que si cette équation a lieu, la fonction sera nécessairement une dérivée exacte, ce qui restait, ce me semble, à démontrer; car la démonstration qu'on en trouve dans le tome XV des *Novi Commentarii* de Pétersbourg, est si compliquée, qu'il est difficile de juger de sa justesse et de sa généralité.

Si la fonction proposée contenait non-seulement les variables x, y avec les dérivées y', y'', etc., mais de plus une autre variable z, fonction indéterminée de x avec ses dérivées z', z'', etc., on ferait, par rapport à cette dernière variable, des raisonnemens et des opérations semblables à celles qu'on a faites relativement à la variable y, et on parviendrait à une équation de condition pour z, entièrement analogue à celle qu'on a trouvée pour y.

Ainsi pour qu'une fonction quelconque de la forme

$$f(y, y', y'', \text{etc. } z, z', z'', \text{etc.})$$

soit une fonction dérivée exacte d'une fonction de l'ordre inférieur, indépendamment d'aucune relation particulière entre y et z, on aura les deux équations de condition

$$f'(y) - [f'(y')]' + [f'(y'')]'' - [f'(y''')]''' + \text{etc.} = 0,$$
$$f'(z) - [f'(z')]' + [f'(z'')]'' - [f'(z''')]''' + \text{etc.} = 0.$$

Et réciproquement ces deux équations ayant lieu d'elles-mêmes, on sera assuré que la fonction proposée est une dérivée exacte, quelles que soient les fonctions y et z.

Il se présente ici, avant d'aller plus loin, une remarque importante à faire.

Lorsqu'on a cherché les conditions nécessaires pour qu'une fonction donnée de x, y, y', y'', etc. soit d'elle-même une fonction derivée exacte, on a regardé y comme une fonction de x, mais inconnue; c'est pourquoi on a supposé que la fonction donnée ne contenait point les dérivées x', x'', etc. de la variable x; car, suivant les principes de la leçon septième, lorsque x est la variable principale dont les autres sont fonctions, on peut faire $x' = 1$, et parconséquent $x'' = 0$, $x''' = 0$, etc.

Cependant si, pour plus de généralité, on veut regarder (ce qui est toujours permis et ce qui a lieu surtout dans les problèmes de Mécanique) les variables x et y comme fonctions d'une troisième variable t, alors toute fonction dérivée d'un ordre quelconque de deux variables x, y, devra contenir également les dérivées de ces deux variables; et nous avons donné, dans la leçon citée, les transformations nécessaires pour introduire les dérivées de x dans une fonction où l'on a supposé $x' = 1$. Il faut seulement observer que lorsque la fonction est censée être une fonction dérivée d'une autre fonction des mêmes variables, il faut de plus la multiplier par x'. Car si V est une fonction de x, y, y', y'', etc., où l'on a fait $x' = 1$, laquelle doive être une fonction dérivée d'une autre fonction U, on aura par l'hypothèse $U' = V$; et pour détruire la supposition de $x' = 1$, il faudra substituer à la place des fonctions primes y', U' les valeurs $\frac{y'}{x'}$, $\frac{U'}{x'}$; à la place de la fonction seconde y'' la quantité $\frac{\left(\frac{y'}{x'}\right)'}{x'}$, et ainsi des fonctions des ordres supérieurs, comme on l'a vu dans la leçon septième; ainsi on aura $\frac{U'}{x'} = V$, et de là $U' = Vx'$.

Maintenant, si on considère une fonction quelconque de x, y, x', y', x'', y'', etc., et qu'on demande les conditions nécessaires pour que cette fonction soit une fonction dérivée exacte; en représentant cette fonction par

$$f(x, x', x'', \text{etc. } y, y', y'', \text{etc.};$$

et faisant, pour abréger,

$$X = f'(x) - [f'(x')]' + [f'(x'')]'' - \text{etc.}$$
$$Y = f'(y) - [f'(y')]' + [f'(y'')]'' - \text{etc.}$$

on aura, par ce qu'on a démontré plus haut, si les deux variables x et y sont regardées comme indépendantes, les deux équations $X = 0$ et $Y = 0$, qui devront avoir lieu à-la-fois.

Mais si y doit être une fonction de x, alors en substituant φx pour y et les dérivées de φx, savoir, $x' \varphi' x$, $x'' \varphi' x + x'^2 \varphi'' x$, etc. pour y', y'', etc., il faudra que la fonction proposée devienne simplement de la forme $x' F x$, comme si on y faisait $x' = 1$. Ainsi si on met dans cette fonction $x + \xi$ à la place de x, et qu'on développe, en ne tenant compte que des premières dimensions de ξ, elle deviendra

$$x' F x + \xi' F x + x' \xi F' x,$$

où l'on voit que les termes qui contiennent ξ, forment ensemble une fonction dérivée, dont la primitive est $\xi F x$, quelle que soit la valeur de ξ.

Je conclus de là que si, dans la fonction proposée où y est censé fonction de x, on substitue aussi $x + \xi$ à la place de x, et qu'on développe suivant ξ, les termes qui ne contiendront que la première dimension de ξ et de ses dérivées, devront former ensemble une fonction dérivée exacte, quelle que soit la valeur de ξ. Or y étant φx, il deviendra par la substitution de $x + \xi$ à la place de x, $\varphi x + \xi \varphi' x$, en ne tenant compte que de la première dimension de ξ; donc si on fait pour abréger

$\xi\varphi' x = \omega$, il faudra mettre $y + \omega$ à la place de y, tandis qu'on met $x + \xi$ à la place de x.

Par ces substitutions et les développemens, les termes de la fonction proposée qui ne contiendront que les premières dimensions de ξ, se trouveront représentés par

$$\xi f'(x) + \xi' f'(x') + \xi'' f'(x'') + \text{etc.}$$
$$+ \omega f'(y) + \omega' f'(y') + \omega'' f'(y'') + \text{etc.};$$

et, par ce que nous avons démontré dans cette leçon, pour que ces termes forment une dérivée exacte, il faudra que la quantité

$$(f'(x) - [f'(x')]' + [f'(x'')]'' - \text{etc.})\,\xi$$
$$+ (f'(y) - [f'(y')]' + [f'(y'')]'' - \text{etc.})\,\omega$$

soit elle-même une dérivée exacte.

Cette quantité est la même chose que $X\xi + Y\omega$; donc en mettant pour ω sa valeur $\xi\varphi' x$, elle devient $(X + Y\varphi' x)\,\xi$; et il est visible qu'elle ne peut être une dérivée exacte, indépendamment de la valeur de ξ, qui doit demeurer arbitraire; donc il faudra que cette quantité s'évanouisse d'elle-même, et parconséquent qu'on ait l'équation identique $X + Y\varphi' x$. Mais y étant φx, on a en général $y' = x'\varphi' x$. Donc, substituant cette valeur de $\varphi' x$, on aura nécessairement l'équation identique

$$Xx' + Yy' = 0.$$

Il suit de là que l'équation de condition $X = 0$, qu'on aurait par la considération de la variable x et de ses dérivées, sera identique avec l'équation de condition $Y = 0$, qui se rapporte à la variable y; car faisant $X = 0$ dans l'équation précédente, on a nécessairement $Y = 0$.

On prouvera de la même manière que, pour une fonction composée des trois variables x, y, z et de leurs dérivées, on aurait l'équation identique

$$X x' + Y y' + Z z' = 0,$$

en supposant

$$Z = f'(z) - [f'(z')]' + [f'(z'')]'' - [f'(z''')]''' + \text{etc.}$$

Desorte que, dans ce cas, l'équation de condition $X = 0$ serait comprise dans les deux équations $Y = 0$, et $Z = 0$.

Ainsi on pourra toujours, dans la question présente, se dispenser d'avoir égard aux dérivées de la variable principale, et à l'équation de condition qui en résulterait.

Si on voulait que la fonction V fût une dérivée exacte du second ordre, il faudrait de plus que la fonction primitive de $\overset{1}{V}$, c'est-à-dire la fonction $\overset{1}{U}$, fût elle-même une dérivée exacte. Or on a

$$\overset{1}{U} = p\,\omega + q\,\omega' + r\,\omega'' + \text{etc.},$$

en supposant, pour abréger,

$$p = P - Q' + R'' - \text{etc.}, q = Q - R' + \text{etc.}, r = R - \text{etc.}, \text{etc.};$$

et il est facile de trouver, par les mêmes procédés qu'on a employés pour la fonction $\overset{1}{V}$, que la condition nécessaire pour que la fonction $\overset{1}{U}$ soit considérée exacte, indépendamment de la valeur de ω, est renfermée dans l'équation

$$p - q' + r'' - \text{etc.} = 0;$$

laquelle en remettant pour p, q, r, etc. leurs valeurs, devient

$$P - 2\,Q' + 3\,R'' - \text{etc.} = 0.$$

Donc, pour qu'une fonction de la forme $f(x, y, y', y'', \text{etc.})$ soit une fonction dérivée exacte du second ordre, c'est-à-dire, une fonction dérivée d'une fonction dérivée, indépendamment d'aucune relation particulière entre x et y, on aura, relativement à y, outre la première équation de condition, celle-ci :

$$f'(y') - 2[f'(y'')]' + 3[f'(y''')]'' - \text{etc.} = 0.$$

Et l'on aurait une pareille équation relativement à z, si la fonction proposée contenait aussi z, z', z'', etc.

On trouverait de même, pour que la proposée fût une fonction dérivée du troisième ordre, cette troisième équation de condition, relativement à y :

$$f'(y'') - 3[f'(y''')]' + 6[f'(y^{\text{IV}})]'' - \text{etc.} = 0;$$

et ainsi de suite.

Enfin, si on suppose qu'on n'ait, pour la détermination d'une fonction u, qu'une équation d'un ordre quelconque entre u, x et y et les fonctions dérivées u', u'', etc., y', y'', etc. de u et de y, et qu'on demande les conditions nécessaires pour que u soit une fonction de x, y, y', y'', etc., indépendamment d'aucune relation entre x et y; le problème pourra encore se résoudre par les mêmes principes, et en suivant la même méthode.

Soit $V=0$ l'équation donnée, dans laquelle on suppose que u est une fonction de x, y', y'', etc. : si on met partout $y+\omega$ à la place de y, et parconséquent $y'+\omega'$, $y''+\omega''$, etc. à la place de y', y'', etc. la quantité ω étant supposée, comme ci-dessus, une fonction indéterminée de x, et qu'on développe suivant les puissances et les produits de ω, ω', ω'', etc., la fonction V deviendra, comme plus haut,

$$V + \overset{1}{V} + \overset{2}{V} + \overset{3}{V}, \text{ etc.}$$

et l'on aura les équations particulières

$$V = 0, \ \overset{1}{V} = 0, \ \overset{2}{V} = 0, \text{ etc.}$$

Car si on imagine qu'on mette dans V, à la place de u sa valeur, en x, y, y', y'', etc. l'équation $V=0$ deviendra identique ; donc l'identité subsistera aussi après la substitution de $y+\omega$, $y'+\omega'$, $y''+\omega''$ etc. pour y, y', y'', etc., et le développement suivant ω, ω', ω'', etc.; et comme ces dernières quantités sont supposées indépendantes de x et y, il est visible que chaque terme $\overset{1}{V}$, $\overset{2}{V}$, etc. qui contient les mêmes dimensions de ω, ω', ω'', etc. devra être identiquement nul dans l'équation développée

$$V+\overset{1}{V}+\overset{2}{V}+\overset{3}{V}+\text{etc.}=0.$$

Représentons la fonction V par

$$f(u, u', u'', \text{etc.}, x, y, y', y'', \text{etc.}),$$

et dénotons par $\overset{1}{u}$, $\overset{2}{u}$, etc. les différens termes du développement de la fonction u, dans lesquels les quantités ω, ω', ω'', etc. forment ensemble une dimension ou deux, etc. Nous aurons, suivant la notation adoptée,

$$\begin{aligned}\overset{1}{V}=\overset{1}{u}f'(u)+\overset{1}{u'}f'(u')+\overset{1}{u''}f'(u'')+\text{etc.}\\ +\omega f'(y)+\omega' f'(y')+\omega'' f'(y'')+\text{etc.}\end{aligned}$$

Or il est visible que la fonction $\overset{1}{u}$ ne peut être que de la forme

$$\overset{1}{u}=N\omega+P\omega'+Q\omega''+\text{etc.}$$

N, P, Q, etc. étant des fonctions de x, y, y', etc. De là, en prenant les fonctions dérivées relatives à x, on aura les valeurs de $\overset{1}{u'}$, $\overset{1}{u''}$, etc.; savoir,

$$\begin{aligned}\overset{1}{u'}&=N'\omega+(N+P')\omega'+(P+Q')\omega''+\text{etc.}\\ \overset{1}{u''}&=N''\omega+(2N'+P'')\omega'+(N+2P'+Q'')\omega''+\text{etc.}\\ &\text{etc.}\end{aligned}$$

Ces valeurs étant substituées dans l'expression de $\overset{1}{V}$, l'équation $\overset{1}{V} = 0$ devra avoir lieu indépendamment des quantités ω, ω', ω'', etc. qui doivent demeurer indéterminées; donc égalant à zéro les multiplicateurs de chacune de ces quantités, on aura les équations

$$f'(y) + Nf'(u) + N'f'(u') + N''f'(u'') + \text{etc.} = 0,$$
$$f'(y') + Pf'(u') + (N + P')f'(u') + (2N + P'')f'(u'') + \text{etc.} = 0,$$
$$f'(y'') + Qf'(u) + (P + Q')f'(u') + (N + 2P' + Q'')f'(u'') + \text{etc.} = 0$$
$$\text{etc.};$$

d'où il faudra éliminer les quantités inconnues N, P, Q, etc.: il restera nécessairement une ou plusieurs équations qui seront les équations de condition cherchées. Car il est facile de voir que le nombre de ces quantités ne doit jamais surpasser celui des quantités y, y', y'', etc., diminué du nombre des quantités u', u'', etc., puisque dans l'équation proposée la plus haute fonction dérivée de u ne peut contenir de fonctions dérivées de y, plus hautes que celles qui se trouvent dans la même équation.

Supposons, par exemple, que l'équation soit de la forme

$$f(u, u', x, y, y', y'') = 0,$$

on fera ici simplement

$$\overset{1}{u} = N\omega + P\omega',$$

et l'on aura les trois équations

$$f'(y) + Nf'(u) + N'f'(u') = 0,$$
$$f'(y') + Pf'(u) + (N + P')f'(u') = 0,$$
$$f'(y'') + Pf'(u') = 0.$$

La dernière donnera P, la seconde donnera N, et la pre-

mière

mière donnera, par la substitution des valeurs de N et de N', l'équation de condition nécessaire pour que la quantité u dans l'équation proposée puisse être une fonction de x, y, y', indépendamment d'aucune relation entre x et y.

On peut étendre la méthode de ce problême à un nombre quelconque de variables et d'équations.

Montrons maintenant, par quelques exemples, l'usage des équations de condition dont nous venons de donner la théorie; et d'abord ne considérons qu'une fonction du premier ordre de la forme $f(x, y, y')$; l'équation de condition pour qu'elle soit une dérivée exacte, sera

$$f'(y) - [f'(y')]' = 0.$$

Pour que cette équation puisse être identique, il faut que le second terme ne contienne pas de fonctions dérivées de y plus hautes que le premier terme $f'(y)$; or celui-ci ne peut contenir que la fonction y'; donc il faudra que l'expression $f'(y')$, dont la fonction dérivée forme le second terme, ne contienne pas y', autrement il entrerait y'' dans le second terme. Il suit de là que la fonction proposée ne peut être que de la forme

$$\Psi(x, y) + y' \varphi(x, y).$$

En la représentant par $f(x, y, y']$, et prenant les dérivées relatives à y et à y', on aura

$$f'(y) = \Psi'(y) + y' \varphi'(y), f'(y') = \varphi(x, y).$$

Ainsi l'équation de condition sera

$$\Psi'(y) + y' \varphi'(y) - \varphi'(x, y) = 0;$$

mais

$$\varphi'(x, y) = \varphi'(x) + y' \varphi'(y);$$

donc l'équation se réduit à

$$\Psi'(y) - \varphi'(x) = 0,$$

comme nous l'avons trouvé par une autre voie, dans la leçon XIX.

La fonction proposée, en n'y faisant plus $x' = 1$, aurait eu la forme

$$x'\,\Psi(x,y) + y'\,\varphi(x,y),$$

et l'on aurait eu, relativement à x, l'équation de condition

$$f'(x) - [f'(x')]' = 0,$$

laquelle devient

$$x'\,\Psi'(x) + y'\,\varphi'(x) - \Psi'(x,y) = 0;$$

mais

$$\Psi'(x,y) = x'\,\Psi'(x) + y'\,\Psi'(y);$$

donc

$$y'\,\varphi'(x) - y'\,\Psi'(y) = 0,$$

savoir,

$$\varphi'(x) - \Psi'(y) = 0,$$

comme auparavant.

Supposons que la fonction proposée soit du second ordre et de la forme $f(x, y, y', y'')$: l'équation de condition pour qu'elle soit une dérivée exacte, sera

$$f'(y) - [f'(y')]' + [f'(y'')]'' = 0.$$

Il est d'abord évident que pour que cette équation puisse être identique, il faut que la valeur de $f'(y'')$ ne contienne point y''; autrement la valeur de $[f'(y'')]''$ contiendrait y^{IV}; et comme les termes précédens ne peuvent contenir que y, y', y'', y''', le terme contenant y^{IV} ne serait pas détruit.

La fonction proposée ne pourra donc être que de la forme

$$\Psi(x, y, y') + y''\varphi(x, y, y').$$

On aura ainsi, en la comparant à la forme générale....... $f(x, y, y', y'')$,

$$f'(y) = \Psi'(y) + y''\varphi'(y),$$
$$f'(y') = \Psi'(y') + y''\varphi'(y'),$$
$$f'(y'') = \varphi(x, y, y'),$$

et l'équation de condition deviendra

$$\Psi'(y) + y''\varphi'(y) - [\Psi'(y')]' - [y''\varphi'(y')]' + \varphi''(x, y, y') = 0.$$

Or,

$$\varphi'(x, y, y') = \varphi'(x) + y'\varphi'(y) + y''\varphi'(y');$$

donc

$$\varphi''(x, y, y') = [\varphi'(x)]' + [y'\varphi'(y)]' + [y''\varphi'(y')]'.$$

Par cette substitution, l'équation de condition deviendra

$$\Psi'(y) + y''\varphi'(y) - [\Psi'(y')]' + [\varphi'(x)]' + [y'\varphi'(y)]' = 0.$$

Supposons, pour abréger,

$$\varphi'(x) + y'\varphi'(y) - \Psi'(y') = \Phi(x, y, y'),$$

la caractéristique Φ dénotant une fonction connue de x, y, y', puisqu'en effet cette expression ne contient que les trois quantités x, y, y'; on aura l'équation

$$\Psi'(y) + y''\varphi'(y) + \Phi'(x, y, y') = 0;$$

mais

$$\Phi'(x, y, y') = \Phi'(x) + y'\Phi'(y) + y''\Phi'(y');$$

donc l'équation de condition se réduira à

$$\Psi'(y) + \Phi'(x) + y'\Phi'(y) + y''[\varphi'(y) + \Phi'(y')] = 0.$$

Or il est visible que la quantité y'' n'entre point dans les fonctions dérivées suivant x et y, puisqu'elle n'entre point dans les fonctions primitives représentées par les caractéristiques Ψ, φ et Φ; donc, pour que l'équation puisse être identique, il faudra que les termes multipliés par y'' disparaissent; par-conséquent l'équation de condition se partagera en ces deux-ci :

$$\varphi'(y) + \Phi'(y) = 0,$$
$$\Psi'(y) + \Phi'(x) + y'\Phi'(y) = 0,$$

qui devront avoir lieu séparément pour que la fonction proposée soit une dérivée exacte.

Supposons, pour donner un exemple particulier, que cette fonction soit

$$\frac{y'}{y} - \frac{xy'^2}{y^2} + \frac{y''x}{y},$$

on aura ici $\Psi(x, y, y') = \frac{y'}{y} - \frac{xy'^2}{y^2}$, et $\varphi(x, y, y') = \frac{x}{y}$.

De là on tirera

$$\Psi'(y) = -\frac{y'}{y^2} + \frac{2xy'^2}{y^3},$$

$$\Psi'(y') = \frac{1}{y} - \frac{2xy'}{y^2},$$

$$\varphi'(x) = \frac{1}{y}, \quad \varphi'(y) = -\frac{x}{y^2},$$

$$\Phi(x, y, y') = \frac{1}{y} - \frac{xy'}{y^2} - \frac{1}{y} + \frac{2xy'}{y^2} = \frac{xy'}{y^2},$$

$$\Phi'(x) = \frac{y'}{y^2}, \quad \Phi'(y) = -\frac{2xy'}{y^3}, \quad \Phi'(y') = \frac{x}{y^2}.$$

Ainsi les deux équations de condition deviendront

$$-\frac{x}{y^2}+\frac{x}{y^2}=0$$

$$-\frac{y'}{y^2}+\frac{2xy'^2}{y^3}+\frac{y'}{y^2}-\frac{2xy'^2}{y^3}=0;$$

qui se vérifient, comme l'on voit, d'elles-mêmes. En effet, la fonction proposée est la dérivée de $\frac{xy'}{y}$.

En général, il est facile de prouver que l'équation de condition

$$f'(y)-[f'(y')]'+[f'(y'')]''-\text{etc.}=0$$

ne saurait être identique, à moins que la plus haute des fonctions dérivées y', y'', etc. qui entrera dans la fonction proposée $f(x, y, y', y'', \text{etc.})$ n'y soit qu'à la première dimension, afin qu'elle puisse disparaître dans la fonction dérivée qu'on prendra relativement à cette même dérivée de y. D'où il suit que si la fonction proposée est de l'ordre n, elle ne pourra être une fonction dérivée exacte, à moins qu'elle ne soit de la forme

$$\Psi(x,y,y',y'',\ldots y^{(n-1)})+y^{(n)}\Phi(x,y,y',y'',\ldots y^{(n-1)}).$$

Ce qui s'accorde avec ce que nous avons vu dans la leçon treizième.

Ensuite on peut aussi prouver que, de même que pour les fonctions du second ordre, l'équation de condition se décompose en deux, qui doivent avoir lieu à-la-fois : pour les fonctions du troisième ordre, elle se décomposera en trois; et pour les fonctions du quatrième ordre, elle se décomposera en quatre; et ainsi de suite.

Enfin pour donner aussi un exemple d'une fonction dépendante d'une équation, nous prendrons l'équation

$$u'-\Psi(u, x, y)-y'\varphi(u, x, y)=0,$$

et nous chercherons les conditions nécessaires pour que la fonction u soit une fonction de x et y.

En comparant cette équation à la forme générale

$$f(u, u', x, y, y') = 0,$$

on aura

$$f(u, u', x, y, y') = u' - \Psi(u, x, y) - y'\varphi(u, x, y);$$

et de là on tirera ces valeurs :

$$f'(u) = -\Psi'(u) - y'\varphi'(u), f'(u') = 1,$$
$$f'(y) = -\Psi'(y) - y'\varphi'(y), f'(y') = -\varphi(u, x, y).$$

Comme la fonction ne contient point y'', on aura

$$f'(y'') = 0;$$

et la dernière des trois équations de condition trouvées ci-dessus pour le cas dont il s'agit, donnera sur-le-champ $P = 0$; ce qui réduira les deux premières à

$$-\Psi'(y) - y'\varphi'(y) - N(\Psi'(u) + y'\varphi'(u)) + N' = 0,$$
$$-\varphi(u, x, y) + N = 0.$$

La dernière donne

$$N = \varphi(u, x, y);$$

donc substituant dans la première, et changeant les signes, on aura

$$\Psi'(y) + y'\varphi'(y) + (\Psi'(u) + y'\varphi'(u)) + \varphi(u, x, y)$$
$$- \varphi'(u, x, y) = 0.$$

Mais

$$\varphi'(u, x, y) = u'\varphi'(u) + \varphi'(x) + y'\varphi'(y),$$

et la proposée donne

$$u' = \Psi(u, x, y) + y' \varphi(u, x, y);$$

donc, faisant ces substitutions, et effaçant ce qui se détruit, on aura cette équation de condition

$$\Psi'(y) + \Psi'(u) \times \varphi(u, x, y) - \varphi'(x) - \varphi'(u) \times \Psi(u, x, y) = 0,$$

qui est la même, en changeant u en z, que celle que nous avons trouvée directement dans la leçon XIX, pour que l'équation dérivée à trois variables, puisse admettre une équation primitive entre ces variables.

Le problême que nous venons de résoudre sur les équations de condition qui doivent avoir lieu pour qu'une fonction donnée de plusieurs variables et de leurs dérivées, ait une fonction primitive indépendamment d'aucune relation entre ces variables, a une connexion intime avec un autre problême plus important, qui a exercé les géomètres pendant près d'un siècle. C'est le fameux problême des isoperimètres, qui, pris dans toute son extension, consiste à trouver les équations qui doivent avoir lieu entre les variables, pour que la fonction primitive inconnue d'une fonction donnée de ces variables et de leurs dérivées, devienne un *maximum* ou un *minimum*.

Les mêmes formules d'équations résolvent les deux problêmes, mais avec cette différence que, pour le premier, les équations doivent être identiques, et se vérifier d'elles-mêmes; au lieu que dans le dernier problême, elles deviennent les équations nécessaires entre les variables pour l'existence du *maximum* ou du *minimum*.

On verra la raison de cette identité des résultats par l'analyse que nous allons donner du problême des isoperimètres. Mais nous commencerons par une histoire succincte des différentes tentatives que les géomètres du dernier siècle ont faites pour parvenir à une solution générale de ce problême, et qui ont conduit par degrés à la méthode connue sous le nom de *Calcul des variations*.

Les questions de *maximis* et *minimis* n'ont pas été inconnues aux anciens géomètres; car on a un livre entier d'*Apollonius*, qui traite presqu'uniquement des plus grandes et des plus petites lignes droites qui peuvent être menées de points donnés aux arcs des sections coniques.

La méthode d'*Apollonius* se réduit simplement à prouver que toute autre droite menée du même point à la section conique, serait plus petite dans le cas du *maximum*, et plus grande dans le cas du *minimum*, que celle qu'il a déterminée; et cette méthode a été suivie par tous ceux qui, après lui, ont cherché à résoudre, par la simple géométrie, des problêmes relatifs aux *maxima* et aux *minima*.

Fermat est le premier, comme nous l'avons vu dans la leçon dix-huitième, qui ait donné, pour la solution des problêmes de ce genre, une méthode directe et analytique, que l'algorithme du calcul différentiel a ensuite simplifiée et généralisée; elle se réduit, comme l'on sait, à égaler à zéro la différentielle ou la fonction prime de la fonction qui doit être un *maximum* ou un *minimum*, en regardant comme variable l'inconnue par rapport à laquelle la fonction donnée doit devenir la plus grande ou la plus petite; et nous avons exposé ailleurs (*Théorie des Fonctions*) les principes et la marche de cette méthode considérée dans toute sa généralité.

On peut dire que c'est à la considération des courbes qu'on doit les principales méthodes de l'analyse. La détermination des plus grandes et des plus petites ordonnées dans les lignes et dans les surfaces courbes, avait donné naissance aux questions de *maximis* et *minimis*, dont nous venons de parler; mais on s'éleva bientôt à des problêmes d'un genre nouveau et beaucoup plus difficile. Il s'agissait de trouver les courbes mêmes dans lesquelles des quantités dépendantes de toute l'étendue de la courbe cherchée, prise entre des limites données, fussent un *maximum* ou un *minimum*, par rapport à toutes les autres courbes possibles; comme, par exemple, la courbe qui renferme le plus grand espace suivant des conditions données, ou qui produit, par sa révolution, le plus grand solide entre des limites données, etc.; mais c'est la mécanique qui a fourni les premiers problèmes de ce nouveau genre. *Newton* a cherché le premier la courbe qui, en tournant autour de son axe, produit le solide qui étant mu dans un fluide suivant la direction de son axe, éprouve la moindre résistance possible, et il a donné, sans démonstration, une proportion qui suffit pour construire la courbe par les tangentes, et qui en est comme l'équation différentielle.

Mais c'est proprement du fameux problême de la brachystochrone, ou ligne de la plus vîte-descente, proposé en 1693, par *Jean Bernoulli*, que date la découverte d'une analyse propre à ces sortes de recherches.

Suivant l'esprit du calcul différentiel qui suppose les courbes formées d'une infinité de droites infiniment petites, on considère deux côtés contigus de la courbe cherchée, et on détermine leur position respective, de manière que la quantité proposée devienne un *maximum* ou un *minimum*, en ne faisant varier que l'ordonnée qui répond à l'angle formé par ces deux côtés. De cette manière, le problême rentre dans l'ancien genre, et la difficulté ne consiste plus qu'à ramener le résultat de la solution à la forme différentielle. C'est ainsi qu'on a trouvé d'abord que la courbe de la plus vîte-descente doit être telle que le sinus de l'angle qu'un de ses côtés quelconques infiniment petits fait avec la verticale, soit proportionnel à la vîtesse, laquelle est comme la racine carrée de la hauteur d'où le corps est parti; et cette proportion réduite en équation différentielle, donne la cicloïde. On a trouvé de la même manière que le solide rond de la moindre résistance, est formé par une courbe qui a la propriété énoncée par *Newton*, dans le scholie de la proposition XXXV de la seconde partie de ses *Principes*. On a appliqué ensuite la même méthode à des problêmes plus compliqués, tel que celui des isoperimètres, où il s'agissait de trouver entre toutes les courbes possibles qui ont le même périmètre ou la même longueur, celles qui, entre des limites données, renfermaient les plus grands ou les plus petits espaces, où, en faisant une révolution autour de leurs axes, produisaient les plus grandes ou les plus petites superficies, ou les plus grands et les plus petits solides, ou enfin une courbe telle qu'en construisant sur son axe une seconde courbe dont les ordonnées soient des fonctions quelconques des ordonnées et des arcs de celle-là, l'aire de la seconde courbe forme un *maximum* ou un *minimum;* et les difficultés de ces problèmes, jointes à la célébrité que les recherches des deux frères *Bernoulli*, de *Tailor* et d'*Euler* lui acquirent, ont fait donner en général le nom d'*isoperimètres* à tous les problêmes dans lesquels il s'agit de trouver des courbes qui jouissent de quelque propriété de *maximum* ou *minimum*, avec ou sans la condition de l'égalité des longueurs de la courbe.

Lorsqu'on veut avoir égard à cette condition, il ne suffit pas de faire varier une seule ordonnée, comme dans les problêmes où on demande un *maximum* ou un *minimum* absolu; il faut alors faire varier à-la-fois deux indéterminées tant dans l'expression qui doit être un *maximum* ou *minimum*, que dans celle qui doit demeurer constante, et égaler séparément à zéro les résultats de ces variations, ou les différentielles de ces deux expressions, comme dans les problêmes ordinaires de *maximis* et *minimis*, lorsqu'il y a quelque condition particulière à remplir entre les variables.

Jean Bernoulli, dans un Mémoire destiné à résoudre les problêmes sur les isoperimètres proposés par son frère *Jacques*, et qui se trouve dans le Recueil de l'Académie des Sciences de 1706, avait cru pouvoir satisfaire à-la-fois à la condition du *maximum* ou *minimum*, et à celle de l'isoperimétisme, en ne considérant que deux élémens ou côtés de la courbe, et en faisant varier à-la-fois l'abscisse et l'ordonnée qui répondent à l'angle de ces deux lignes droites, de manière que leur somme demeurât constante. En effet, si la question roulait sur des quantités finies, elle pourrait se résoudre de cette manière; mais il arrive ici, par la nature des infiniment petits, que l'équation finale devient purement identique, et ne fait parconséquent rien connaître. *Jean Bernoulli* parvint à un autre résultat, et crut avoir ainsi résolu les problêmes; mais son analyse est erronée, et pèche contre les principes du calcul infinitésimal.

Jacques Bernoulli est le premier qui ait reconnu dans ces sortes de questions la nécessité de considérer trois côtés consécutifs de la courbe, et de faire varier à-la-fois les deux ordonnées consécutives qui répondent aux angles formés par ces côtés. C'est sur ce principe qu'il a fondé son analyse du problême des isoperimètres, intitulée *Analysis magni problematis isoperimetrici*, et publiée à Bâle en 1701, et dans les Actes de Léipsic de la même année; et le même principe a servi de base ensuite aux solutions données par *Tailor*, dans son *Methodus incrementorum*; par *Jean Bernoulli*, dans les *Mémoires de l'Académie des Sciences* de 1718; et par *Euler*, dans les tomes VI et VIII des *Anciens Commentaires de Pétersbourg*.

Par la considération d'une partie infiniment petite de la courbe regardée comme composée de deux ou de trois lignes droites, les problêmes se réduisent à l'analyse ordinaire; et la difficulté ne consiste plus qu'à traduire les solutions en équations différentielles, par les substitutions des valeurs des ordonnées et des abscisses successives exprimées en différences, en ayant soin de ne conserver que les termes du même ordre, suivant la loi de l'homogénéité des quantités infiniment petites. Mais les résultats obtenus de cette manière se présentent rarement sous une forme générale et applicable à tous les problêmes du même genre. De plus, il y a des cas où il ne suffit pas de considérer une portion infiniment petite de la courbe, parceque la propriété du *maximum* ou *minimum* peut avoir lieu dans la courbe entière, sans avoir lieu dans chacune de ses portions infiniment petites ; ce sont ceux où la fonction différentielle dont l'intégrale doit être un *maximum* ou un *minimum*, contient elle-même une autre fonction intégrale, à moins que, par les conditions du problême, cette intégrale doive avoir une valeur constante ; par exemple, lorsque la fonction dont l'intégrale doit être un *maximum* ou un *minimum*, dépend non-seulement des abscisses et des ordonnées et de leurs différences, mais encore de l'arc même de la courbe, lequel n'est donné, comme l'on sait, que par une expression intégrale ; dans ce cas, les solutions qu'on trouverait par la simple considération d'une portion infiniment petite de la courbe, seraient inexactes, à moins que la longueur de la courbe ne fût supposée constante, comme dans les problêmes des isoperimètres.

A plus forte raison, il ne sera pas permis de n'avoir égard, dans le calcul, à une petite portion de la courbe, lorsque la fonction différentielle dépendra d'une quantité donnée, simplement par une équation différentielle non intégrable en général ; c'est pourquoi on doit regarder comme fausse la solution qu'*Euler* lui-même a donnée du problême de la brachystochrone dans un milieu résistant comme une fonction de la vitesse, dans le tome VII des *Anciens Commentaires de Pétersbourg*, et dans le second volume de sa *Mécanique*, et on peut s'en convaincre en la comparant à celle qu'on trouve dans son ouvrage de 1744, intitulé *Methodus inveniendi lineas curvas maximi minimique proprietate gaudentes* (Art. 46).

C'est proprement dans ce dernier ouvrage qu'*Euler* a donné une solution générale et complète du problême des isoperimètres. Pour trouver les conditions du *maximum* ou *minimum*, il se contente de faire varier une seule ordonnée de la courbe, et il en déduit la valeur différentielle de la formule, qui doit être un *maximum* ou un *minimum*, en substituant à la place des différentielles de l'ordonnée les différences successives des ordonnées consécutives, et à la place des expressions intégrales

les sommes des élémens répondans à toute l'étendue de la courbe. Son calcul devient ainsi très-long, surtout par les suites infinies qui s'y mêlent, lorsque la fonction proposée contient différentes intégrales, et dont il faut déterminer la somme pour parvenir à des résultats nets et précis; et on ne peut trop admirer l'adresse avec laquelle l'auteur surmonte ces difficultés, et obtient, en dernière analyse, des formules simples, générales et élégantes. Son ouvrage est d'ailleurs très-précieux par le nombre et la beauté des exemples qu'il contient, et il n'y en a peut-être aucun qui puisse être plus utile à ceux qui desirent s'exercer sur le calcul intégral.

Jusqu'alors on avait traité séparément, et par des procédés différens, les problêmes où il suffit de varier une ordonnée, et ceux qui demandent la variation de deux ou de plusieurs ordonnées consécutives.

Euler a remarqué le premier que tous les problêmes de ce genre pouvaient être rappelés à une même analyse, parceque l'uniformité qui doit régner dans les opérations relatives aux différens points d'une même courbe fait que, dès qu'on a trouvé le résultat de la variation d'une ordonnée, la même expression rapportée à l'ordonnée qui suit immédiatement, donnera aussi le résultat de la variation de cette ordonnée, et ainsi des autres.

Cette remarque a conduit *Euler* à un beau théorême, et de la plus grande utilité dans cette matière; c'est que, pour trouver une courbe qui ne jouisse d'une propriété de *maximum* ou *minimum* que parmi toutes les courbes qui ont une ou plusieurs propriétés connues, il suffit d'ajouter à l'expression de la propriété qui doit être un *maximum* ou un *minimum*, celles des autres propriétés connues, multipliées chacune par un coefficient constant et arbitraire, et chercher ensuite la courbe dans laquelle cette expression composée sera un *maximum* ou un *minimum* entre toutes les courbes possibles.

En effet, si on désigne, comme *Euler*, par $n\nu$, ou simplement par ν l'incrément infiniment petit de l'ordonnée y, et par $P.\nu$ la valeur différentielle de la formule intégrale indéfinie $\int Z\,dx$, qui doit être un *maximum* ou un *minimum*, on aura $\acute{P}.\omega$ pour la valeur différentielle de la même formule, provenante de l'increment ω de l'ordonnée suivante $\acute{y}$, en supposant que $\acute{P}$ soit ce que P devient lorsque y devient $\acute{y}$, et que toutes les autres variables sont rapportées à l'ordonnée $\acute{y}$.

Et l'on aurait de même $\overset{''}{P}.\pi$ pour la valeur différentielle de la même formule, provenante de l'increment π de l'ordonnée suivante $\overset{''}{y}$, où $\overset{''}{P}$ est ce que devient P lorsque y devient $\overset{''}{y}$; et ainsi de suite.

Or en regardant, suivant les principes du calcul différentiel, les ordonnées $y, \acute{y}, \overset{''}{y}$, etc. comme infiniment proches, on a

$$\acute{y}=y+dy,\ \overset{''}{y}=y+2dy+d^2y,\ \text{etc.};$$

parconséquent on aura aussi

$$P=\acute{P}+dP,\ \overset{''}{P}=P+2dP+d^2P,\ \text{etc.}$$

Ainsi, en faisant varier à-la-fois les deux ordonnées voisines y et $\acute{y}$, la valeur différentielle de $\int Z\,dx$ sera

$$P.\nu+(P+dP).\omega;$$

et en faisant varier les trois ordonnées voisines $y, \acute{y}, \overset{''}{y}$, sa valeur différentielle sera

$$P.\nu+(P+dP)\omega+(P+2dP+d^2P)\pi,$$

et ainsi de suite.

Il en sera de même de toutes les autres formules semblables.

Donc, pour les courbes où la formule $\int Z\,dx$ doit être un *maximum* ou un *minimum* absolu, on aura, en ne faisant varier qu'une ordonnée, l'équation $P.\nu=0$, laquelle donne $P=0$.

Pour les courbes où $\int Z\,dx$ ne doit être qu'un *maximum* ou *minimum* relatif parmi toutes les courbes qui ont une propriété commune exprimée par la formule $\int Y dx$, si on représente par $Q\nu$ la valeur différentielle de $\int Y\,dx$ due à l'increment ν de y; on aura, en faisant varier deux ordonnées, et égalant à zéro les valeurs différenti elles des formules $\int Z\,dx$ et $\int Y\,dx$, les équations

$$P.\nu+(P+dP)\omega=0,$$
$$Q.\nu+(Q+dQ)\omega=0,$$

lesquelles donnent celle-ci :

$$\frac{dP}{P}-\frac{dQ}{Q}=0,$$

dont l'intégrale est

$$P+aQ=0,$$

a étant une constante arbitraire.

Cette équation est, comme l'on voit, la même que celle qu'on trouverait pour le *maximum* ou *minimum* absolu de la formule $\int Z\,dx+a\int Y\,dx$, en ne faisant varier qu'une seule ordonnée.

Si la même formule $\int Z\,dx$ ne devait être un *maximum* ou un *minimum* que dans une des courbes dans lesquelles deux autres formules $\int Y\,dx$ et $\int X\,dx$ conservent les mêmes valeurs; on aurait alors le cas où il faut faire varier trois ordonnées successives, et où il faudra égaler séparément à zéro les valeurs différentielles des trois formules dont il s'agit.

Ainsi, en dénotant par $R.\nu$ la valeur différentielle de $\int X\,dx$ provenante de l'increment ν, on aurait ces trois équations

$$P.\nu+(P+dP)\omega+(P+2dP+d^2P)\pi=0,$$
$$Q.\nu+(Q+dQ)\omega+(Q+2dQ+d^2Q)\pi=0,$$
$$R.\nu+(R+dR)\omega+(R+2dR+d^2R)\pi=0;$$

savoir,

$$P(\nu+\omega+\pi)+dP(\omega+2\pi)+d^2P.\pi=0,$$
$$Q(\nu+\omega+\pi)+dQ(\omega+2\pi)+d^2Q.\pi=0,$$
$$R(\nu+\omega+\pi)+dQ(\omega+2\pi)+d^2Q.\pi=0.$$

Eliminant deux des quantités ν, ω, π, la troisième s'évanouit d'elle-même, et on obtient une équation différentielle du second ordre entre les trois variables P, Q, R, dont parconséquent l'intégrale complète renfermera trois constantes arbitraires. Mais, sans chercher cette équation différentielle, il est facile de s'assurer que l'équation

$$P+aQ+bR=0$$

satisfait aux trois équations ci-dessus, quelles que soient les valeurs des coefficiens a, b, pourvu qu'ils soient constans; car en multipliant la seconde équation par a, la troisième par b, et les ajoutant à la première, on aura une équation identique, en vertu de l'équation supposée; et comme cette équation contient deux constantes arbitraires a et b, il s'ensuit qu'elle sera nécessairement l'intégrale complète de l'équation du second ordre dont il s'agit; et l'on voit en même temps qu'elle n'est autre chose que celle qui donne le *maximum* ou *minimum* absolu de la formule

$$\int Z\,dx+a\int Y\,dx+b\int X\,dx.$$

Au reste, je dois observer que, dans les premières solutions qui ont été données du problème des isoperimètres par les *Bernoulli*, *Tailor* et *Euler* lui-même, la valeur différentielle de la formule $\int Zdx$ qui doit être un *maximum* ou un *minimum* parmi toutes les courbes isoperimètres, n'est pas de la forme

Par

$$P\nu + \overset{\text{I}}{P}\omega,$$

lorsque la fonction Z contient l'arc s de la courbe, ce qui est contraire à la théorie d'*Euler*, qu'on vient d'exposer.

Par exemple, dans la solution de *Tailor*, qui est une des plus simples, si on y substitue les dénominations précédentes, qu'on suppose

$$dZ = Lds + Mdx + Ndy,$$

et qu'on fasse, pour abréger, $\frac{dy}{ds} = q$, on a cette valeur différentielle

$$(N + Lq)\,dx\,.\,\nu + (\overset{\text{I}}{N} + \overset{\text{I}}{L}\overset{\text{II}}{q})\,dx\,.\,\omega,$$

provenante des variations ν et ω des ordonnées y et $\overset{\text{I}}{y}$ dans les trois élémens $Zdx + \overset{\text{I}}{Z}dx + \overset{\text{II}}{Z}dx$, qui sont les seuls que *Tailor* considère.

Mais je remarque que cette valeur n'est pas la valeur différentielle complète de la formule intégrale $\int Zdx$; car, par les formules exactes de l'ouvrage cité d'*Euler*, la seule variation ν de l'ordonnée y, dans la formule $\int Zdx$, donne la valeur différentielle

$$(Ndx - d.\,(H - \int Ldx)\,q)\,\nu,$$

où H est la valeur de $\int Ldx$, correspondante à une abscisse donnée a, pour laquelle $\int Zdx$ doit être un *maximum* ou un *minimum*. Desorte que, pour les deux variations simultanées ν et ω, la vraie valeur différentielle sera

$$(Ndx - d.\,(H - \int Ldx)\,q)\,\nu$$
$$+ (\overset{\text{I}}{N}dx - d.\,(H - \int \overset{\text{I}}{L}dx)\,\overset{\text{I}}{q})\,\omega.$$

On voit d'abord par là que la valeur différentielle de *Tailor* donnerait une solution fausse, si on voulait l'employer à trouver la courbe dans laquelle $\int Z\,dx$ serait un *maximum* ou un *minimum* entre toutes les courbes possibles, dans lequel cas il suffit d'avoir égard à la variation d'une seule ordonnée ; car en égalant à zéro cette valeur différentielle, et supposant ω nul, on aurait l'équation

$$N + Lq = 0\,;$$

tandis que la solution d'*Euler* donnerait

$$N dx - d.\,(H - \int L\,dx)\,q = 0,$$

qui est la véritable équation du problême.

Dans le cas des isoperimètres, il arrive néanmoins que les deux solutions s'accordent ; car alors la propriété commune des courbes est l'arc s, c'est-à-dire la formule $\int\sqrt{(dx^2 + dy^2)}$, ou $\int\sqrt{(1 + p^2)}\,dx$, en faisant $p = \frac{dy}{dx}$; ainsi on a de plus la formule $\int Y\,dx$ où $Y = \sqrt{(1 + p^2)}$, dont la valeur différentielle doit être nulle, en même temps que celle de $\int Z dx$.

Or par la construction et l'analyse de *Tailor*, on a pour cette formule, la valeur différentielle

$$-dq.\nu - \overset{1}{dq}.\omega\,;$$

et par les formules de l'ouvrage d'*Euler*, on a de même $-dq.\nu$ pour la valeur différentielle due à la seule variation ν ; desorte que, pour les deux variations ν et ω, on aura également

$$-dq.\nu - \overset{1}{dq}.\omega.$$

Ainsi, suivant *Tailor*, on doit avoir, dans ce cas, les deux équations

$$(N + Lq)\,\nu + (\overset{1}{N} + \overset{1}{L}\overset{11}{q})\,\omega = 0,$$

$$dq.\nu + \overset{1}{dq}.\omega = 0\,;$$

lesquelles donnent, par l'élimination de v et ω, celle-ci :

$$(N + Lq)\,d\overset{1}{q} = (\overset{1}{N} + \overset{1}{L}\overset{11}{q})\,dq;$$

savoir, en substituant $N + dN$ pour $\overset{1}{N}$, $L + dL$ pour $\overset{1}{L}$; $dq + d^2q$ pour $d\overset{1}{q}$ et $q + 2dq + d^2q$ pour $\overset{11}{q}$, et effaçant ce qui se détruit,

$$N d\overset{2}{q} + Lq d\overset{2}{q} - dN dq - dLq dq - 2L d\overset{2}{q}$$
$$- 2dL d\overset{2}{q} - L dq d\overset{2}{q} - dL dq d\overset{2}{q} = 0.$$

Mais les trois derniers termes sont du troisième ordre, tandis que les premiers ne sont que du second; ainsi, en rejetant les trois derniers comme infiniment petits vis-à-vis des autres, on a simplement l'équation du second ordre

$$N d\overset{2}{q} + Lq d\overset{2}{q} - dN dq - dLq dq - 2L d\overset{2}{q} = 0,$$

comme *Tailor* le trouve.

Suivant *Euler*, les deux équations seraient

$$(N dx - d.(H - \int L dx)\,q)\,v$$
$$+ (\overset{1}{N} dx - d.(H - \int \overset{1}{L} dx)\overset{1}{q})\,\omega = 0;$$
$$dq.v + d\overset{1}{q}.\omega = 0.$$

Mais

$$d.(H - \int L dx)q = -Lq dx + (H - \int L dx)\,dq,$$

et

$$d.(H - \int \overset{1}{L} dx)\,\overset{1}{q} = -\overset{1}{L}\overset{1}{q} dx + (H - \int \overset{1}{L} dx)\,d\overset{1}{q} = -\overset{1}{L}\overset{1}{q} dx$$
$$+ (H - \int L dx)\,d\overset{1}{q} - \overset{1}{L} dx d\overset{1}{q},$$

à cause de

$$\int \overset{1}{L} dx = \int L dx + \overset{1}{L} dx.$$

Donc, en observant que $\overset{1}{q} + d\overset{1}{q} = \overset{11}{q}$, la première équation devient,

$$((N+Lq)\,dx-(H-\int Ldx)\,dq)\nu$$
$$+((\overset{1}{N}+\overset{1}{L}q)\,dx-(H-\int Ldx)\,d\overset{\prime}{q})\,\omega=0;$$

laquelle, en vertu de la seconde, se réduit à celle-ci :

$$(N+Lq)\nu+(\overset{1}{N}+\overset{1}{L}\overset{11}{q})\,\omega=0,$$

qui est la même que celle de *Tailor*. Ainsi, comme les deux autres équations s'accordent aussi, le résultat doit être nécessairement le même.

En effet, suivant le théorême d'*Euler*, en ne considérant que la seule variation ν, on a tout de suite l'équation

$$Ndx-d.\,(H-\int Ldx)\,q-adq=0,$$

a étant une constante arbitraire.

Cette équation est l'intégrale première de celle de *Tailor*; car si on la réduit à la forme

$$Ndx-(H+a-\int Ldx)\,dq+Lqdx=0,$$

qu'on la différentie après l'avoir divisée par dq, et qu'on fasse ensuite disparaître les dénominateurs, on trouvera l'équation de *Tailor*.

On pourrait faire des remarques semblables sur les solutions des *Bernoulli*, et sur celles d'*Euler*, dans les tomes VI et VIII des *Anciens Commentaires de Pétersbourg*. Mais dans l'état actuel de l'analyse, on peut regarder ces discussions comme inutiles, parcequ'elles regardent des méthodes oubliées, comme ayant fait place à d'autres plus simples et plus générales. Cependant elles peuvent avoir encore quelqu'intérêt pour ceux qui aiment à suivre pas à pas les progrès de l'analyse, et à voir comment les méthodes simples et générales naissent des questions particulières et des procédés indirects et compliqués.

L'ouvrage d'*Euler*, que nous avons cité, n'aurait rien laissé à desirer sur les problèmes relatifs aux courbes qui jouissent de quelque propriété de *maximum* ou *minimum*, s'il avait pour base une analyse plus conforme à l'esprit du calcul différentiel. Mais la décomposition que l'auteur y fait des différentielles et des intégrales dans leurs élémens primitifs, détruit le mécanisme de ce calcul, et lui fait perdre ses principaux avantages, la simplicité et la généralité de son algorithme.

Il restait donc à trouver la manière de plier le calcul différentiel à ce genre de problêmes qui sont essentiellement de son ressort, et de les résoudre sans s'écarter de la marche simple et uniforme de ce calcul. Cet objet a été rempli par la méthode des variations, publiée dans le *second tome des Mémoires de l'Académie de Turin*. Comme cette méthode est exposée dans la plupart des Traités de calcul différentiel qui ont paru depuis, nous nous contenterons d'en donner ici les principes.

Elle consiste à faire varier les y dans la formule intégrale en x et y, qui doit être un *maximum* ou un *minimum*, par des différentiations ordinaires, mais relatives à une autre caractéristique δ différente de la caractéristique ordinaire d, et à déterminer la valeur différentielle de la formule par rapport à cette nouvelle caractéristique, en transposant le signe δ après les signes d et $\int$ lorsqu'il se trouve placé avant, et en faisant ensuite disparaître par des intégrations par parties les différentielles de δy sous les signes $\int$.

Soit la formule $\int Z$ qui doive être un *maximum ou minimum* entre des limites données, la quantité Z étant une fonction donnée de x, y, dy, d^2y, etc. En supposant dx constant, on aura $\delta.\int Z$ pour la valeur différentielle qui doit être nulle dans le *maximum* ou *minimum*; donc

$$\delta.\int Z = 0,$$

équation qui se transforme tout de suite en

$$\int \delta Z = 0.$$

Supposons qu'en différentiant à la manière ordinaire, mais suivant la caractéristique δ, et ne faisant varier que les y, dy, etc. on ait

$$\delta Z = N\delta y + P\delta dy + Q\delta d^2y + \text{etc.};$$

on aura l'équation

$$\int N\delta y + \int P\delta dy + \int Q\delta d^2y + \text{etc.} = 0.$$

Or $\int P\delta dy$ se transforme d'abord en $\int Pd\delta y$, et ensuite en intégrant par parties, en $P\delta y - \int dP\delta y$.

De même $\int Q\delta d^2y$ se transforme d'abord en $\int Qd^2\delta y$, ensuite en $Qd\delta y - dQ\delta y + \int d^2Q\delta y$, et ainsi des autres.

Donc en ajoutant une constante quelconque K à ces intégrations, l'équation deviendra

$$P\delta y + Qd\delta y - dQ\delta y + \text{etc.} + K$$
$$+ \int (N - dP + d^2Q - \text{etc.})\,\delta y = 0.$$

Comme toutes les différentielles de δy ont disparu de dessous le signe $\int$, cette partie n'est plus susceptible d'aucune réduction. Ainsi, pour vérifier l'équation indépendamment des variations δy, il faudra d'abord égaler à zéro le coefficient des δy sous le signe, ce qui donnera l'équation

$$N - dP + d^2Q - \text{etc.} = 0,$$

laquelle devra avoir lieu indéfiniment pour toutes les valeurs de x et y comprises entre les limites données.

Cette équation est en d'autres termes celle qu'*Euler* a trouvée le premier pour le *maximum* ou le *minimum* de la formule intégrale $\int Zdx$. *Euler* fait $\frac{dy}{dx} = p$, $\frac{dp}{dx} = q$, etc., et il suppose Z fonction de x, y, p, q, etc, telle qu'on ait par la différentiation

$$dZ = Mdx + Ndy + Pdp + Qdq + \text{etc.}$$

Il fait ensuite varier l'ordonnée y de la ligne infiniment petite $n\nu$; et en regardant la formule $\int Zdx$ comme l'aire d'une nouvelle courbe dont Z serait l'ordonnée, il trouve pour la valeur différentielle de cette aire, la formule

$$\left(N - \frac{dP}{dx} + \frac{d^2Q}{dx^2} - \text{etc.}\right).n\nu;$$

d'où il tire l'équation

$$N - \frac{dP}{dx} + \frac{d^2Q}{dx^2} - \text{etc.} = 0$$

qui coïncide avec la précédente.

Notre méthode donne de plus l'équation déterminée

$$(P - dQ + \text{etc.})\,\delta y + Qd\delta y + \text{etc.} + K = 0,$$

laquelle doit avoir lieu dans les deux limites entre lesquelles la formule $\int Zdx$ doit être un *maximum* ou un *minimum*.

Désignons par y_0, P_0, Q_0, etc. les valeurs de y, P, Q, etc. à la première limite où x est par exemple égale à a, et par y_1, P_1, Q_1, etc. leurs valeurs à l'autre limite où x serait égal à b; on aura ainsi les deux équations

$$(P_0 - dQ_0 + \text{etc.})\,\delta y_0 + Q_0 d\delta y_0 + \text{etc.} + K = 0,$$
$$(P_1 - dQ_1 + \text{etc.})\,\delta y_1 + Q_1 d\delta y_1 + \text{etc.} + K = 0,$$

La première donnera la valeur de la constante K, laquelle étant substituée dans la seconde, donne

$$(P_1 - dQ_1 + \text{etc.})\,\delta y_1 + Q_1 d\delta y_1 + \text{etc.}$$
$$-(P_0 - dQ_0 - \text{etc.})\,\delta y_0 - Q_0 d\delta y_0 - \text{etc.} = 0,$$

équation qui reste encore à vérifier pour la solution complète du problême.

Si les valeurs de y_0 et y_1, ainsi que celles de $\frac{dy_0}{dx}$, $\frac{dy_1}{dx}$, etc. sont censées données, leurs variations seront nulles, et tous les termes de l'équation précédente s'en iront d'eux-mêmes ; c'est le cas de l'analyse d'*Euler*.

Si toutes ces valeurs ou seulement quelques-unes sont indéterminées, ou s'il y a entr'elles des relations données par la nature du problême, alors après avoir effacé les variations qui doivent être nulles, et réduit les autres au plus petit nombre possible, il faudra faire disparaître les variations restantes en égalant leurs coefficiens à zéro ; ce qui donnera autant d'équations auxquelles on satisfera par le moyen des constantes arbitraires que les différentes intégrations introduiront dans l'équation du problême. Voyez là-dessus le *second* et le *quatrième volumes des Mémoires de Turin*, et les différens ouvrages de Calcul intégral où cette théorie est exposée.

LEÇON VINGT-DEUXIÈME.

Continuation de la Leçon précédente.

Méthode des variations, déduite de la considération des fonctions.

La méthode des variations, fondée sur l'emploi et la combinaison des caractéristiques d et δ qui répondent à des différentiations différentes, ne laissait rien à desirer; mais cette méthode ayant comme le calcul différentiel, la supposition des infiniment petits pour base, il était nécessaire de la présenter sous un autre point de vue pour la lier au Calcul des fonctions : c'est ce que j'ai déjà fait dans la *Théorie des Fonctions*; mais je vais reprendre ici cet objet, pour le traiter d'une manière plus directe et plus complète.

Lorsqu'une fonction donnée de plusieurs variables et de leurs dérivées ne satisfait pas aux conditions que nous avons trouvées dans la leçon précédente, elle ne peut pas avoir une fonction primitive, à moins qu'il n'y ait des relations établies entre ces variables, de manière qu'il n'y reste qu'une seule variable indéterminée; et les questions de *maximis* et de *minimis* dont il s'agit ici, consistent à trouver des relations telles que la fonction primitive qui en résultera, soit un *maximum* ou un *minimum* entre des limites données; c'est-à-dire entre des valeurs données de la variable qui demeurera indéterminée.

On voit d'abord que cette question dépend nécessairement de ce que la fonction primitive ne puisse avoir lieu sans une relation entre les variables; car si elle pouvait être une fonction déterminée des différentes variables et de leurs dérivées, elle ne serait plus susceptible que des *maxima* ou *minima* du genre ordinaire, relativement à chacune des variables et de leurs dérivées considérées comme des variables particulières.

Considérons donc une fonction quelconque de x, y, y', y'', etc. que nous désignerons par V, et que nous supposerons n'avoir point de fonction primitive dans l'état où elle est ; pour qu'elle en ait une, il faudra supposer $y = \varphi x$; et pour que la fonction primitive qui en résulte, et que nous dénoterons par U, soit un *maximum* ou un *minimum* entre des limites données qui répondent à des valeurs données de x, il faudra qu'en faisant varier tant soit peu la fonction φx, la valeur de la fonction U, prise entre ces limites, diminue dans le cas du *maximum*, et augmente dans le cas du *minimum*.

Supposons que l'expression de y soit, en général, une fonction de x et i, que nous représenterons par $\varphi(x, i)$, et qui soit telle qu'elle devienne φx lorsque $i = 0$.

La fonction U deviendra aussi une fonction de x et i, et pour qu'elle soit un *maximum* ou un *minimum*, il faudra qu'en donnant à i une valeur quelconque très-petite, et supposant d'ailleurs la composition de la fonction $\varphi(x, i)$ arbitraire par rapport à i, elle ait une valeur moindre dans le cas du maximum, et plus grande dans le cas du minimum que lorsque $i = 0$. Si on développe cette fonction suivant les puissances de i, elle deviendra

$$U + i\dot{U} + \frac{i^2}{2}\ddot{U} + \frac{i^3}{2.3}\dddot{U} + \text{etc.}$$

en indiquant par des points les fonctions dérivées par rapport à i, dans lesquelles il faut faire, après la dérivation $i = 0$, comme on l'a vu dans la leçon neuvième,

Ainsi l'accroissement de U, à raison de la quantité i, sera exprimée par les termes

$$i\dot{U} + \frac{i^2}{2}\ddot{U} + \frac{i^3}{2.3}\dddot{U} + \text{etc.}$$

et il faudra pour le *maximum* que la somme de ces termes ait une valeur négative, et pour le *minimum* que sa valeur soit positive, i étant une quantité quelconque très-petite et indépendante de x.

On a prouvé dans la leçon citée qu'on peut toujours donner à i une valeur assez petite pour que le premier terme $i\dot{U}$ surpasse la somme de tous les suivans; d'où il suit qu'alors l'accroissement de U aura le même signe que le terme $i\dot{U}$; mais il est visible que ce terme change de signe avec la quantité i qui n'y est qu'à la première dimension; donc il est impossible que l'accroissement de U soit constamment positif ou négatif en donnant à i des valeurs quelconques très-petites, à moins que le premier terme $i\dot{U}$ du développement de U ne disparaisse, ce qui donne d'abord la condition $\dot{U} = 0$, qui est comme l'on voit, commune aux *maxima* et aux *minima*.

Cette condition étant remplie, l'accroissement de U se réduira à $\frac{i^2}{2}\ddot{U} + \frac{i^3}{2.3}\dddot{U} +$ etc.; et par un raisonnement semblable à celui que nous venons de faire, on pourra prouver aussi que le premier terme $\frac{i^2}{2}\ddot{U}$ devra être positif ou négatif pour que la variation soit positive ou négative; mais ce terme étant multiplié par le quarré de i, il est clair que son signe sera indépendant de i, et ne dépendra que de celui de la quantité $\ddot{U}$, laquelle devra donc être toujours négative dans le cas du *maximum*, et positive dans le cas du *minimum*; ce qui contient le caractère qui distingue les *maxima* des *minima*.

Telle est la théorie générale des *maxima* et *minima* que nous avons cru devoir rappeler ici pour ne rien laisser à desirer.

Dans les questions ordinaires, la quantité U qui doit être un *maximum* ou un *minimum* est une fonction donnée de x, et les dérivées $\dot{U}$, $\ddot{U}$, etc. sont prises par rapport à x; alors l'équation $\dot{U}=0$ devient $U'=0$, et donne la valeur de x; ensuite le signe de U'' distingue le *maximum* du *minimum*.

Dans les questions dont il s'agit ici, la fonction U n'est donnée que par sa fonction dérivée V; la fonction φx est l'inconnue, et les dérivées $\dot{U}$, $\ddot{U}$, etc. sont censées prises par rapport à la quantité i qu'on suppose contenue dans la fonction $\varphi(x, i)$. Ainsi la difficulté consiste à déduire ces dérivées de la fonction donnée V.

Or y étant φx, lorsque φx devient $\varphi(x, i)$, y deviendra

$$y + i\dot{y} + \frac{i^2}{2}\ddot{y} + \frac{i^3}{2.3}\dddot{y} + \text{etc.};$$

en dénotant, commme plus haut, par des points les fonctions dérivées par rapport à i, dans lesquelles on fait ensuite $i=0$, desorte que ces fonctions deviennent de simples fonctions de x, qui peuvent même avoir une valeur quelconque, parceque la composition de la fonction $\varphi(x, i)$ est supposée arbitraire par rapport à i.

Ainsi en prenant les fonctions dérivées par rapport à x, il est clair que y' deviendra pareillement

$$y' + i\dot{y}' + \frac{i^2}{2}\ddot{y}' + \text{etc.},$$

et y'' deviendra de même

$$y'' + i\dot{y}'' + \frac{i^2}{2}\ddot{y}'' + \text{etc.},$$

et ainsi de suite.

Faisant ces substitutions à la place des quantités y, y', y'', etc. dans la fonction donnée V, et développant ensuite les puissances de i, cette fonction deviendra

$$V + i\dot{V} + \frac{i^2}{2}\ddot{V} + \frac{i^3}{2.3}\dddot{V} + \text{etc.};$$

et par la théorie des fonctions dérivées, exposée dans les premières leçons, il est facile de conclure que la quantité $\dot{V}$ qui étant multipliée par i forme le premier terme du développement, sera la fonction dérivée de V en y supposant x constant, et y, y', y'', etc. des variables indépendantes dont les fonctions dérivées soient respectivement $\dot{y}, \dot{y}', \dot{y}''$, etc. De même $\ddot{V}$ sera sa fonction dérivée du second ordre, prise relativement aux mêmes variables, et en supposant que $\ddot{y}, \ddot{y}', \ddot{y}''$, etc. soient les fonctions secondes de y, y', y''; etc., et ainsi de suite.

Nous appellerons en général *variations* du premier ordre, du second, etc. ces dérivées marquées par des points et relatives à la quantité i, dans lesquelles cette quantité est supposée nulle. Ainsi $\dot{y}$ sera la variation du premier ordre de y, $\dot{y}'$ sera la dérivée ordinaire de cette variation, $\ddot{y}$ sera la variation du second ordre de y, et ainsi de suite. De même, $\dot{V}$, $\ddot{V}$, etc. seront les variations du premier ordre, du second, etc. de V; et $\dot{U}$, $\ddot{U}$, etc. seront ausssi les variations du premier, du second ordre, etc. de U. Et pour former ces variations, on suivra les mêmes règles que pour les fonctions dérivées ordinaires.

Ainsi en faisant

$$V = f(x, y, y', y'', \text{etc.}),$$

on aura, suivant la notation employée dans ces leçons,

$$\dot{V} = \dot{y}f'(y) + \dot{y}'f'(y') + \dot{y}''f'(y'') + \text{etc.}$$

Il est visible que cette fonction $\dot{V}$ est la même chose que celle que nous avons désignée par $\overset{\text{I}}{V}$ au commencement de la leçon précédente, en changeant seulement $\dot{y}$ en ω, parceque nous avons supposé alors que l'accroissement de y était représenté simplement par $i\omega$.

Maintenant puisque U est supposé la fonction primitive de V en y faisant $y = \varphi x$, quelle que soit la fonction φx, elle le sera aussi en faisant $y = \varphi(x, i)$. Dans ce cas, nous avons vu que U devient $U + i\dot{U} + \frac{i^2}{2}\ddot{U} +$ etc., et V devient $V + i\dot{V} + \frac{i^2}{2}\ddot{V} +$ etc.; desorte que comme i peut être une quantité quelconque, il faudra que les variations $\dot{U}$, $\ddot{U}$, etc. soient respectivement aussi les fonctions primitives des variations $\dot{V}$, $\ddot{V}$, etc.; ainsi on aura

$$\dot{U}' = \dot{V}, \quad \ddot{U}' = \ddot{V}, \text{ etc.}$$

La condition du *maximum* ou *minimum* consiste donc en ce que la fonction primitive de $\dot{V}$ soit nulle, quelle que soit la valeur de $\dot{y}$. Or si, pour plus de simplicité, on représente la valeur de $\dot{V}$ par la formule

$$N\dot{y} + P\dot{y}' + Q\dot{y}'' + R\dot{y}''' + \text{etc.},$$

et qu'on emploie relativement aux dérivées de $\dot{y}$ les transformations qu'on a enseignées au commencement de la leçon précédente, relativement aux dérivées de ω dans l'expression de $\overset{1}{V}$, et dont l'objet est de réduire à des fonctions dérivées exactes tous les termes qui contiennent des dérivées de $\dot{y}$, on aura cette transformée

$$\begin{aligned}\dot{V} = (N - P' + Q'' - R''' + \text{etc.})\,\dot{y} \\ + (P\dot{y})' - (Q'\dot{y})' + (R''\dot{y})' - \text{etc.} \\ + (Q\dot{y}')' - (R'\dot{y}')' + \text{etc.} \\ + (R\dot{y}'')' - \text{etc.} \\ \text{etc.}\end{aligned}$$

où l'on voit que tous les termes, à l'exception de ceux qui forment la première ligne, sont des fonctions dérivées exactes, desorte que leurs fonctions primitives sont connues et déterminées, quelle que soit la quantité $\dot{y}$; au contraire, les termes de la première ligne étant tous multipliés par $\dot{y}$ ne peuvent avoir de fonction primitive, à moins qu'on ne donne à la variation $\dot{y}$ des valeurs particulières. Donc comme cette variation doit demeurer indéterminée, il sera impossible que la fonction primitive de $\dot{V}$ devienne nulle, à moins que la première ligne de l'expression de $\dot{V}$ ne disparaisse, ce qui donnera l'équation indépendante de $\dot{y}$.

$$N - P' + Q'' - R''' + \text{etc.} = 0.$$

C'est l'équation qui contient la relation nécessaire entre les variables x et y pour l'existence du *maximum* ou *minimum*, et que nous appellerons équation générale du *maximum* ou *minimum*. En géométrie, c'est l'équation de la courbe qui jouit de la propriété de *maximum* ou *minimum*. Il est facile de voir que cette équation sera en général de l'ordre $2n$, si la fonction proposée V est de l'ordre n, c'est-à-dire si elle contient la dérivée $y^{(n)}$; desorte que son équation primitive en x et y contiendra $2n$ constantes arbitraires.

La première ligne de la valeur de $\dot{V}$ ayant disparu, on aura en prenant la fonction primitive de $\dot{V}$,

$$\begin{aligned}\dot{U} = &(P - Q' + R'' - \text{etc.})\dot{y} \\ &+ (Q - R' + \text{etc.})\dot{y}' \\ &+ (R - \text{etc.})\dot{y}'' \\ &\quad\text{etc.} \\ &+ K,\end{aligned}$$

la quantité K étant une constante arbitraire.

Cette fonction ayant maintenant une valeur déterminée, pour que cette valeur soit nulle entre les limites données, il faudra que la différence des valeurs qui répondent à ces limites, soit nulle.

Désignons par $\dot{U}_0$ et $\dot{U}_1$, les valeurs de $\dot{U}$ qui répondent à la première et à la seconde limite, dans lesquelles x aura des valeurs données, et représentons de la même manière les valeurs des autres quantités dans ces limites ; on aura cette équation particulière aux limites $\dot{U}_1 - \dot{U}_0 = 0$; savoir,

$$\begin{aligned}
&(P_1 - Q'_1 + R''_1 - \text{etc.})\dot{y}_1 \\
&+ (Q_1 - R'_1 + \text{etc.})\dot{y}'_1 \\
&+ (R_1 - \text{etc.})\dot{y}''_1 \\
&\quad \text{etc.} \\
&- (P_0 - Q'_0 + R''_0 - \text{etc.})\dot{y}_0 \\
&- (Q_0 - R'_0 + \text{etc.})\dot{y}'_0 \\
&- (R_0 - \text{etc.})\dot{y}''_0 \\
&\quad \text{etc.} \\
&= 0.
\end{aligned}$$

à laquelle on devra satisfaire comme aux équations pour les *maxima* et *minima* du genre ordinaire ; et les conditions qui en résulteront serviront à déterminer les constantes arbitraires que la valeur de y en x pourra admettre.

Si les valeurs de y, y', y'', etc. étaient supposées données aux deux limites, alors il est visible que les variations $\dot{y}_0$, $\dot{y}'_0$, $\dot{y}''_0$, etc. et $\dot{y}_1$, $\dot{y}'_1$, $\dot{y}''_1$, etc. seraient nulles à-la-fois ; parconséquent l'équation ayant lieu d'elle-même, ne donnerait aucune condition à remplir.

Si au contraire aucune de ces valeurs n'était donnée, alors il faudrait égaler séparément à zéro tous les coefficiens de ces mêmes

mêmes variations, ce qui donnerait autant d'équations relatives à chacune des deux limites.

Mais il arrive le plus souvent que les valeurs de y et de ses dérivées aux deux limites ne sont ni toutes données ni toutes arbitraires, mais qu'il y a entre elles des relations données par la nature du problème. Alors il faudra par le moyen de ces relations, réduire les variations $\dot{y}, \dot{y}', \dot{y}''$, etc. dans les deux limites au plus petit nombre possible, et égaler à zéro les coefficiens de celles qui demeureront indéterminées.

L'équation générale

$$N - P' + Q'' - \text{etc.} = 0$$

que nous venons de trouver pour le *maximum* ou *minimum* de la fonction primitive de V, est, comme l'on voit, la même que celle que nous avons trouvée dans la leçon précédente pour l'existence de cette fonction, indépendamment d'aucune relation entre les variables.

On voit maintenant la raison de cette identité des formules par la conformité des opérations analytiques dans les deux cas.

Il est d'ailleurs évident que lorsque la fonction V est d'elle-même une dérivée exacte, sa fonction primitive est une fonction déterminée de x, y, y', y'', etc. qui doit alors être rapportée aux deux limites, de manière que l'équation

$$N - P' + Q'' - \text{etc.} = 0$$

ne doit plus donner de relation entre x et y, et parconséquent doit se vérifier d'elle-même.

C'est par cette considération qu'*Euler* a trouvé le premier cette même équation, ou plutôt l'équation équivalente

$$N - \frac{dP}{dx} + \frac{d^2 Q}{dx^2} - \text{etc.} = 0$$

pour la condition de l'intégrabilité de la formule Zdx. *Condorcet* a observé ensuite que si la formule $\int Zdx$ était intégrable, il fallait que la variation $\delta\int Zdx$ le fût aussi; et de là il a conclu que les équations de condition pour l'intégrabilité, devaient être les mêmes que les équations entre les variables pour les *maxima* et *minima*. Notre analyse ne doit rien laisser à desirer sur cet objet.

Nous avons supposé jusqu'ici que la variation de x était nulle; c'est ce qui a toujours lieu lorsque les limites sont fixes; mais comme dans la plupart des cas les limites sont variables, il est bon de voir ce que doit donner la variation de x.

Pour cela, il suffit de considérer que la fonction U étant censée une fonction de x, si on fait croître x de $i\dot{x}$, l'accroissement de U sera, comme on l'a vu dans les premières leçons,

$$i\dot{x}U' + \frac{i^2\dot{x}^2}{2}U'' + \text{etc.}$$

Or $U' = V$ par l'hypothèse; donc

$$U'' = V', \quad U''' = V'',$$

et ainsi de suite.

Donc pour avoir l'accroissement de U dans ce cas, il suffira d'ajouter respectivement aux variations $\dot{U}$, $\ddot{U}$, etc., les termes $\dot{x}V$, $\dot{x}^2V'$, etc. Ainsi comme $\dot{V} = \dot{U}'$, il faudra ajouter à la valeur de $\dot{V}$ trouvée dans l'hypothèse où x ne varie pas, le terme $(V\dot{x})'$.

Mais comme la variation de x influe aussi sur celle de y en tant que cette quantité est fonction de x, il faudra, dans ce cas, retrancher de celle-ci ce qui est dû à la variation de x, dont nous venons de déterminer l'effet total sur les variations de U.

En effet, on a vu ci-dessus que y étant φx, lorsque φx devient $\varphi(x, i)$, y devient $y + i\dot{y} + \frac{i^2}{2}\ddot{y} +$ etc Or x devenant en même temps $x + i\dot{x}$, y devient par là

$$y + i\dot{x}y' + \frac{i^2\dot{x}^2}{2}y'' + \text{etc.}$$

De la même manière, $\dot{y}$ qui est aussi fonction de x, deviendra

$$\dot{y} + i\dot{x}\dot{y}' + \frac{i^2\dot{x}^2}{2}\dot{y}'' + \text{etc.};$$

et $\ddot{y}$ deviendra

$$\ddot{y} + i\dot{x}\ddot{y} + \frac{i^2\dot{x}^2}{2}\ddot{y}'' + \text{etc.}$$

Donc l'accroissement total de y sera exprimé par

$$i(\dot{y} + \dot{x}y') + \frac{i^2}{2}(\ddot{y} + 2\dot{x}\dot{y}' + \dot{x}^2y'') + \text{etc.}$$

où l'on voit que $\dot{y} + \dot{x}y'$, $\ddot{y} + 2\dot{x}\dot{y}' + \dot{x}^2y''$, etc. sont les variations totales de y, dans le cas où l'on a égard à la variation $\dot{x}$ de x.

Désignant, pour un moment, ces variations par $(\dot{y})$, $(\ddot{y})$, etc.; pour les distinguer des variations $\dot{y}$, $\ddot{y}$, etc. qui ont lieu lorsque $\dot{x}$ est nulle, on aura

$$\dot{y} + \dot{x}y' = (\dot{y}), \quad \ddot{y} + 2\dot{x}\dot{y}' + \dot{x}^2y'' = (\ddot{y}), \text{ etc.};$$

donc

$$\dot{y} = (\dot{y}) - \dot{x}y',$$

et prenant les dérivées par rapport à x,

$$\dot{y}' = ((\dot{y}) - \dot{x}y')', \quad \dot{y}'' = ((\dot{y}) - \dot{x}y')'', \text{ etc.}$$

Ce sont les valeurs qu'il faudra substituer à la place de $\dot{y}, \dot{y}', \dot{y}''$, etc. dans la variation $\dot{V}$ prise en regardant x comme invariable. Donc si on a égard à la variation de x, l'expression de $\dot{V}$ trouvée ci-dessus, deviendra, en mettant simplement $\dot{y}$ au lieu de $(\dot{y})$,

$$N(\dot{y}-y'\dot{x})+P(\dot{y}-y'\dot{x})'+Q(\dot{y}-y'\dot{x})''$$
$$+R(\dot{y}-y'\dot{x})'''+\text{etc.}+(V\dot{x})'$$

Ainsi les termes de la transformée, qui seront multipliés par les variations $\dot{y}$ et $\dot{x}$, sans être des dérivées exactes, seront simplement

$$(N-P'+Q''-R'''+\text{etc.})(\dot{y}-y'\dot{x})\,;$$

d'où l'on voit que l'équation générale

$$N-P'+Q''-R'''+\text{etc.}=0$$

trouvée d'après la seule variation de y, satisfait en même temps à la variation de x. Donc cette variation n'influera que sur l'équation aux limites $\dot{U}_1-\dot{U}_0=0$, dans laquelle il faudra ajouter à la valeur de $\dot{U}$ le terme $V\dot{x}$, et y changer $\dot{y}$ en $\dot{y}-y'\dot{x}$.

On peut parvenir au même résultat d'une manière moins simple, mais plus directe, en considérant immédiatement les variations de x et de ses dérivées.

Pour cela, il faut d'abord dépouiller la fonction V de la supposition de $x'=1$, pour pouvoir tenir compte des variations de x', x'', etc.; ce qui se fait en substituant, comme on l'a vu dans les leçons précédentes, $\frac{y'}{x'}$ au lieu de y', $\frac{\left(\frac{y'}{x'}\right)'}{x'}$

au lieu de y'', et ainsi de suite, et multipliant la fonction V par x' pour qu'elle puisse être la fonction dérivée de U.

Soit, pour abréger,

$$\frac{y'}{x'}=p,\ \frac{p'}{x'}=q,\ \frac{q'}{x'}=r, \text{ etc.},$$

il faudra dans V substituer p, q, r, etc. à la place de y', y'', y''', etc.; moyennant quoi cette quantité deviendra fonction de y, p, q, etc., et l'on aura la dérivée

$$V'=Mx'+Ny'+Pp'+Qq'+Rr'+\text{etc.}$$

qui se réduit à

$$V'=(M+Np+Pq+Qr+Rs+\text{etc.})\,x',$$

et la variation

$$\dot{V}=M\dot{x}+N\dot{y}+P\dot{p}+Q\dot{q}+R\dot{r}+\text{etc.}$$

Ainsi tout consiste à trouver les valeurs des variations $\dot{p}$, $\dot{q}$, $\dot{r}$, etc.

Or p étant $=\frac{y'}{x'}$, on aura

$$\dot{p}=\frac{\dot{y}'}{x'}-\frac{y'\dot{x}'}{x'^2}=\frac{\dot{y}'-p\dot{x}'}{x'}$$

$$=\frac{(\dot{y}-p\dot{x})'+p'\dot{x}}{x'}=\frac{(\dot{y}-p\dot{x})'}{x'}+q\dot{x},$$

à cause de $\frac{p'}{x'}=q$.

On peut faire ici $x'=1$, et l'on aura simplement

$$\dot{p}=(\dot{y}-p\dot{x})'+q\dot{x}.$$

De même q étant $=\frac{p'}{x'}$, on aura

$$\dot{q}=\frac{\dot{p}'}{x'}-\frac{p'\dot{x}'}{x'^2}=\frac{\dot{p}'-q\dot{x}'}{x'}=\frac{(\dot{p}-q\dot{x})'+q'\dot{x}}{x'}$$

$$=\frac{(\dot{p}-q\dot{x})'}{x'}+r\dot{x}.$$

Mais la valeur de $\dot{p}$ donne

$$\dot{p}-q\dot{x}=(\dot{y}-p\dot{x})';$$

donc faisant cette substitution, et supposant $x'=1$, ce qui est permis ici, il viendra

$$\dot{q}=(\dot{y}-p\dot{x})''+r\dot{x}.$$

On trouvera de la même manière

$$\dot{r}=(\dot{y}-p\dot{x})'''+s\dot{x},$$

et ainsi de suite.

Par ces substitutions, la variation $\dot{V}$ deviendra

$$(M+Pq+Qr+Rs+\text{etc.})\,\dot{x}$$

$$+N\dot{y}+P(\dot{y}-p\dot{x})'+Q(\dot{y}-p\dot{x})''+R(\dot{y}-p\dot{x})'''+\text{etc.}$$

$$=(M+Np+Pq+Qr+Rs+\text{etc.})\,\dot{x}$$

$$+N(\dot{y}-p\dot{x})+P(\dot{y}-p\dot{x})'+Q(\dot{y}-p\dot{x})''+R(\dot{y}-p\dot{x})'''$$

$$+\text{etc.}$$

Or on a trouvé ci-dessus

$$M+Np+Pq+Qr+\text{etc.}=\frac{V'}{x'};$$

d'ailleurs $p = \frac{y'}{x'}$; donc faisant ces substitutions, et supposant ici $x' = 1$, on aura simplement

$$\dot{V} = V'\dot{x} + N(\dot{y} - y'\dot{x}) + P(\dot{y} - y'\dot{x})'$$
$$+ Q(\dot{y} - y'\dot{x})'' + R(\dot{y} - y'\dot{x})''' + \text{etc.}$$

C'est la valeur complète de la variation de $\dot{V}$, déduite des variations de x et de y et de leurs dérivées.

Mais on a vu qu'il faut mettre Vx' à la place de V; donc on aura $\dot{V}x' + V\dot{x}'$ à substituer à la place de $\dot{V}$ dans les formules données plus haut ; donc mettant ici la valeur de $\dot{V}$ qu'on vient de trouver, et observant que

$$V'\dot{x} + V\dot{x}' = (V\dot{x})',$$

on aura, en faisant $x' = 1$, le même résultat auquel on est parvenu ci-dessus par une autre voie.

Au reste en regardant la quantité V comme une fonction de x, y et de leurs dérivées x', x'', etc., y', y'', etc., on pourra traiter les variations de x comme on a fait celles de y.

Dans ce cas, la fonction V étant représentée par

$$f(x, x', x'', \text{etc.}, y, y', y'', \text{etc.})$$

on trouverait les termes

$$\dot{x}f'(x) + \dot{x}'f'(x') + \dot{x}''f'(x''), \text{ etc.}$$

à ajouter à la variation $\dot{V}$; et en désignant ces termes par la formule

$$n\dot{x} + p\dot{x}' + q\dot{x}'' + r\dot{x}''' + \text{etc.},$$

on parviendrait par des opérations relatives à la variation $\dot{x}$

et analogues à celles qu'on a employées pour la variation $\dot{y}$, à la transformée

$$(n - p' + q'' - r''' + \text{etc.})\,\dot{x}.$$

Desorte que la partie de la valeur de $\dot{V}$ qui ne serait pas une dérivée exacte serait

$$(N - P' + Q'' - R''' + \text{etc.})\,\dot{y}$$
$$+ (n - p' + q'' - r''' + \text{etc.})\,\dot{x}.$$

Lorsque y est censée une fonction de x, et qu'on peut parconséquent faire $x' = 1$, nous venons de voir que la variation simultanée de y et x, donne pour la partie de $\dot{V}$ qui n'est pas une dérivée exacte, la formule

$$(N - P' + Q'' - R''' + \text{etc.})\,(\dot{y} - y'\dot{x}).$$

Il faut donc alors que la formule précédente coïncide avec celle-ci, et que l'on ait parconséquent

$$n - p' + q'' - r''' + \text{etc.}$$
$$= -y'(N - P' + Q'' - R''' + \text{etc.}).$$

D'où l'on voit que l'équation

$$n - p' + q'' - r''' + \text{etc.} = 0$$

que donnerait la variation de x, est toujours équivalente à l'équation

$$N - P' + Q'' - R''' + \text{etc.} = 0$$

qui provient de la variation de y.

En effet, nous avons déjà trouvé par une autre voie, dans la leçon précédente, que ces équations ont toujours lieu à-la-fois.

Un des avantages du calcul des variations est de pouvoir faire varier indistinctement les indéterminées x ou y, et leurs différentielles; et l'identité des équations du *maximum* ou *minimum*, déduites de l'une et de l'autre de ces variations, a été un des premiers résultats de ce calcul auquel les anciennes méthodes n'auraient pu conduire. Mais les démonstrations qu'on en a données dans le second et dans le quatrième volume des *Mémoires de Turin*, sont moins directes que celle qui se déduit des formules qui représentent cette double variation, et que nous venons d'exposer d'après *Euler*. Voyez le tome troisième de son *Calcul intégral*.

Considérons maintenant le problême dans toute sa généralité, et d'abord soit, comme ci-dessus,

$$V = f(x, y, y', y'', y''', \text{etc.}),$$

on aura

$$N = f'(y),\ P = f'(y'),\ Q = f'(y''),\ R = f'(y'''), \text{ etc.}$$

Soit, de plus, pour abréger,

$$Y = f'(y) - [f'(y')]' + [f'(y'')]'' - [f'(y''')]''' + \text{etc.}$$

$$\overset{\text{I}}{Y} = f'(y') - [f'(y'')]' + [f'(y''')]'' - \text{etc.}$$

$$\overset{\text{II}}{Y} = f'(y'') - [f'(y''')]' + \text{etc.}$$

$$\overset{\text{III}}{Y} = f'(y''') - \text{etc.}$$

etc.

La variation $\dot{V}$, dans le cas où x ne varie pas, sera

$$\dot{V} = Y\dot{y} + (\overset{\text{I}}{Y}\dot{y})' + (\overset{\text{II}}{Y}\dot{y}')' + (\overset{\text{III}}{Y}\dot{y}'')' + \text{etc.}$$

où les termes qui ne sont pas sous la forme de fonctions dérivées, doivent s'évanouir, ce qui donne d'abord, comme on l'a vu, l'équation générale $Y = 0$.

Ensuite, à cause de $\dot{V} = \dot{U}'$, on aura la variation de U

$$\dot{U} = \overset{\text{I}}{Y}\dot{y} + \overset{\text{II}}{Y}\dot{y}' + \overset{\text{III}}{Y}\dot{y}'' + \text{etc.}$$

et l'équation aux limites sera

$$\dot{U}_1 - \dot{U}_0 = 0.$$

Si on veut que x varie en même temps que y, on changera $\dot{y}$ en $\dot{y} - y'\dot{x}$, et on ajoutera à $\dot{U}$ le terme $V\dot{x}$.

Supposons, en second lieu, que la fonction proposée contienne une troisième variable z, avec ses fonctions dérivées z', z'', etc., on fera, relativement à cette variable, des opérations analogues à celles qu'on a employées pour la variable y; et la valeur de $\dot{V}$, en supposant x invariable, se trouvera composée de deux parties semblables, l'une relative à $\dot{y}$, l'autre relative à $\dot{z}$.

Ainsi, en supposant

$$V = f(x, y, y', y'', \text{ etc. } z, z', z'', \text{ etc.}),$$

et conservant les expressions de Y, $\overset{\text{I}}{Y}$, $\overset{\text{II}}{Y}$, etc., on fera, de plus,

$$Z = f'(z) - [f'(z')]' + [f'(z'')]'' - [f'(z''')]''' + \text{etc.}$$

$$\overset{\text{I}}{Z} = f'(z') - [f'(z'')]' + [f'(z''')]'' - \text{etc.}$$

$$\overset{\text{II}}{Z} = f'(z'') - [f'(z''')]' + \text{etc.}$$

$$\overset{\text{III}}{Z} = f'(z''') - \text{etc.}$$

etc.

et l'on aura sur-le-champ

$$\dot{V} = Y\dot{y} + Z\dot{z}$$

$$+ (\overset{\text{I}}{Y}\dot{y})' + (\overset{\text{II}}{Y}\dot{y}')' + (\overset{\text{III}}{Y}\dot{y}'')' + \text{etc.}$$

$$+ (\overset{\text{I}}{Z}\dot{z})' + (\overset{\text{II}}{Y}\dot{z}')' + (\overset{\text{III}}{Z}\dot{z}'')' + \text{etc.}$$

Les termes $Y\dot{y} + Z\dot{z}$, qui ne sauraient être des fonctions dérivées exactes, tant que $\dot{y}$ et $\dot{z}$ ont des valeurs arbitraires, doivent être détruits, ce qui donnera d'abord l'équation générale

$$Y\dot{y} + Z\dot{z} = 0,$$

à laquelle on satisfera de différentes manières, suivant que les variables y et z seront indépendantes l'une de l'autre, ou qu'elles seront liées entr'elles par des relations données.

On aura ensuite, en prenant les fonctions primitives, à cause de $\dot{V} = \dot{U}'$, l'équation

$$\dot{U} = \overset{\text{I}}{Y}\dot{y} + \overset{\text{II}}{Y}\dot{y}' + \overset{\text{III}}{Y}\dot{y}'' + \text{etc.}$$

$$+ \overset{\text{I}}{Z}\dot{z} + \overset{\text{II}}{Z}\dot{z}' + \overset{\text{III}}{Z}\dot{z}'' + \text{etc.};$$

c'est la valeur qu'il faudra substituer dans l'équation aux limites

$$\dot{U}_1 - \dot{U}_0 = 0.$$

Si on veut que x varie aussi, on changera $\dot{y}$ et $\dot{z}$ en $\dot{y} - y'\dot{x}$, $\dot{z} - z'\dot{x}$, et on ajoutera à $\dot{U}$ le terme $V\dot{x}$.

Reprenons l'équation $Y\dot{y} + Z\dot{z} = 0$. S'il n'y a aucune relation donnée par les conditions du problême, entre x et y, leurs variations seront indépendantes l'une de l'autre, et on ne pourra vérifier l'équation dont il s'agit qu'en faisant séparément

$$Y = 0, \qquad Z = 0,$$

deux équations qui serviront à déterminer y et z en fonctions de x.

Mais si les variables y et z étaient liées par une équation de condition entre x, y, z, que nous représenterons par

$$F(x, y, z) = 0;$$

il faudrait tirer de cette équation la valeur de z en x et y, et la substituer dans l'expression de V; mais pour faire usage de l'équation $Y\dot{y} + Z\dot{z} = 0$, il suffit d'avoir le rapport entre les variations $\dot{y}$ et $\dot{z}$; et pour cela il n'y a qu'à considérer que la relation entre les quantités x, y, z devant subsister aussi dans l'état varié, l'équation $F(x, y, z) = 0$ devra avoir lieu aussi en y mettant $x + i\dot{x}$ au lieu de x, et $y + i\dot{y} + \frac{i^2}{2}\ddot{y} +$ etc., $z + i\dot{z} + \frac{i^2}{2}\ddot{z} +$ etc. au lieu de y et z, quelle que soit la quantité i. D'où et de ce qui a été démontré dans les premières leçons, il est facile de conclure que les dérivées de cette équation, relatives aux variations de x, y, z, devront avoir lieu aussi. Desorte que l'équation de condition $F(x, y, z) = 0$ donnera les équations variées

$$\dot{F}(x, y, z) = 0, \qquad \ddot{F}(x, y, z) = 0, \text{ etc.}$$

Or en regardant x comme invariable, on a

$$\dot{F}(x, y, z) = \dot{y}F'(y) + \dot{z}F'(z),$$

puisque l'algorithme des variations est le même que celui des dérivées. Ainsi on aura l'équation

$$\dot{y}F'(y) + \dot{z}F'(z) = 0,$$

d'où l'on tire le rapport de $\dot{y}$ à $\dot{z}$, lequel étant ensuite substitué dans l'équation $Y\dot{y} + Z\dot{z} = 0$ du *maximum* ou *mi-*

nimum, donnera celle-ci

$$YF'(z) - ZF'(y) = 0,$$

qui étant combinée avec l'équation de condition $F(x, y, z) = 0$ servira à déterminer les valeurs de y et z en x.

Nous avons supposé dans le calcul précédent que x ne variait pas. Si on voulait tenir compte des variations de x, on aurait à la place de l'équation $Y\dot{y} + Z\dot{z} = 0$, celle-ci :

$$Y(\dot{y} - y'\dot{x}) + Z(\dot{z} - z'\dot{x}) = 0.$$

Or l'équation de condition $F(x, y, z) = 0$ donnerait d'un côté l'équation dérivée

$$F'(x) + y'F'(y) + z'F'(z) = 0,$$

et de l'autre l'équation variée

$$\dot{x}F'(x) + \dot{y}F'(y) + \dot{z}F'(z) = 0;$$

substituant dans celle-ci la valeur de $F'(x)$, tirée de la précédente, on aura

$$(\dot{y} - y'\dot{x})F'(y) + (\dot{z} - z'\dot{x})F'(z) = 0.$$

Et cette équation combinée avec l'équation ci-dessus, donnera également l'équation

$$YF'(z) - ZF'(y) = 0.$$

On voit par là, en général, que la variation de x, $\dot{x}$ n'influe que sur l'équation aux limites, et nullement sur l'équation générale du *maximum* ou *minimum*.

Supposons maintenant, pour embrasser le problême dans toute son étendue, que l'équation de condition entre x, y, z contienne aussi les dérivées de y et z et soit en général de la forme

$$F(x, y, y', y'', \text{etc.} \quad z, z', z'', \text{etc.}) = 0;$$

On tirera de là l'équation variée

$$\dot{F}(x, y, y', y'', \text{etc.} \quad z, z', z'', \text{etc.}) = 0,$$

laquelle, en n'ayant égard qu'aux variations de y, z, se développera ainsi :

$$\dot{y}F'(y) + \dot{y}'F'(y') + \dot{y}''F'(y'') + \text{etc.}$$
$$+ \dot{z}F'(z) + \dot{z}'F'(z') + \dot{z}''F'(z'') + \text{etc.} = 0.$$

Comme les dérivées de $\dot{z}$ ne paraissent dans cette équation que sous la forme linéaire, il est possible d'en déduire l'expression de $\dot{z}$, en employant la méthode des multiplicateurs et prenant successivement les fonctions primitives; mais de cette manière on entre dans des calculs longs et compliqués, et il est beaucoup plus simple d'employer les multiplicateurs, de la manière dont on en a usé dans la *Mécanique analytique* qui est toute fondée sur le calcul des variations.

On se contentera donc de multiplier le premier membre de cette équation par un coefficient indéterminé λ, et de l'ajouter à l'expression précédente de la variation $\dot{V}$, en ayant soin en même temps de transformer tous les nouveaux termes de manière que les fonctions dérivées des variations $\dot{y}$ et $\dot{z}$ ne se trouvent que dans des fonctions dérivées exactes, comme on l'a pratiqué à l'égard des termes de la valeur de $\dot{V}$. On aura ainsi une nouvelle expression de $\dot{V}$, dans laquelle on pourra maintenant traiter les variations de $\dot{y}$ et $\dot{z}$, comme indépendantes, à raison de l'indéterminée λ.

Soient, pour abréger,

$$(Y) = \lambda F'(y) - [\lambda F'(y')]' + [\lambda F'(y'')]'' - \text{etc.}$$

$$(\overset{\text{I}}{Y}) = \lambda F'(y') - [\lambda F'(y'')]' + \text{etc.}$$

$$(\overset{\text{II}}{Y}) = \lambda F'(y'') - \text{etc.}$$

etc.

$$(Z) = \lambda F'(z) - [\lambda F'(z')]' + [\lambda F'(z'')]'' - \text{etc.}$$

$$(\overset{\text{I}}{Z}) = \lambda F'(z') - [\lambda F'(z'')]' + \text{etc.}$$

$$(\overset{\text{II}}{Z}) = \lambda F'(z'') - \text{etc.}$$

etc.

Les termes à ajouter à l'expression de la variation $\dot{V}$, seront

$$(Y)\dot{y} + (Z)\dot{z}$$
$$+ ((\overset{\text{I}}{Y})\dot{y})' + ((\overset{\text{II}}{Y})\dot{y}')' + \text{etc.}$$
$$+ ((\overset{\text{I}}{Z})\dot{z})' + ((\overset{\text{II}}{Z})\dot{z}')' + \text{etc.}$$

Donc, puisqu'on peut maintenant regarder les variations $\dot{y}$ et $\dot{z}$ comme indépendantes, on aura d'abord, par les principes posés ci-dessus, les deux équations générales du *maximum* ou *minimum*,

$$Y + (Y) = 0, \qquad Z + (Z) = 0,$$

entre lesquelles il faudrait éliminer l'indéterminée λ; et l'équation résultante, combinée avec l'équation de condition, donnera les valeurs de y et z en x.

Ensuite la variation $\dot{U}$ deviendra

$$\dot{U} = (\overset{\text{I}}{Y} + (\overset{\text{I}}{Y}))\dot{y} + (\overset{\text{II}}{Y} + (\overset{\text{II}}{Y}))\dot{y}' + \text{etc.}$$
$$+ (\overset{\text{I}}{Z} + (\overset{\text{I}}{Z}))\dot{z} + (\overset{\text{II}}{Z} + (\overset{\text{II}}{Z}))\dot{z}' + \text{etc.}$$

valeur qu'on substituera dans l'équation aux limites

$$\dot{U}_1 - \dot{U}_0 = 0.$$

Si on veut avoir égard en même temps à la variation de x, on ajoutera à $\dot{U}$ le terme $V\dot{x}$, et on changera les quantités $\dot{y}$, $\dot{z}$ et leurs dérivées en $\dot{y} - y'\dot{x}$, $\dot{z} - z'\dot{x}$, et dans les dérivées de celles-ci.

Il faudrait, à la rigueur, dans ce cas, ajouter à la valeur de $\dot{V}$ le terme $\lambda(\dot{x}F(x, y, \ldots))'$, d'après les formules trouvées plus haut pour la valeur complète de la variation de $x'F(x, y, \ldots)$. Ce terme se transforme en $(\lambda\dot{x}F(x, y, \ldots))' - \lambda'\dot{x}F(x, y \ldots)$; mais il disparaît ici en vertu de l'équation $F(x, y \ldots) = 0$. Il faudrait néanmoins le conserver si l'équation de condition n'était donnée que par l'équation variée $\dot{F}(x, y \ldots) = 0$.

Dans l'équation aux limites, on pourra regarder aussi les variations $\dot{x}$, $\dot{y}$ et $\dot{z}$, ainsi que leurs dérivées, comme indépendantes, à moins que la nature du problême ne donne aussi des conditions particulières aux limites.

Supposons, par exemple, que l'on ait une ou plusieurs équations de condition entre les quantités x, y, y', y'', etc. z, z', z'', etc., rapportées aux deux limites, c'est-à-dire entre les quantités x_0, y_0, y_0', y_0'', etc. z_0, z_0', z_0'', etc. x_1, y_1, y_1', y_1'', etc. z_1, z_1', z_1'', etc., et que le *maximum* ou *minimum* ne doive avoir lieu que parmi les fonctions qui, prises entre les limites données, satisfont à ces conditions; il faudra que les mêmes équations subsistent dans l'état varié, c'est-à-dire en y mettant $x + i\dot{x}$, $y + i\dot{y} + \frac{i^2}{2}\ddot{y} +$ etc., $z + i\dot{z} + \frac{i^2}{2}\ddot{z} +$ etc. à la place de x, y, z; parconséquent on aura aussi les variations de ces équations, comme nous l'avons déjà vu plus haut.

Désignons par

$$\Phi(x_0, y_0, y_0', \text{etc. } z_0, z_0', \text{etc. } x_1, y_1, y_1', \text{etc. } z_1, z_1', \text{etc.}) = 0,$$

une

une de ces équations de condition ; elle donnera l'équation variée

$$\dot{x}_0 \Phi'(x_0) + \dot{y}_0 \Phi'(y_0) + \dot{z}_0 \Phi'(z_0) + \dot{y}_0{}' \Phi'(y_0{}') + \text{etc.}$$
$$+ \dot{x}_1 \Phi'(x_1) + \dot{y}_1 \Phi'(y_1) + \dot{z}_1 \Phi'(z_1) + \dot{y}_1{}' \Phi'(y_1{}') + \text{etc.} = 0.$$

On multipliera cette équation et les autres semblables par des coefficiens indéterminés α, β, etc., et on les ajoutera à l'équation des limites données ci-dessus, après quoi on pourra traiter toutes les variations

$$\dot{x}_0, \dot{x}_1, \dot{y}_0, \dot{y}_0{}', \dot{y}_0{}'', \text{etc. } \dot{y}_1, \dot{y}_1{}', \dot{y}_1{}'', \text{etc. } \dot{z}_1, \dot{z}_1{}', \dot{z}_1{}'', \text{etc.}$$

comme indépendantes, et égaler à zéro chacun de leurs coefficiens, ce qui donnera autant d'équations particulières aux limites qu'il y aura de ces variations. On satisfera ensuite à ces équations par le moyen des coefficiens arbitraires α, β, etc. et des constantes arbitraires qui entreront dans les expressions de y, z en x.

A l'égard des variations $\dot{z}_0$, $\dot{z}_0{}'$, etc. $\dot{z}_1$, $\dot{z}_1{}'$, etc. il est bon de remarquer que la fonction z étant donnée par une équation dérivée, si cette équation est de l'ordre n par rapport à z, les valeurs de z, z', z'', etc. $z^{(n-1)}$, correspondantes à une valeur donnée de x, seront arbitraires, et devront être déterminées par les conditions du problême. Ainsi, en rapportant ces valeurs à la première limite, il faudra regarder les quantités z_0, $z_0{}'$, etc. $z_0{}^{(n-1)}$ comme des fonctions données de x_0, y_0, $y_0{}'$, etc.; donc les variations $\dot{z}_0$, $\dot{z}_0{}'$, etc. seront aussi données en fonctions de x_0, y_0, $y_0{}'$, etc. multipliées par les variations $\dot{x}_0$, $\dot{y}_0$, $\dot{y}_0{}'$, etc. Alors les variations $\dot{z}_1$, $\dot{z}_1{}'$, $\dot{z}_1{}''$, etc., qui se rapportent à la seconde limite, seront absolument indéterminées, et il faudra les faire évanouir en égalant leurs coefficiens à zéro.

On pourrait demander que la fonction z donnée par l'équation de condition fût elle-même un *maximum* ou un *minimum*. Il n'y aurait alors qu'à supposer $U = z$, et parconséquent $V = z'$.

On aurait donc dans ce cas

$$f'(y) = 0,\ f'(y') = 0,\ \text{etc.}\ f'(z) = 0,\ f'(z') = 1,\ f'(z'') = 0\ \text{etc.}$$

Donc

$$Y = 0,\quad \overset{\text{I}}{Y} = 0,\ \text{etc.}\quad Z = 0,\quad \overset{\text{I}}{Z} = 1,\quad \overset{\text{II}}{Z} = 0,\ \text{etc.}$$

Les équations générales du *maximum* ou *minimum* seraient donc simplement

$$(Y) = 0, \quad (Z) = 0.$$

On aurait ensuite

$$\dot{U} = (\overset{\text{I}}{Y})\dot{y} + (\overset{\text{II}}{Y})\dot{y}' + \text{etc.}$$
$$+ (1 + (\overset{\text{I}}{Z}))\dot{z} + (\overset{\text{II}}{Z})\dot{z}' + \text{etc.}$$

L'équation $(Z) = 0$ servira à déterminer la variable λ, et l'équation $(Y) = 0$, combinée avec l'équation donnée $F(x, y, y', \text{etc. } z, z', \text{etc.}) = 0$, donnera la valeur de y en x. Soit $z^{(n)}$ la plus haute dérivée de z qui entre dans cette équation, l'équation $(Z) = 0$ sera linéaire et de l'ordre n, par rapport à λ; la valeur de λ contiendra donc autant de constantes arbitraires et linéaires aussi, qui serviront à faire évanouir les variations $\dot{z}_1$, $\dot{z}_1'$, etc. dans l'équation des limites; les variations $\dot{z}_0$, $\dot{z}_0'$, etc. étant censées données par la nature du problême, comme nous venons de le remarquer.

Il faudra donc déterminer ces constantes de manière que l'on ait

$$1 + (\overset{\text{I}}{Z}_1) = 0, \quad (\overset{\text{II}}{Z}_1) = 0, \quad (\overset{\text{III}}{Z}_1) = 0,\ \text{etc.}$$

et on remplira ces conditions en faisant simplement

$$\lambda_1 = 0, \quad \lambda'_1 = 0, \text{ etc. } \quad \lambda_1^{(n-1)} = 0,$$

et de plus,

$$\lambda^{(n)} F'(z^{(n)})_1 + 1 = 0.$$

Ceci revient à la solution donnée dans le *tome quatrième des Mémoires de Turin.*

En général soit V une fonction quelconque des variables x, y, z, t, etc. et de leurs dérivées d'un ordre quelconque, à l'exception de x, dont la dérivée soit supposée l'unité; et soient $L = 0$, $M = 0$, etc. des équations de condition entre ces variables et leurs dérivées, dont le nombre ne surpasse pas celui des variables diminué de deux unités, afin qu'il reste des relations indéterminées entre les mêmes variables.

Le problême de *maximis* et *minimis*, dont il s'agit ici, consiste à déterminer ces relations de manière que la fonction primitive de V devienne un *maximum* ou un *minimum* entre des limites données, correspondantes à des valeurs données de x.

Pour le résoudre de la manière la plus générale, on cherchera les variations des fonctions V, L, M, etc., dues aux variations de y, z, t, etc., et désignant ces variations par $\dot{V}$, $\dot{L}$, $\dot{M}$, etc., on considérera la formule

$$\dot{V} + \lambda \dot{L} + \mu \dot{M} + \text{etc.},$$

dans laquelle λ, μ, etc. sont supposées des variables indéterminées.

On fera sur cette formule les transformations enseignées plus haut, par lesquelles les fonctions dérivées des variations $\dot{y}$, $\dot{z}$, $\dot{t}$, etc. ne paraissent plus que dans des termes qui sont des fonctions dérivées exactes. Elle deviendra ainsi de la forme

$$
\begin{aligned}
&Y\dot{y} + Z\dot{z} + T\dot{t} + \text{etc.}\\
&+ (\overset{\text{I}}{Y}\dot{y} + \overset{\text{II}}{Y}\dot{y}' + \overset{\text{III}}{Y}\dot{y}'' + \text{etc.})'\\
&+ (\overset{\text{I}}{Z}\dot{z} + \overset{\text{II}}{Z}\dot{z}' + \overset{\text{III}}{Z}\dot{z}'' + \text{etc.})'\\
&+ (\overset{\text{I}}{T}\dot{t} + \overset{\text{II}}{T}\dot{t}' + \overset{\text{III}}{T}\dot{t}'' + \text{etc.})'\\
&\text{etc.}
\end{aligned}
$$

Et l'on aura d'abord les équations générales

$$Y = 0, \quad Z = 0, \quad T = 0, \text{ etc.},$$

qui, étant combinées avec les équations de condition

$$L = 0, \quad M = 0, \text{ etc.},$$

serviront à déterminer les variables y, z, t, etc. λ, μ, etc.

Ensuite faisant

$$
\begin{aligned}
(\dot{U}) = {} & \overset{\text{I}}{Y}\dot{y} + \overset{\text{II}}{Y}\dot{y}' + \overset{\text{III}}{Y}\dot{y}'' + \text{etc.}\\
&+ \overset{\text{I}}{Z}\dot{z} + \overset{\text{II}}{Z}\dot{z}' + \overset{\text{III}}{Z}\dot{z}'' + \text{etc.}\\
&+ \overset{\text{I}}{T}\dot{t} + \overset{\text{II}}{T}\dot{t}' + \overset{\text{III}}{T}\dot{t}'' + \text{etc.}\\
&\text{etc.}
\end{aligned}
$$

on aura l'équation aux limites $(\dot{U}_1) - (\dot{U}_0) = 0$, à laquelle on devra satisfaire, indépendamment des variations $\dot{y}$, $\dot{y}'$, etc. $\dot{z}$, $\dot{z}'$, etc. etc.

Et pour tenir compte de la variation de x, il n'y aura qu'à changer $\dot{y}$, $\dot{z}$, $\dot{t}$ en $\dot{y} - y'\dot{x}$, $\dot{z} - z'\dot{x}$, $\dot{t} - t'\dot{x}$, et ajouter à la valeur de $(\dot{U})$ le terme $V\dot{x}$.

Comme la nature du problême peut fournir aussi des équations de condition entre les variables x, y, z, t, etc., rapportées à ces limites, désignons par $A = 0$, $B = 0$ etc.

ces équations de condition, de manière que A, B, etc. soient des fonctions données de x_0, x_1, y_0, y_1, y_0', y_1', etc.

On formera les équations variées $\dot{A} = 0$, $\dot{B} = 0$, dues aux variations de chacune des quantités x_0, x_1, y_0, y_1, y_0', y_1', etc. on ajoutera ces équations multipliées par les coefficiens indéterminés α, β, etc. à l'équation aux limites.

On aura ainsi l'équation

$$(\dot{U}_1) - (\dot{U}_0) + \alpha\dot{A} + \beta\dot{B} + \text{etc.} = 0,$$

dans laquelle on égalera séparément à zéro le coefficient de chacune des variations dont il s'agit.

Ces formules servent à répondre à toutes les questions où l'on cherche des *maxima* ou *minima* absolus. Voyons aussi comment on y peut rappeler les questions où l'on ne demande que des *maxima* ou *minima* relatifs, c'est-à-dire dans lesquelles la fonction primitive d'une fonction donnée ne doit être un *maximum* ou un *minimum* entre des limites assignées, qu'autant que les fonctions primitives d'autres fonctions données, auront des valeurs données entre les mêmes limites.

Soit u la fonction donnée dont la fonction primitive doit avoir une valeur déterminée entre les limites assignées. Supposons que s soit cette fonction primitive, ensorte que l'on ait l'équation $s' - u = 0$. La condition dont il s'agit consiste en ce que la quantité $s_1 - s_0$ doit avoir une valeur donnée; parconséquent sa variation devra être nulle, ce qui donne l'équation aux limites $\dot{s}_1 - \dot{s}_0 = 0$.

Pour introduire cette condition dans la solution générale du problême de *maximis* et *minimis*, je regarde l'équation $s' - u = 0$ comme une équation de condition, et je la traite comme les équations de condition $L = 0$, $M = 0$, etc. Je multiplie par un coefficient variable et indéterminé σ la variation $\dot{s}' - \dot{u}$, et je l'ajoute à la formule générale $\dot{V} + \lambda\dot{L} +$ etc.; j'ai

$$\dot{V} + \sigma(\dot{s}' - \dot{u}) + \lambda\dot{L} + \mu\dot{M} + \text{etc.}$$

Le terme $\sigma\dot{s}'$ se transforme en ceux-ci : $(\sigma\dot{s})' - \sigma'\dot{s}$; et comme ces termes sont les seuls qui contiennent la variable s, la variation $\dot{s}$ donnera d'abord l'équation $\sigma' = 0$; d'où l'on tire $\sigma = a$, a étant une constante arbitraire.

Ensuite l'autre partie $(\sigma\dot{s})'$, qui est une dérivée exacte, donnera dans l'expression de (U) le terme $\sigma\dot{s}$, et dans l'équation aux limites les termes $a(\dot{s}_1 - \dot{s}_0)$, à cause de $\sigma = a$. Mais on a par les conditions du *maximum* ou *minimum* relatif, $\dot{s}_1 - \dot{s}_0 = 0$. Donc la valeur de (U) ne recevra aucun changement.

Il n'y aura donc que la variation $-a\dot{u}$ qui devra être ajoutée à la formule générale, ce qui revient à substituer à la place de la fonction V la fonction $V - au$, et à chercher les conditions du *maximum* ou *minimum* absolu de la fonction primitive de $V - au$, a étant une constante quelconque arbitraire.

On trouverait de la même manière que si la fonction primitive de V ne devait être qu'un *maximum* ou *minimum* relatif, en supposant que les fonctions primitives de u et v aient des valeurs déterminées, la question se réduirait au *maximum* ou *minimum* absolu de la fonction primitive de $V - au - bv$, a et b étant des constantes arbitraires.

Ce résultat s'accorde, comme l'on voit, avec celui qu'*Euler* avait trouvé par la considération des variations des ordonnées successives dans les courbes.

Telles sont les formules générales pour la solution des problêmes de *maximis* et *minimis* qui dépendent de la méthode des variations, et l'on voit que ces formules s'étendent à tous les cas ; mais dans chaque cas particulier, au lieu d'y appliquer ces formules, il sera quelquefois préférable d'opérer directement sur les fonctions proposées, en suivant la marche que nous venons de tracer.

Quant à la manière de distinguer les *maxima* des *minima*, et même de s'assurer de leur existence, nous avons vu qu'elle dépend des variations du second ordre ; mais nous n'entrerons pas dans un détail qui nous mènerait trop loin ; on peut voir d'ailleurs ce que nous avons dit là-dessus dans la *Théorie des fonctions*, art. 173 et suiv. Nous remarquerons seulement qu'en prenant la variation du second ordre de la fonction V, il sera inutile d'avoir égard aux variations du second ordre de la variable y, parceque les termes affectés de $\ddot{y}$, $\ddot{y}'$, etc. dans l'expression de $\ddot{V}$ étant les mêmes que ceux affectés de $\dot{y}$, $\dot{y}'$ dans $\dot{V}$, ces termes doivent disparaître par les conditions du *maximum* ou *minimum*, quelle que soit la valeur de $\dot{y}$, ou de $\ddot{y}$. Ainsi on aura pour la variation du second ordre, les mêmes formules que dans l'endroit cité, en changeant seulement $\dot{y}$ en ω et parconséquent aussi les mêmes résultats.

Pour ne rien laisser à desirer sur cette matière, nous dirons encore un mot des *maxima* et *minima* qui dépendent des fonctions de plusieurs variables. La première question de ce genre a été résolue par la méthode des variations, dans *le second volume des Mémoires de Turin*. Il s'agissait de trouver parmi toutes les surfaces courbes qui sont terminées par le même périmetre, celle qui est la plus petite possible ; problême qui est, par rapport aux surfaces, ce que les problêmes dont on vient de traiter, sont par rapport aux lignes.

En nommant z l'ordonnée perpendiculaire aux deux abscisses x et y, et qui est censée fonction de ces deux-ci, et désignant par des traits séparés par une virgule, les fonctions dérivées de z, prises par rapport à x et y, comme on l'a fait dans la leçon dix-neuvième, la grandeur ou la quadrature de la surface est exprimée par la double fonction primitive de la formule

$$\sqrt{(1+(z')^2+(z_{\prime})^2)},$$

prise d'abord par rapport à une seule des variables x, y, et ensuite par rapport à l'autre, en substituant pour la première sa valeur donnée par l'équation du contour de la surface. Ainsi le problême consiste à trouver la fonction z de x et y, qui rendra cette double fonction primitive un *maximum* ou un *minimum*.

Pour le rendre plus général, nous supposerons qu'on demande de rendre un *maximum* ou un *minimum* la double fonction primitive d'une fonction donnée de x, y, z, z', $z_{\prime}$, z'', $z'_{\prime}$, $z_{\prime\prime}$, etc.

Désignons cette fonction par V, de manière que l'on ait

$$V=f(x, y, z, z', z_{\prime}, z'', z'_{\prime}, z_{\prime\prime}, \text{etc.}),$$

et soit U la double fonction primitive de V, qui doit devenir un *maximum* ou un *minimum*. Il faudra, par les principes établis ci-dessus, que sa variation $\dot{U}$ soit nulle. Or $U'_{\prime}=V$; donc prenant les variations $\dot{U}'_{\prime}=\dot{V}$. Si on dénote de même par des traits placés au bas, les fonctions primitives, ainsi qu'on l'a indiqué dans la leçon treizième, on pourra passer de l'équation précédente à celle-ci qui estl inverse $\dot{U}=\dot{V}_{,\,,}$ par laquelle on voit que le problême consiste à rendre nulle la double fonction primitive de la variation $\dot{V}$.

Or on en a, en prenant les variations de z et de ses dérivées,

$$\dot{V}=\dot{z}f'(z)+\dot{z}'f'(z')+\dot{z}_{\prime}f'(z_{\prime})$$

$$+\dot{z}''f'(z'')+\dot{z}'_{\prime}f'(z'_{\prime})+\dot{z}_{\prime\prime}f'(z_{\prime\prime})+\text{etc.}$$

formule que nous représenterons, pour plus de simplicité, par

$$\dot{V} = L\dot{z} + M\dot{z}'' + N\dot{z}'' + P\dot{z}''' + Q\dot{z}''' + R\dot{z}'' + \text{etc.}$$

On fera dans cette formule les transformations employées plus haut, par lesquelles les dérivées de la variation $\dot{z}$ ne se trouvent que dans des termes qui sont des dérivées exactes.

Ainsi le terme $M\dot{z}''$ se changera en $(M\dot{z})'' - M''\dot{z}$, le terme $N\dot{z}''$ se changera en $(N\dot{z})'' - N''\dot{z}$, et ainsi des autres, en conservant la position des virgules qui séparent les traits relatifs aux variables x et y.

De cette manière on aura la transformée

$$\dot{V} = (L - M'' - N'' + P''' + Q''' + R'' + \text{etc.})\,\dot{z}$$
$$+ (M\dot{z} + P\dot{z}'' - P''\dot{z} + Q\dot{z}'' + \text{etc.})''$$
$$+ (N\dot{z} + R\dot{z}'' - R''\dot{z} - Q''\dot{z} + \text{etc.})''.$$
etc.

On voit d'abord ici qu'il est impossible que la double fonction primitive de $\dot{V}$ devienne nulle, quelle que soit la variation $\dot{z}$, à moins que les termes affectés simplement de $\dot{z}$ ne disparaissent ; ce qui donne d'abord l'équation générale du *maximum* ou *minimum*

$$L - M'' - N'' + P''' + Q''' + R'' + \text{etc.} = 0.$$

La première ligne de l'expression de $\dot{V}$ étant effacée, si on prend maintenant les doubles fonctions primitives de part et d'autre, on aura

$$\dot{U} = (M\dot{z} + P\dot{z}'' - P''\dot{z} + Q\dot{z}'')',$$
$$+ (N\dot{z} + R\dot{z}'' - R''\dot{z} - Q''\dot{z})_{,}'.$$

Comme il n'y a plus ici que des fonctions primitives simples, chacune d'elles se rapporte uniquement à une des variables x, y, en regardant l'autre de ces variables comme déterminée par l'équation qui donne la courbe des limites entre lesquelles le *maximum* ou *minimum* doit avoir lieu.

Le cas le plus simple est lorsque le contour de la surface représentée par l'équation en x, y, z, est supposé tout-à-fait donné et invariable. Alors les variations de z et de ses dérivées sont nulles relativement à la courbe de ce contour, et parconséquent aussi dans toute l'étendue des fonctions primitives simples de la variation $\dot{U}$, et la condition d. $\dot{U} = 0$ se trouve remplie d'elle-même.

L'équation du *maximum* ou *minimum* sera donc, en substituant les valeurs de L, M, etc.,

$$\begin{aligned} & f'(z) - [f'(z'')]'' - [f(z'')]'' \\ & + [f'(z''')]''' + [f'(z''')]''' \\ & + [f'(z''')]''' + \text{etc.} = 0 \end{aligned}$$

qu'on voit être du genre de celles que nous avons considérées dans les leçons 19e et 20e, et dont les équations primitives contiennent des fonctions arbitraires.

Les cas plus compliqués se résoudront par des considérations analogues à celles que nous avons faites sur les problèmes où l'on ne cherche que des fonctions d'une variable.

Pour donner maintenant quelques applications des méthodes et des formules que nous venons d'exposer, nous prendrons d'abord le problème le plus simple de ce genre, qui consiste à trouver la ligne la plus courte entre des termes donnés. En supposant que la ligne cherchée soit toute dans un même plan, et prenant x, y pour ses coordonnées, la longueur de la ligne sera exprimée en général par la fonction primitive de l'expression $\sqrt{(1+y'^2)}$, qui étant représentée par V, ou $f(x, y, y')$ donnera $f'(y) = 0$, $f'(y') = \frac{y'}{\sqrt{(1+y'^2)}}$. Ainsi l'équation générale du *maximum* ou *minimum* sera

$$-\left[\frac{y'}{\sqrt{(1+y'^2)}}\right]'=0.$$

Ensuite on aura $\dot{U}=\frac{y'}{\sqrt{(1+y'^2)}}\dot{y}$, et l'équation aux limites sera $\dot{U}_1-\dot{U}_0=0$.

L'équation générale donne tout de suite $\frac{y'}{\sqrt{(1+y'^2)}}=$ à une constante ; d'où l'on tire $y'=b$, et de là $y=bx+c$, b et c étant deux constantes arbitraires ; ce qui est l'équation générale de la ligne droite.

Si les deux extrémités de la ligne étaient données, on aurait $\dot{y}_0=0$, et $\dot{y}_1=0$; parconséquent l'équation aux limites aurait lieu sans aucune condition.

En général l'équation aux limites se réduira à $a(\dot{y}_1-\dot{y}_0)=0$, où $a=\frac{b}{\sqrt{(1+b^2)}}$. Desorte que si la ligne cherchée devait être terminée des deux côtés ou d'un seul par des lignes perpendiculaires à l'axe des x, les variations $\dot{y}_0$, $\dot{y}_1$ seraient toutes les deux, ou une seulement, arbitraires : dans l'un et l'autre cas, l'équation aux limites donnerait $a=0$, et parconséquent $b=0$; ce qui réduit la ligne la plus courte à une droite parallèle à l'axe.

Si la ligne la plus courte devait être terminée de part et d'autre par deux lignes données droites ou courbes, il faudrait alors tenir compte dans l'équation aux limites des variations de x et y à la fois. Il faudra donc mettre dans l'expression de $\dot{U}$, $\dot{y}-y'\dot{x}$ à la place de $\dot{y}$, et y ajouter le terme $V\dot{x}$. On aura ainsi

$$\dot{U}=\frac{y'}{\sqrt{(1+y'^2)}}(\dot{y}-y'\dot{x})+\dot{x}\sqrt{(1+y'^2)},$$

et réduisant

$$\dot{U}=\frac{y'\dot{y}+\dot{x}}{\sqrt{(1+y'^2)}}.$$

L'équation aux limites étant $\dot{U}_1-\dot{U}_0=0$, si on suppose que les deux limites soient indépendantes l'une de l'autre, on aura séparément $\dot{U}_0=0$ et $\dot{U}_1=0$; et parconséquent

$$y'_0\dot{y}_0+\dot{x}_0=0,\qquad y'_1\dot{y}_1+\dot{x}_1=0.$$

Soit maintenant $\Phi(x,y)=0$, l'équation de la ligne qui forme la première limite, elle donnera l'équation variée $\dot{x}\Phi'(x)+\dot{y}\Phi'(y)=0$; mais elle donne aussi l'équation dérivée $\Phi'(x)+y'\Phi'(y)=0$; desorte que la combinaison de ces deux équations produira celle-ci :

$$\dot{y}-y'\dot{x}=0.$$

Il faut remarquer à l'égard de cette équation, que les variations $\dot{x}$, $\dot{y}$ sont censées les mêmes que celles que nous avons désignées ci-dessus par $\dot{x}_0$, $\dot{y}_0$, parceque ce sont les variations des coordonnées x, y à la première limite; mais la dérivée y' n'est pas la même que la dérivée y'_0, quoiqu'elles se rapportent toutes les deux au même point; car celle-ci se rapporte à la ligne la plus courte, et exprime la tangente de l'angle que la tangente à cette ligne fait avec l'axe; au lieu que l'autre se rapporte à la ligne qui sert de limite, et exprime de même la tangente de l'angle que la tangente à cette ligne fait avec le même axe. Nous désignerons cette dérivée par (y'), et appliquant le chiffre o au bas de chaque lettre pour la rapporter à la première limite, l'équation précédente deviendra

$$\dot{y}_0-(y')_0\dot{x}_0=0.$$

Telle est l'équation de condition qui doit avoir lieu entre les variations $\dot{y}_0$ et $\dot{x}_0$; ainsi substituant dans l'équation...... $y'_0 \dot{y}_0 + \dot{x}_0 = 0$ de la première limite, la valeur de $\dot{y}_0$ tirée de l'équation précédente, on aura $(y'_0 (y')_0 + 1) \dot{x} = 0$, et parconséquent $y'_0 (y')_0 + 1 = 0$.

Or y'_0 et $(y')_0$ étant les tangentes de deux angles, on sait que la tangente de la différence de ces angles est exprimée par la formule $\frac{y'_0 - (y')_0}{1 + y'_0 (y')_0}$; donc puisque ici le dénominateur devient nul, et parconséquent la tangente infinie, il s'ensuit que la différence des deux angles dont il s'agit, sera égale à un angle droit.

D'où il est aisé de conclure que les deux lignes, celle qui doit être la plus courte, et celle qui forme sa première limite, doivent se couper à angles droits.

Et comme l'équation à la seconde limite est tout-à-fait semblable à l'équation pour la première, on trouvera nécessairement le même résultat relativement à la seconde limite ; c'est-à-dire que la ligne la plus courte devra aussi couper à angles droits la ligne qui formera la seconde limite.

On satisfera à ces conditions par le moyen des équations $y'_0 (y')_0 + 1 = 0$ et $y'_1 (y')_1 + 1 = 0$, et des constantes arbitraires b, c, ce qui n'a aucune difficulté.

Supposons maintenant, pour donner plus de généralité au problême, qu'on demande la ligne la plus courte, sans la condition qu'elle doive être toute dans le même plan ; en prenant x, y, z pour les trois coordonnées, dont deux y et z sont censées fonction de la troisième x, on aura la fonction $\sqrt{(1 + y'^2 + z'^2)}$ dont la primitive exprimera la longueur de la ligne cherchée, et devra parconséquent être un *minimum*.

Faisant donc

$$V = \sqrt{(1 + y'^2 + z'^2)},$$

on aura

$$\dot{V} = \frac{y'\dot{y}' + z'\dot{z}'}{V},$$

formule qui, par les principes établis, se transforme en celle-ci :

$$\dot{V} = -\left(\frac{y'}{V}\right)'\dot{y} - \left(\frac{z'}{V}\right)'\dot{z}$$
$$+\left(\frac{y'}{V}\dot{y}\right)' + \left(\frac{z'}{V}\dot{z}\right)',$$

d'où l'on tire pour l'équation générale du *minimum*,

$$\left(\frac{y'}{V}\right)'\dot{y} + \left(\frac{z'}{V}\right)'\dot{z} = 0,$$

et ensuite pour l'équation aux limites

$$\dot{U} = \frac{y'\dot{y} + z'\dot{z}}{V}, \text{ et } \dot{U}_1 - \dot{U}_0 = 0.$$

Supposons d'abord que la ligne la plus courte ne soit assujétie à aucune condition dans toute son étendue ; il faudra alors que les variations $\dot{y}$ et $\dot{z}$ demeurent indéterminées, ce qui donnera les deux équations

$$\left(\frac{y'}{V}\right)' = 0 \quad \text{et} \quad \left(\frac{z'}{V}\right)' = 0,$$

d'où l'on tire

$$\frac{y'}{V} = a, \qquad \frac{z'}{V} = b,$$

a et b étant des constantes arbitraires ; et comme......... $V = \sqrt{(1 + y'^2 + z'^2)}$, il s'ensuit que y' et z' auront des valeurs constantes qui étant désignées par c et d, donneront tout de suite

$$y = cx + m, \quad z = dx + n,$$

m et n étant aussi des fonctions arbitraires.

Ces deux équations font voir que la ligne cherchée est une droite dont la position est arbitraire.

Il faut maintenant considérer l'équation aux limites, laquelle si on suppose les deux limites indépendantes l'une de l'autre, se partage tout de suite en ces deux-ci : $\dot{U}_0 = 0$, $\dot{U}_1 = 0$, savoir ;

$$y'_0 \dot{y}_0 + z'_0 \dot{z}_0 = 0, \quad y'_1 \dot{y}_1 + z'_1 \dot{z}_1 = 0,$$

équations qui auront lieu d'elles-mêmes, si les deux extrémités de la ligne sont supposées données de position, parcequ'alors les variations des ordonnées y et z seront nulles dans ces deux points.

Mais si la ligne la plus courte doit être comprise entre deux lignes données ; alors il faudra, comme nous l'avons fait plus haut, tenir compte des variations des coordonnées x, y, z à l'une et à l'autre de ses extrémités.

Pour cela, il faudra d'abord ajouter à la valeur de $\dot{U}$ le terme $V\dot{x}$, et y changer en même temps $\dot{y}$ et $\dot{z}$ en $\dot{y} - y'\dot{x}$, $\dot{z} - z'\dot{x}$. On aura ainsi à cause de $V^2 = 1 + y'^2 + z'^2$, après les réductions

$$\dot{U} = \frac{\dot{x} + y'\dot{y} + z'\dot{z}}{V},$$

et les deux équations aux limites $\dot{U}_0 = 0$, $\dot{U}_1 = 0$ deviendront

$$\dot{x}_0 + y'_0 \dot{y}_0 + z'_0 \dot{z}_0 = 0$$
$$\dot{x}_1 + y'_1 \dot{y}_1 + z'_1 \dot{z}_1 = 0.$$

Supposons que la première limite soit une courbe dont les

deux équations soient

$$\Phi(x,y)=0, \quad \Psi(x,z)=0;$$

la première de ces équations donnera, comme nous l'avons vu plus haut, l'équation variée

$$\dot{y}_0-(y')_0\dot{x}_0=0,$$

et la seconde donnera de même

$$\dot{z}_0-(z')_0\dot{x}_0=0.$$

Tirant de ces deux équations les valeurs de $\dot{y}_0$ et $\dot{z}_0$, et les substituant dans la première des deux équations ci-dessus, on aura $(1+y'_0(y')_0+z'_0(z')_0)\dot{x}_0=0$, et comme la variation $\dot{x}_0$ doit demeurer indéterminée, il en résultera cette équation de condition pour la première limite

$$1+y'_0(y')_0+z'_0(z')_0=0,$$

à laquelle on satisfera par le moyen d'une des constantes arbitraires c, d, l'autre devant être indéterminée par l'équation de condition de la seconde limite, laquelle sera de même

$$1+y'_1(y')_1+z'_1(z')_1=0.$$

Mais si on veut savoir ce que ces équations représentent, il n'y a qu'à se rappeler que dans la théorie du contact des courbes, on démontre qu'en regardant les dérivées y'_0 et z'_0 comme constantes, les deux équations

$$y=y'_0x+\mu, \quad z=z'_0x+\nu,$$

où μ et ν sont aussi des constantes par rapport à x et y, représentent la ligne droite qui touche la courbe de la première limite; et que de la même manière les deux équations

$$y=(y')_0x+\pi, \quad z=(z')_0x+\rho$$

représentent

représentent la ligne droite qui touche au même point la ligne la plus courte, π et ρ étant aussi des constantes par rapport à x et y.

Or dans l'application de l'Analyse à la Géométrie, on démontre que les deux droites représentées par ces équations, si elles se coupent, font entr'elles un angle dont le cosinus est

$$\frac{1 + y'_0(y')_0 + z'_0(z')_0}{\sqrt{(1+y'^2_0 + z'^2_0)} \times \sqrt{(1 + (y')^2_0 + (z')^2_0)}}.$$

(*Voyez les feuilles d'Analyse de Monge*). Donc, puisque dans le cas présent, le numérateur de cette expression devient nul, il s'ensuit que l'angle des deux droites sera droit ; parconséquent il faudra que la ligne la plus courte coupe à angles droits la courbe qui forme la première limite.

On parviendra de la même manière à une conclusion semblable pour l'autre limite. D'où il résulte que la ligne la plus courte qu'on puisse mener entre deux courbes quelconques est toujours la droite qui coupera ces courbes à angle droit. Ce théorême est connu depuis long-temps et se démontre de différentes manières ; mais aucune n'est aussi directe que celle que fournit l'analyse précédente.

Mais si au lieu d'une simple ligne, il y avait une surface pour servir de limite à la ligne la plus courte, désignant par $\Phi(x, y, z) = 0$ la surface de la première limite, elle donnerait cette équation variée

$$\dot{x}_0 \Phi'(x) + \dot{y}_0 \Phi'(y) + \dot{z}_0 \Phi'(z) = 0$$

qu'il faudrait combiner avec l'équation de la première limite trouvée ci-dessus

$$\dot{x}_0 + y'_0 \dot{y}_0 + z'_0 \dot{z}_0 = 0.$$

Substituant dans l'équation précédente la valeur de $\dot{x}_0$ tirée de celle-ci, on aura

$$(\Phi'(y)-y'_{\circ}\Phi'(x))\dot{y}_{\circ}+(\Phi'(z)-z'_{\circ}\Phi'(x))\dot{z}_{\circ}=0,$$

d'où, à cause que les variations $\dot{y}_{\circ}$, $\dot{z}_{\circ}$ doivent demeurer indéterminées, on tire ces deux-ci :

$$\Phi'(y)-y'_{\circ}\Phi'(x)=0,\ \Phi'(z)-z'_{\circ}\Phi'(x)=0,$$

auxquelles il faudra satisfaire par deux des constantes arbitraires de la ligne la plus courte.

On trouvera deux équations semblables pour la seconde limite, si elle est aussi formée par une surface donnée.

Pour voir maintenant ce que signifient ces équations, on remarquera que l'équation de la surface $\Phi(x, y, z)=0$ donne la dérivée

$$x'\Phi'(x)+y'\Phi'(y)+z'\Phi'(z)=0,$$

dont la primitive, en regardant les coefficiens de x', y', z' comme constans, savoir

$$x\Phi'(x)+y\Phi'(y)+z\Phi'(z)+\alpha=0,$$

représente le plan tangent à cette surface, comme on le sait, par la théorie des courbes; α étant une constante arbitraire, par rapport à x, y, z.

Substituons dans cette équation les valeurs de $\Phi'(y)$ et $\Phi'(z)$ tirées des deux équations trouvées ci-dessus, elle deviendra, en la divisant par $\Phi'(x)$ qui est regardée ici comme constante,

$$x+y'_{\circ}y+z'_{\circ}z+\frac{\alpha}{\Phi'(x)}=0.$$

D'un autre côté on sait que cette équation représente aussi un plan perpendiculaire à la droite dont les équations seraient

$$y=y'_{\circ}x+\mu,\quad z=z'_{\circ}x+\nu,$$

(*voyez les feuilles citées*) les quantités y'_0 et z'_0 étant regardées ici comme constantes, ainsi que μ et ν. Donc puisque ces équations sont celles de la tangente à l'extrémité de la ligne la plus courte, que nous regardons en général comme une courbe quelconque, il s'ensuit que les deux équations données plus haut expriment que la ligne la plus courte doit rencontrer la surface donnée à angles droits.

Et comme la même conclusion aurait lieu aussi pour l'autre limite, si elle était formée par une surface; il en résulte que la ligne la plus courte entre deux surfaces données, sera encore la droite qui rencontre ces surfaces à angles droits.

Jusqu'ici nous n'avons cherché que la ligne la plus courte parmi toutes les lignes possibles qu'on peut mener entre des points, ou des lignes, ou des surfaces données; problême que la simple géométrie peut résoudre, parcequ'on sait que dans un plan la ligne la plus courte est la ligne droite. Mais si on demande en général la ligne la plus courte sur une surface quelconque donnée, le problême dépend alors essentiellement de la méthode des variations, et les formules trouvées ci-dessus s'y appliquent avec la même facilité.

Soit $F(x, y, z) = 0$ l'équation de la surface donnée, elle donnera l'équation variée

$$\dot{y}F'(y) + \dot{z}F'(z) = 0,$$

laquelle étant combinée avec l'équation générale du *maximum* ou *minimum* trouvée plus haut

$$\left(\frac{y'}{V}\right)'\dot{y} + \left(\frac{z'}{V}\right)'\dot{z} = 0$$

produit celle-ci

$$\left(\frac{y'}{V}\right)' \times F'(z) - \left(\frac{z'}{V}\right)' \times F'(y) = 0$$

pour l'équation de la ligne la plus courte sur la surface donnée

Ensuite on aura l'équation aux limites $\dot{U}_1 - \dot{U}_0 = 0$, dans laquelle on a en général

$$\dot{U} = \frac{y'\dot{y} + z'\dot{z}}{V};$$

et si l'on veut avoir égard aussi à la variation de x, on aura

$$\dot{U} = \frac{\dot{x} + y'\dot{y} + z'\dot{z}}{V}$$

comme on l'a trouvé plus haut.

Il faudrait ici substituer pour $\dot{z}$ sa valeur tirée de l'équation variée, $\dot{x}F'(x) + \dot{y}F'(y) + \dot{z}F'(z) = 0$. Mais en faisant abstraction de la surface, l'expression précédente de $\dot{U}$ conduit directement aux mêmes conclusions qu'on a trouvées plus haut relativement aux limites, c'est-à-dire que la ligne la plus courte tracée sur la surface donnée, devra aussi couper à angles droits les courbes qui lui serviront de limites.

A l'égard de la nature de la ligne la plus courte sur une surface, elle jouit d'une propriété particulière et caractéristique, par laquelle on peut la déterminer indépendamment de la considération du *minimum ;* c'est que ses rayons osculateurs sont tous perpendiculaires à la surface. En effet il est clair que cette ligne doit être celle suivant laquelle se dirigera un fil tendu sur la surface donnée, et il est facile de concevoir en même temps, que le fil tendu ne peut être en équilibre qu'autant que la pression résultante de la tension, et dont la direction est suivant le rayon osculateur, sera perpendiculaire à la surface. Pour voir comment la propriété dont il s'agit résulte de l'équation trouvée pour la ligne la plus courte, nous remarquerons d'abord que l'équation du plan tangent à la surface représentée par l'équation $F(x, y, z) = 0$ est, comme on l'a vu plus haut,

$$xF'(x)+yF'(y)+zF'(z)+\alpha=0.$$

les fonctions $F'(x)$, $F'(y)$, $F'(z)$ étant regardées comme constantes, ainsi que la quantité α.

Nous remarquerons ensuite que si on représente par

$$x+Ay+Bz+C=0,$$

l'équation du plan du cercle osculateur d'une ligne à double courbure, il faut que cette équation et ses deux dérivées, prime et seconde, aient lieu en prenant les coordonnées x, y, z du plan pour celles de la courbe donnée, et en regardant dans la formation des dérivées les coefficiens A, B, C comme constans; c'est ce qui résulte de la théorie du contact des courbés exposée dans la *Théorie des Fonctions*.

On aura donc ainsi les deux équations dérivées dans lesquelles $x'=1$,

$$1+Ay'+Bz'=0, \quad Ay''+Bz''=0.$$

La dernière donne $B=-\frac{Ay''}{z''}$, et cette valeur étant substituée dans la précédente, on aura

$$A=\frac{z''}{z'y''-y'z''}, \quad B=-\frac{y''}{z'y''-y'z''}.$$

Nous remarquerons de plus qu'il suffit que le plan du cercle osculateur soit perpendiculaire au plan tangent à la surface, pour que le rayon osculateur soit perpendiculaire à la surface, parceque ce rayon est nécessairement perpendiculaire à la courbe tracée sur la surface.

Or on démontre encore dans l'application de l'Analyse à la Géométrie (*voyez les feuilles déjà citées*) que la condition pour que deux plans représentés par les équations

$$xF'(x)+yF'(y)+zF'(z)+\alpha=0$$
$$x+Ay+Bz+C=0$$

se coupent à angles droits, est renfermée simplement dans l'équation

$$F'(x) + AF'(y) + BF'(z) = 0.$$

L'équation de la surface $F(x, y, z) = 0$ donne aussi l'équation dérivée $F'(x) + y'F'(y) + z'F'(z) = 0$, d'où l'on tire $F'(x) = -y'F'(y) - z'F'(z)$. Cette valeur substituée dans l'équation précédente, donnera celle-ci

$$(A - y')F'(y) + (B - z')F'(z) = 0,$$

laquelle, en substituant les valeurs de A et B trouvées ci-dessus, devient

$$\left(z'' - y'(z'y'' - y'z'')\right)F'(y) - \left(y'' + z''(z'y'' - y'z'')\right)F'(z) = 0.$$

Or si on divise le coefficient de $F'(y)$ dans cette équation, par $V^{\frac{3}{2}}$, V étant $\sqrt{(1 + y' + z'^2)}$, on a la dérivée de $\frac{z'}{V}$, et de même le coefficient de $F'(z)$ divisé par $V^{\frac{3}{2}}$ devient la dérivée de $\frac{y'}{V}$, comme il est facile de s'en assurer par le calcul. Donc en divisant toute l'équation par $V^{\frac{3}{2}}$, elle pourra se mettre sous la forme $\left(\frac{z'}{V}\right)' F'(y) - \left(\frac{y'}{V}\right)' F'(z) = 0$, qui est la même que celle de l'équation que nous avons trouvée pour la ligne la plus courte.

Clairaut a remarqué le premier dans *les Mémoires de l'Académie des Sciences de* 1733, que, quelle que soit la figure de la terre, la ligne qu'on y tracerait en plantant continuellement des piquets perpendiculaires à l'horizon, de manière qu'ils soient effacés les uns par les autres, comme on l'a pratiqué dans la description de la perpendiculaire à la méridienne de Paris, aurait la propriété d'être la ligne la plus courte entre tous ses points. Ainsi la détermination de cette ligne dépend de l'équation générale qu'on vient de trouver.

En supposant que la terre soit un sphéroïde de révolution, si on prend l'axe des x pour l'axe de la terre, dont le centre soit l'origine des coordonnées, et qu'on nomme r l'ordonnée de la courbe des méridiens, on aura $r = \sqrt{(y^2 + z^2)}$. Donc si $F(x, r) = 0$ est l'équation de cette courbe, elle deviendra celle de la surface du sphéroïde, en y substituant.... $\sqrt{(y^2 + z^2)}$ pour r; et à cause de $r' = \frac{yy' + zz'}{r}$, on aura

$$F'(y) = \frac{y}{r} F'(r), \qquad F'(z) = \frac{z}{r} F'(r);$$

desorte que l'équation de la ligne la plus courte sur le sphéroïde, deviendra

$$\left(\frac{y'}{V}\right)' z - \left(\frac{z'}{V}\right)' y = 0,$$

laquelle est du second ordre, mais dont la primitive du premier ordre est

$$\frac{zy' - yz'}{V} = a,$$

a étant une constante quelconque. Cette équation combinée avec l'équation $F(x, r) = 0$, suffira pour construire la courbe.

Ce problême est traité avec beaucoup de détails dans le quatrième volume des ouvrages de *Jean Bernoulli.*

Le problême de la ligne la plus courte conduit naturellement à celui de la surface de la moindre étendue. Nous avons déjà vu plus haut que l'on a alors

$$V = \sqrt{(1 + (z'')^2 + (z_{\prime})^2)},$$

d'où l'on tire la variation

$$\dot{V} = \frac{z'' \dot{z}'' + z_{\prime} \dot{z}_{\prime}}{V},$$

laquelle étant comparée à la formule

$$L\dot{z} + M\dot{z}'_{,} + N\dot{z}_{,}'$$

donne

$$L = 0,\ M = \frac{z'_{,}}{V},\ N = \frac{z_{,}'}{V}:$$

et de là résulte l'équation générale

$$\left(\frac{z'_{,}}{V}\right)'_{,} + \left(\frac{z_{,}'}{V}\right)_{,}' = 0.$$

Cette équation, en effectuant les dérivations indiquées, se réduit à

$$V(z''_{,} + z_{,}'') - (z'_{,}V'_{,} + z_{,}'V_{,}') = 0;$$

or en prenant successivement les dérivées par rapport à x et à y, on trouve

$$VV'_{,} = z'_{,}z''_{,} + z_{,}'z'_{,}'$$
$$VV_{,}' = z'_{,}z'_{,}' + z_{,}'z_{,}'';$$

desorte qu'en multipliant l'équation précédente par V, et substituant les valeurs de V^2, $VV'_{,}$, $VV_{,}'$, on aura après les réductions,

$$\left(1 + (z'_{,})^2\right)z_{,}'' - 2z'_{,}z_{,}'z'_{,}' + \left(1 + (z_{,}')^2\right)z''_{,} = 0.$$

Et si on aime mieux employer la notation proposée à la fin de la leçon dix-neuvième, on aura pour l'équation de la moindre surface,

$$\left(1 + \left(\frac{z'}{x'}\right)^2\right)\left(\frac{z''}{y'^2}\right) - 2\left(\frac{z'}{x'}\right)\left(\frac{z'}{y'}\right)\left(\frac{z''}{x'y'}\right)$$
$$+ \left(1 + \left(\frac{z'}{y'}\right)^2\right)\left(\frac{z''}{x'^2}\right) = 0.$$

Monge et *Legendre* ont trouvé, par des méthodes ingénieuses, l'équation primitive de cette équation du second ordre; mais la forme sous laquelle elle se présente, la rend peu susceptible d'applications utiles. *Voyez les Mémoires de l'Académie des Sciences de* 1787.

Pour donner encore un autre exemple, nous reprendrons le problême si connu de la bracristochrone, ou ligne de la plus vîte descente; mais nous la considérerons dans un milieu résistant comme une fonction quelconque de la vîtesse.

Soient les abscisses x dirigées verticalement de haut en bas, et parconséquent les ordonnées y horizontales. Si on nomme g la force constante de la gravité, z le quarré de la vîtesse, et φz la fonction de la vîtesse qui est proportionnelle à la résistance, les principes de la mécanique donnent l'équation

$$z' - 2g + 2\varphi z \times \sqrt{(1 + y'^2)} = 0$$

pour la détermination de z; et le temps qui doit être un *maximum* ou un *minimum*, est exprimé par la fonction primitive de l'expression $\frac{\sqrt{(1 + y'^2)}}{\sqrt{z}}$.

En comparant ces formules aux formules générales, on aura

$$V = \frac{\sqrt{(1 + y'^2)}}{\sqrt{z}} = f(x, y, y', z);$$

et la fonction $F(x, y, y', z, z' \ldots)$ qui étant égalée à zéro, donne l'équation de condition, sera

$$z' - 2g + 2\varphi z \times \sqrt{(1 + y'^2)}.$$

On aura donc

$$\dot{V} = \frac{y'\dot{y}'}{\sqrt{(1+y'^2)} \times \sqrt{z}} - \frac{\dot{z}\sqrt{(1+y'^2)}}{2z^{\frac{3}{2}}}.$$

Et de là

$$f'(y') = \frac{y'}{\sqrt{(1+y'^2)} \times \sqrt{z}},\; f'(z) = -\frac{\sqrt{(1+y'^2)}}{2z^{\frac{3}{2}}};$$

Ensuite on aura l'équation variée

$$\dot{z}' + 2\dot{z}\varphi'z \times \sqrt{(1+y'^2)} + 2\varphi z \times \frac{y'\dot{y}'}{\sqrt{(1+y'^2)}} = 0,$$

et parconséquent

$$F'(y') = 2\varphi z \times \frac{y'}{\sqrt{(1+y'^2)}},$$

$$F'(z) = 2\varphi' z \times \sqrt{(1+y'^2)},\;\; F'(z') = 1.$$

De là, on aura

$$Y = -\left[\frac{y'}{\sqrt{(1+y'^2)} \times \sqrt{z}}\right]',\;\; \overset{\text{I}}{Y} = \frac{y'}{\sqrt{(1+y'^2)} \times \sqrt{z}};$$

$$Z = -\frac{\sqrt{(1+y'^2)}}{2z^{\frac{3}{2}}}, \qquad \overset{\text{I}}{Z} = 0,$$

$$(Y) = -\left[2\lambda\varphi z \times \frac{y'}{\sqrt{(1+y'^2)}}\right]',\;\; (\overset{\text{I}}{Y}) = 2\lambda\varphi z \times \frac{y'}{\sqrt{(1+y'^2)}};$$

$$(Z) = 2\lambda\varphi' z \times \sqrt{(1+y'^2)} - \lambda',\; (\overset{\text{I}}{Z}) = \lambda.$$

D'après ces valeurs, on aura les équations générales

$$Y + (Y) = 0;\quad Z + (Z) = 0,$$

et l'équation aux limites

$$\overset{.}{U}_1 - \overset{.}{U}_0 = 0,$$

en faisant

$$\overset{.}{U} = (\overset{\text{I}}{\dot{Y}} + (\overset{\text{I}}{\dot{Y}}))\dot{y} + (\overset{\text{I}}{\dot{Z}} + (\overset{\text{I}}{\dot{Z}}))\dot{z};$$

et si on veut tenir compte de la variation de x, on aura

$$\begin{aligned}\overset{.}{U} = & (\overset{\text{I}}{\dot{Y}} + (\overset{\text{I}}{\dot{Y}}))(\dot{y} - y'\dot{x}) \\ & + (\overset{\text{I}}{\dot{Z}} + (\overset{\text{I}}{\dot{Z}}))(\dot{z} - z'\dot{x}) \\ & + \frac{\sqrt{(1+y'^2)}}{\sqrt{z}}\dot{x}.\end{aligned}$$

Les deux équations générales se réduisent à celles-ci :

$$\left[\frac{y'}{\sqrt{(1+y'^2)} \times \sqrt{z}}\right]' + \left[2\lambda\varphi z \times \frac{y'}{\sqrt{(1+y'^2)}}\right]' = 0,$$

$$-\frac{\sqrt{(1+y'^2)}}{2z^{\frac{3}{2}}} + 2\lambda\varphi' z \times \sqrt{(1+y'^2)} - \lambda' = 0,$$

dont la première a pour primitive

$$\frac{y'}{\sqrt{(1+y'^2)}\sqrt{z}} + 2\lambda\varphi z \times \frac{y'}{\sqrt{(1+y'^2)}} = \frac{1}{\sqrt{a}},$$

a étant une constante arbitraire.

Il faudra substituer dans celle-ci la valeur de λ tirée de la seconde ; ensuite il faudra éliminer z par le moyen de l'équation de condition

$$z' - 2g + 2\varphi z \times \sqrt{(1+y'^2)} = 0,$$

et l'équation résultante en y et x sera celle de la courbe cherchée.

Comme z représente le carré de la vîtesse, et que l'équation en z est du premier ordre, la valeur de z, tirée de l'équation primitive de celle-ci, contiendra une constante arbitraire qui dépendra de la vîtesse initiale imprimée au mobile.

On peut donc regarder la valeur de z, à la première limite, comme une fonction donnée des coordonnées initiales x et y. Ainsi dénotant cette fonction par la caractéristique Δ, on aura la condition

$$z_0 = \Delta\,(x_0,\ y_0).$$

Le cas du vide n'a aucune difficulté, car en faisant $\varphi z = 0$, on aura l'équation

$$\frac{y'}{\sqrt{(1+y'^2)} \times \sqrt{z}} = const. = \frac{1}{\sqrt{a}},$$

où λ n'entre pas.

Ensuite on a $z' - 2g = 0$, d'où l'on tire $z = 2gx + b$. En rapportant cette équation à la première limite, on a $z_0 = 2gx_0 + b$, d'où $b = z_0 - 2gx_0$. Ainsi la valeur complète de z sera

$$z = 2g\,(x - x_0) + z^0.$$

Or l'équation en y' donne

$$y' = \sqrt{\left(\frac{z}{a-z}\right)},$$

équation qui, par la substitution de la valeur de z, devient celle de la cycloïde ordinaire.

Soit, pour abréger,

$$t = \frac{1}{\sqrt{z}} + 2\lambda\varphi z,$$

le problême général dépendra de ces trois équations du premier ordre,

$$\frac{ty'}{\sqrt{(1+y'^2)}}=\frac{1}{\sqrt{a}},$$

$$\lambda'-\left(2\lambda\varphi' z-\frac{1}{2z^{\frac{3}{2}}}\right)\sqrt{(1+y'^2)}=0,$$

$$z'-2g+2\varphi z\times\sqrt{(1+y'^2)}=0.$$

Si on prend la dérivée de t, on a

$$t'=-z'\left(\frac{1}{2z^{\frac{3}{2}}}-2\lambda\varphi' z\right)+2\lambda'\varphi z,$$

d'où l'on tire

$$\frac{1}{2z^{\frac{3}{2}}}-2\lambda\varphi' z=\frac{2\lambda'\varphi z-t'}{z'};$$

cette valeur étant substituée dans la seconde équation ci-dessus, on aura

$$\lambda'+\frac{2\lambda'\varphi z-t'}{z'}\sqrt{(1+y'^2)}=0;$$

mais la troisième donne

$$z'=2g-2\varphi z\times\sqrt{(1+y'^2)};$$

substituant cette valeur dans la dernière équation après l'avoir multipliée par z', elle se réduira à

$$2g\lambda'-t'\sqrt{(1+y'^2)}=0.$$

Or on a

$$t'\sqrt{(1+y'^2)}=\left(t\sqrt{(1+y'^2)}\right)'-\frac{ty'y''}{\sqrt{(1+y'^2)}};$$

et la première équation donne $\frac{ty'}{\sqrt{(1+y'^2)}}=\frac{1}{\sqrt{a}}$; donc l'équation qu'on vient de trouver, deviendra

$$2g\lambda' - \left(t\sqrt{(1+y'^2)}\right)' + \frac{y''}{\sqrt{a}} = 0,$$

dont la primitive est

$$2g\lambda - t\sqrt{(1+y'^2)} + \frac{y'}{\sqrt{a}} = b;$$

et si on substitue encore ici pour t sa valeur $\frac{\sqrt{(1+y'^2)}}{y'\sqrt{a}}$ tirée de la première équation, on aura

$$2g\lambda = \frac{1}{y'\sqrt{a}} + b.$$

Ainsi on a la valeur de λ qu'on substituera dans l'expression de t de la première équation ; et il ne s'agira plus que de combiner cette équation avec la troisième pour en éliminer z.

Considérons maintenant l'équation aux limites $\dot{U}_1 - \dot{U}_0 = 0$; supposons, ce qui est le cas le plus ordinaire, que les deux limites soient indépendantes l'une de l'autre, on aura séparément $\dot{U}_0 = 0$, $\dot{U}_1 = 0$.

Or en faisant dans l'expression de $\dot{U}$ donnée plus haut les substitutions nécessaires, on a

$$\dot{U} = \left(\frac{1}{\sqrt{z}} + 2\lambda\varphi z\right)\frac{y'}{\sqrt{(1+y'^2)}}(\dot{y} - y'\dot{x})$$

$$+ \lambda(\dot{z} - z'\dot{x}) + \frac{\sqrt{(1+y'^2)}}{\sqrt{z}}\dot{x}.$$

Cette expression, en mettant pour z' sa valeur......... $2g - 2\varphi z \times \sqrt{(1+y'^2)}$ et réduisant, devient

$$\dot{U} = \left(\frac{t}{\sqrt{(1+y'^2)}} - 2g\lambda\right)\dot{x}$$
$$+ \frac{ty'}{\sqrt{(1+y'^2)}}\dot{y} + \lambda\dot{z},$$

où t est mise pour $\frac{1}{\sqrt{z}} + 2\lambda\varphi z$, comme on l'a employée ci-dessus; desorte qu'en substituant encore à la place de t sa valeur donnée par la première équation, on aura plus simplement

$$\dot{U} = \left(\frac{1}{y'\sqrt{a}} - 2g\lambda\right)\dot{x} + \frac{\dot{y}}{\sqrt{a}} + \lambda\dot{z}.$$

Cette valeur de $\dot{U}$ devra donc être nulle aux deux limites.

Pour la première limite, nous avons vu ci-dessus que l'on a en général $z_0 = \Delta(x_0, y_0)$; donc prenant les variations, on aura

$$\dot{z}_0 = \dot{x}_0 \Delta'(x_0) + \dot{y}_0 \Delta'(y_0),$$

desorte que l'équation $U_0 = 0$ donnera celle-ci:

$$\left(\frac{1}{y_0'\sqrt{a}} - 2g\lambda_0 + \Delta'(x_0) \times \lambda_0\right)\dot{x}_0$$
$$+ \left(\frac{1}{\sqrt{a}} + \Delta'(y_0) \times \lambda_0\right)\dot{y}_0 = 0.$$

Pour la seconde limite, on aura aussi $\dot{U}_1 = 0$, équation dans laquelle la variation $\dot{z}_1$ demeurant indéterminée, il faudra la faire évanouir en égalant à zéro son coefficient λ_1: Ainsi on aura la condition $\lambda_1 = 0$, qui servira à déterminer la constante arbitraire b de la valeur de λ trouvée plus haut. Cette condition donne $\frac{1}{y_1'\sqrt{a}} + b = 0$, d'où l'on tire $b = -\frac{1}{y_1'\sqrt{a}}$.

Desorte que l'expression complète de λ sera

$$2g\lambda = \frac{1}{\sqrt{a}}\left(\frac{1}{y'} - \frac{1}{y'_1}\right);$$

d'où l'on aura

$$2g\lambda_0 = \frac{1}{\sqrt{a}}\left(\frac{1}{y_0'} - \frac{1}{y_1'}\right),$$

valeur qu'il faudra substituer dans l'équation à la première limite.

A l'égard de l'équation de la seconde limite, elle sera simplement, à cause de $\lambda_1 = 0$,

$$\frac{x_1}{y'_1} + \dot{y}_1 = 0, \quad \text{savoir}, \ \dot{x}_1 + y'_1 \times \dot{y}_1 = 0.$$

Cette équation est tout-à-fait semblable à celle que nous avons trouvée dans le premier exemple, et d'où nous avons conclu que la ligne la plus courte devait couper à angles droits la ligne qui forme la seconde limite. Ainsi la même conclusion doit avoir lieu pour la ligne de la plus vîte descente, quelle que soit la loi de la résistance du milieu.

Revenons à la première limite. En substituant dans l'équation de cette limite pour λ_0, sa valeur, elle devient

$$\left(\frac{1}{y'_1} + \frac{\Delta'(x_0)}{2g}\left(\frac{1}{y'_0} - \frac{1}{y'_1}\right)\right)\dot{x}_0$$

$$+ \left(1 + \frac{\Delta'(y_0)}{2g}\left(\frac{1}{y'_0} - \frac{1}{y'_1}\right)\right)\dot{y}_0 = 0.$$

Maintenant si on désigne par (y'_0) la dérivée de l'ordonnée y de la courbe qui forme la première limite, on aura, comme on on l'a vu dans le premier exemple, l'équation $\dot{y}_0 - (y'_0)\dot{x}_0 = 0$. Donc si on substitue dans l'équation précédente, au lieu de $\dot{y}_0$, sa valeur $(y'_0)\dot{x}_0$, la variation $\dot{x}_0$ demeurera arbitraire, et il faudra vérifier l'équation, en égalant à zéro le coefficient de $\dot{x}_0$, ce qui donnera

$$\frac{1}{y'_1} + \frac{\Delta'(x_0)}{2g}\left(\frac{1}{y'_0} - \frac{1}{y'_1}\right)$$
$$+ \left(1 + \frac{\Delta'(y_0)}{2g}\left(\frac{1}{y'_0} - \frac{1}{y'_1}\right)\right)(y'_0) = 0;$$

équation à laquelle on satisfera par le moyen d'une des constantes arbitraires.

Supposons, ce qui est le cas le plus simple, que la vîtesse initiale $\sqrt{z_0}$ soit donnée indépendamment du lieu de départ; on aura alors $z_0 =$ *à une constante*; donc

$$\Delta(x_0, y_0) = const.$$

et parconséquent

$$\Delta'(x_0) = 0, \quad \Delta'(y_0) = 0,$$

et l'équation précédente deviendra

$$\frac{1}{y'_1} + (y'_0) = 0, \quad \text{savoir: } 1 + y'_1(y'_0) = 0.$$

Dans cette équation (y'_0) exprime la tangente de l'angle que fait avec l'axe des x, la tangente à la courbe de la première limite, dans le point où elle est rencontrée par la ligne de la plus vîte descente, et y'_1 exprime la tangente de l'angle que fait avec le même axe la tangente à cette même ligne au point de la seconde limite; et il suit de cette équation, comme nous l'avons vu dans le premier exemple, que la différence de ces deux angles doit être égale à un angle droit. Donc il faudra que la tangente à la courbe de la première limite soit perpendiculaire à la tangente à la ligne de la plus vîte descente au point de la seconde limite ; et comme nous avons déjà vu que cette tangente doit être perpendiculaire à celle de la courbe de la seconde limite ; on en conclura que, dans le cas dont il s'agit, la courbe de la plus vîte descente devra rencontrer les deux courbes des limites dans des points où les tangentes soient parallèles entr'elles.

Mais si on veut que la vîtesse initiale soit toujours celle que le corps acquerrait en tombant d'un même point donné ; nommant h la hauteur de ce point au-dessus de l'axe horizontal des ordonnées y, on aura $h + x_0$ pour la hauteur due à la vîtesse initiale dont z_0 est le carré ; et les principes de la mécanique donneront

$$z_0 = 2g\,(h + x_0).$$

Donc $\Delta(x_0, y_0) = 2g(h + x_0)$; et de là $\Delta'(x_0) = 2g$, $\Delta'(y_0) = 0$, ce qui réduira l'équation de la première limite à celle-ci :

$$\frac{1}{y'_0} + (y_0') = 0, \quad \text{savoir} : 1 + y'_0\,(y')_0 = 0 ;$$

laquelle montre, comme on l'a vu dans le premier exemple, que la ligne de la plus vîte descente doit couper aussi à angles droits la ligne qui forme la première limite.

On avait trouvé les mêmes résultats pour la ligne de la vîte descente dans le vide. (*Voyez le quatrième volume des Mémoires de Turin, et les Mémoires de l'Académie des Sciences pour les années* 1767 *et* 1786). L'analyse précédente fait voir que les conditions relatives aux limites sont indépendantes de la résistance.

Si au lieu de la courbe de la plus vîte descente, on demandait celle où la vîtesse acquise serait un *maximum*, il faudrait rendre la quantité z un *maximum*, et l'on aurait le cas où nous avons vu que les équations générales se réduisent simplement à $(Y)=0$ et $(Z)=0$, savoir

$$\left[2\lambda\varphi z \times \frac{y'}{\sqrt{(1+y'^2)}}\right]'=0,$$

et
$$2\lambda\varphi' z \times \sqrt{(1+y'^2)} - \lambda' = 0,$$

équations qu'il faut combiner avec l'équation en z

$$z' - 2g - 2\varphi z \times \sqrt{(1+y'^2)} = 0.$$

La première a pour primitive

$$2\lambda\varphi z \times \frac{y'}{\sqrt{(1+y'^2)}} = \frac{1}{\sqrt{a}};$$

et si on opère sur ces trois équations comme on l'a fait dans le cas précédent, on parviendra de la même manière à l'équation

$$2g\lambda = \frac{1}{y'\sqrt{a}} + b$$

qui donne la valeur de λ; ensuite les deux dernières équations ci-dessus donneront la vîtesse $\sqrt{z}$, et la fonction y en x, d'où dépend la fonction cherchée.

A l'égard des limites, on aura dans le cas dont il s'agit, en faisant varier à-la-fois x, y, z,

$$\dot{U} = (\overset{\text{I}}{Y})(\dot{y} - y'\dot{x}) + (\overset{\text{I}}{Z})(\dot{z} - z'\dot{x}) + z'\dot{x},$$

formule qui en substituant les valeurs de $(\overset{\text{I}}{Y})$, $(\overset{\text{I}}{Z})$ et de z', et réduisant, devient

$$\dot{U}=\left(\frac{2\lambda\varphi z}{\sqrt{(1+y'^2)}}-2g\lambda\right)\dot{x}+2\lambda\varphi z\times\frac{y'}{\sqrt{(1+y'^2)}}\dot{y}$$
$$+(\lambda+1)\dot{z}.$$

Et si on substitue encore dans celle-ci les valeurs de $2g\lambda$ et de $2\lambda\varphi z$ tirées des deux dernières équations primitives, on aura enfin

$$\dot{U}=-b\dot{x}+\frac{1}{\sqrt{a}}\dot{y}+(\lambda+1)\dot{z}_0$$

Desorte que les deux équations aux limites $\dot{U}_0=0$ et $\dot{U}_1=0$ deviendront

$$-b\dot{x}_0+\frac{1}{\sqrt{a}}\dot{y}_0+(\lambda_0+1)\dot{z}_0=0$$

$$-b\dot{x}_1+\frac{1}{\sqrt{a}}y_1+(\lambda_1+1)\dot{z}_1=0.$$

La vîtesse initiale dont z_0 est le quarré, doit être donnée; si on la suppose indépendante du lieu du départ, z_0 sera une quantité constante dont la variation sera parconséquent nulle; donc $\dot{z}_0=0$. Alors la première équation se réduira à

$$-b\dot{x}_0+\frac{1}{\sqrt{a}}\dot{y}_0=0.$$

Pour la seconde, comme rien ne détermine la valeur de $\dot{z}_1$, il faudra que son coefficient soit nul, et qu'il donne $\lambda_1+1=0$ et $\lambda_1=-1$ condition par laquelle on déterminera la valeur de la constante arbitraire b.

Cette équation deviendra ainsi

$$-b\dot{x}_1+\frac{1}{\sqrt{a}}\times\dot{y}_1=0.$$

Si les deux points extrêmes de la courbe étaient donnés, les variations de x_0, y_0, x_1, y_1 seraient nulles et les deux équations seraient satisfaites d'elles-mêmes.

Mais si la question est de trouver la ligne par laquelle le corps partant d'une courbe donnée, et arrivant à une autre courbe donnée, acquiert la plus grande vîtesse; nommant, comme plus haut, (y'_0) et (y'_1) les tangentes des angles que les tangentes à ces courbes font avec l'axe aux deux extrémités de la ligne cherchée, on aura, ainsi qu'on l'a vu dans le premier exemple,

$$\dot{y}_0-(y'_0)\,\dot{x}_0=0, \text{ et } \dot{y}_1-(y'_1)\,\dot{x}_1=0;$$

et ces équations étant combinées avec les deux précédentes, donneront

$$(y'_0)=b\sqrt{a}, \text{ et } (y'_1)=b\sqrt{a};$$

d'où l'on peut conclure que les tangentes aux deux courbes des limites, doivent être parallèles entr'elles, comme dans la courbe de la plus vîte descente.

Ces exemples peuvent suffire pour montrer l'usage de nos formules générales, et surtout des équations aux limites qui n'étaient pas connues avant le calcul des variations, et sans lesquelles on n'aurait que des solutions incomplètes.

FIN.

FAUTES ESSENTIELLES A CORRIGER.

Pages	Lignes.	Fautes.	Corrections.
11	18	$+ x0$	$x + 0$.
19	16	$F''n = 0$, $F''n = 0$	$F''n = 0$, $F'''n = 0$.
60	2	$(c - 1)(c - 2)$	$c(c - 1)(c - 2)$.
106	1	$(Fj - fj)$	$(F^{\mu}j - f^{\mu}j)$.
Idem	5	$(\phi j - fj)$....................	$(\phi^{\mu}j - f^{\mu}j)$
127	14	fx	fu.
156	2 en rem.	cette fonction des variables...	cette fonction en fonction des variables.
204	3	infinie........................	nulle.
224	8	supérieur......................	inférieur.
278	10	$-u\,\Pi'u$.......................	$-(x - u)\,\Pi'u$.
285	3	du petit.........................	du demi-petit.
Idem	4	du grand	du demi-grand.
286	11	aux numérateurs des deux expressions y	ydx.
300	9	$\acute{y}$ devient y, ...	y devient $\overset{1}{y}$.
310	21	$F(x, \overset{1}{y}, a)$, ...	$F(x + i, \overset{1}{y}, a)$.
330	5	$f'''(x, \overset{1}{y})$, ...	$F''(v, y)$.
Idem	11	$\frac{i^2}{2} f''(x, y)$, ...	$\frac{i^2}{2} f''(x, y)$.
350	6	au numérateur du deuxième membre de la seconde équation: $\left(\frac{x'}{z'}\right)$, ...	$\left(\frac{x'}{y'}\right)$
355	3	$z'' = -\frac{F'(x)}{F'(y)}$, ...	$z'' = -\frac{F'(x)}{F'(z)}$.
370	4 en rem.	$F(x. \ldots)$	$f(x, \ldots)$.